KB140562

알기 쉬운 식품학 개론

UNDERSTANDING FOOD SCIENCE

알기 쉬운 식품학 개론

윤계순 · 이명희 · 박희옥 · 민성희 · 김유경 · 최미경

수학사

머리말

우리 인간은 생물학적 존재로서 생명을 유지하고 발전시키기 위해 식품을 섭취함으로써 에너지를 얻고 신체에 필요한 영양소를 공급받는다. 뿐만 아니라 많은 사람들이 식품을 통해 기호적 만족감을 얻어 식생활을 즐기고, 식품의 생체조절기능을 이용하여 질병발생을 예방함으로써 건강을 증진시켜 활력 있는 삶을 살고자 한다.

오늘날 식품의 기능적 영역은 확대되고 있으며 이를 위한 식품분야의 연구는 점점 더 다양하고 깊이 있게 발전하고 있다. 여기에서 식품학은 식품에 관한 가장 기본적인 지식인 성분의 특성과 식품의 내력을 연구하는 학문으로, 식품영양학 및 관련학과에서 가장 먼저 공부해야 할 기초과목이다.

최근 대중매체를 통해 소개되는 각종 식품에 대한 과장·왜곡된 정보가 홍수를 이루고 새로운 개념의 식품들이 수없이 쏟아져 나오는 현실에서 본서의 저자들은 식품에 대한 올바른 이해와 전문적인 지식을 체계적으로 전달할 식품학 교재의 필요성을 인식하고, 오랫동안 대학에서 식품과 관련된 교과목을 강의하고 연구하면서 모은 자료와 여러 국내외 학술자료를 수집하여 최신의 정보를 담아 본 교재를 집필하게 되었다.

이 책은 총 8장으로 나누어 1장에서는 총론으로 식품학의 발달 동향과 역할을 설명하고, 2장에서는 식품 성분을 이해하기 위한 기초화학과 함께 일반 성분 및 기호 성분의 식품 과학적 특성을 서술하였다. 3장에서는 식품의 일반 성분을 다루었고, 4장에서는 색소, 맛, 냄새 등 식품의 기호 성분을, 5장에서는 식품의 유해 성분을 다루어 식품 안전성에 대한 정보를 제공하고자 하였다. 6장에서는 식품의 물리적 특성을 설명할 수 있는 물성을, 7장에서는 식품의 조리·가공 중의 변화를 이해하기 위해 탄수화물, 지질, 단백질을 포함하여 색소 향미 등의 변화 특성을 따로 분류하여 정리하였다. 마지막으로 8장에는 최근의 추세를 반영하여 식품의 생체조절 기능의 발견으로 관심이 집중된 기능성 식품에 대한 내용을 실었다.

충실한 내용과 더불어 최신 식품 관련 정보를 제공하고자 많은 노력을 기울였으나 여전히 미흡한 부분이 있을 것으로 생각된다. 이러한 부분에 대해서는 앞으로 계속 보완·수정해 나갈 것을 약속드리며 전문가 여러분의 지적과 조언을 부탁드린다. 또한 본 교재가 식품영양학을 비롯한 이와 관련된 학문의 전공자뿐만 아니라 중·고등학교의 가정과 교사 및 식품에 관심이 많은 일반인들에게까지 유용한 도서로 널리 활용될 수 있기를 기대한다.

끝으로 이 책이 출판되기까지 적극 협조해 주신 수학사 이영호 사장님과 직원 여러분께 깊은 감사를 드린다.

2014년 8월

저자일동

CHAPTER 1 식품학 개요

CHAPTER 2 식품 성분의 이해

CHAPTER 3 식품의 일반 성분

CHAPTER 4 식품의 기호 성분

CHAPTER 5 식품의 유해 성분

CHAPTER 6 식품의 물성

CHAPTER 7 식품 성분의 변화

CHAPTER 8 식품 성분과 생체조절 기능

chapter 1

식품학 개요

1. 식품학의 정의

살아 있는 생물체는 여러 방법을 통해 에너지와 영양소를 얻어 성장 발달하고 다음 세대를 이어 나간다. 인간도 예외는 아니어서 식품을 통해 신체에 필요한 여러 성분을 공급받아 건강을 유지하고 성장 발달을 이룬다.

식품이란 의약으로 섭취하는 것을 제외하고 인간이 먹을 수 있는 모든 음식물로 정의할 수 있다. 식품은 수분, 탄수화물, 단백질, 지방, 비타민, 무기질 등 여러 가지 영양 성분뿐만 아니라 색, 향기, 맛을 내는 기호 성분 그리고 기타 수많은 물질로 구성된 화학물질의 복합체이다.

식품의 급원은 대부분 동식물체이거나 동식물에 의해 생산되는 것으로 우리는 이것을 직접 또는 가공·조리·저장하여 이용하고 있다. 이들 식품은 종류가 다양하고 그 형태와 성상 또한 많은 차이가 있다. 생산 환경에 따라 식품을 구성하는 성분도 다르며 각 구성 성분은 식품 내에서 유리 상태로 존재하기보다는 여러 성분이 결합된 형태로 구성되므로 식품마다 각기 다른 성질을 갖는다.

식품학이란 인간이 섭취하는 음식물의 원료인 식품의 내력과 특성 그리고 그 구조와 성분의 본질을 연구하는 학문이다. 이를 기초로 인간의 식생활에 도움이 되는 다양한 분야에 활용하는 실천적인 학문이라 할 수 있다. 즉 식품학에서는 식품을 이루는 주요 성분의 물리·화학적 성질과 영양성, 관능성, 조리·가공·저장·포장 중에 일어나는 변화, 그리고 성분 간의 반응, 식품의 안전과 위생에 관한 내용을 주로 다룬다. 이러한 내용은 식품의 조리 가공 및 저장, 새로운 식품의 개발과 품질 관리 과정 등 식품과 관련

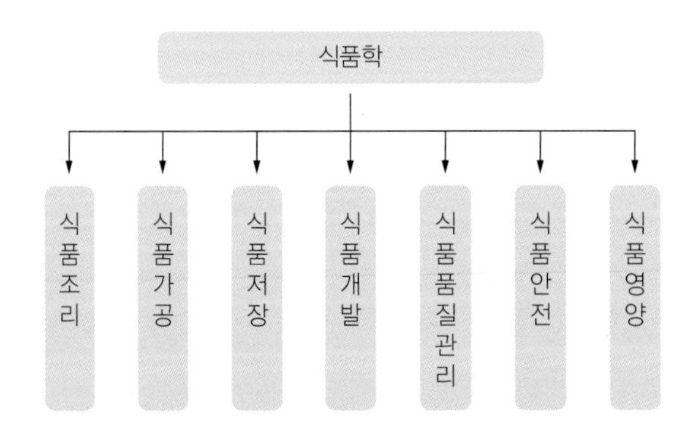

그림 1-1 식품학 지식이 활용되는 다양한 분야

된 분야뿐만 아니라 영양 관련 분야에서도 기본 지식으로 활용된다.

따라서 식품학은 영양적으로 우수하며 안전한 식품을 공급함으로써 건강 유지와 삶의 질적 향상에 직접적으로 기여하는 필수 학문 분야라고 할 수 있다.

2. 식품학의 발달과 역할

식품에 대한 연구는 사회환경의 변화, 과학기술의 발달에 따른 시대적 요청에 부응하여 그 내용이 계속 발전되어 왔다. 인간이 지구상에 처음 출현하여 수렵이나 채집을 통해 자연으로부터 식품을 구하였던 시기의 식품학의 내용은 식용 가능한 것과 그렇지 못한 것, 먹기 쉬운 것, 맛이 좋은 것 등을 구분, 감별하는 기술이었을 것이다.

근대 이후의 과학기술 발전을 토대로 초기에 수행된 식품 연구는 대부분 영양화학자에 의한 식품의 영양가 분석이나 식품성분의 조사와 같은 화학적인 측면에서 이루어졌다. 그러나 식품의 가치는 영양가가 높은 것만으로는 불충분하며 색, 맛, 냄새, 촉감 등이 기호에 맞지 않는다면 좋은 식품이라고 할 수 없다. 식품의 영양가와 기호 특성 중 어느 것이 먼저 갖추어지는 것보다는 동시에 모두 갖추어질 때 완전한 식품이라고 할 수 있다. 그러므로 많은 식품화학자들이 식품의 화학적 성질뿐만 아니라 기호적 특성을 좌우하는 물리적 성질에 대해 연구하여 식품의 품질 형성에 관한 기초적 지식들이 밝혀지게 되었고, 식품학의 영역은 점점 확대되어 수많은 지식과 기술이 축적되었다.

또한 식품의 저장·가공·포장 기술의 발달에 힘입어 다양한 가공식품과 편의식품이 새롭게 개발되면서 소비자들의 식생활이 간편해졌을 뿐 아니라 식생활의 내용도 다양하게 변화되었다. 또한 특수 목적을 가진 식품, 예컨대 운동선수, 환자, 유아를 위한 식품뿐만 아니라 산악인, 우주비행사 등 특수 분야에서 활동하는 사람들을 위한 식품까지 개발되었다.

최근에 이르러서는 식품의 영양적 및 기호적 특성과 편리성 외에 생체조절 기능이 밝혀지면서 식품의 또 다른 특성으로 주목을 받아 많은 연구가 이루어지고 있다. 이 특성은 우리 신체의 면역계, 내분비계, 신경계 등 여러 가지 생리기능에 영향을 미침으로써 건강관리와 유지에 중요한 역할을 담당할 것으로 예상된다. 따라서 기능성 식품 관련 산업이 세계적으로 급부상하고 있다.

과거 식량부족 시대를 지나 오늘날에는 경제적 성장과 과학기술의 발전으로 여러 가지 종류의 다양한 식품을 원하는 대로 얻을 수 있는 풍요의 시대가 되었다. 그러나 역설적이게도 이로 인해 많은 사람들이 비만, 당뇨, 고혈압, 혈관성 질환, 식품 알레르기 등과 같은 현대병에 시달리고 있다. 평균수명이 늘어나는 고령화 사회로 진입하면서 노인 인구의 증가로 이 같은 현상은 더욱 더 심화되고 있다.

여러 연구에서 매일 섭취하는 식품으로 인해 각종 질병이 발생할 수 있다고 밝혀지고 있으며, 이로부터 올바른 식품의 섭취를 통해서만 질병 발생을 억제하고 예방할 수 있음을 알 수 있다. 이에 따라 식품이 건강에 미치는 영향에 대해 사람들이 많은 관심을 보이고 식품을 통한 질병의 예방과 치료에 대한 요구가 커짐에 따라 식품의 기능성 연구와 제품개발이 최근의 식품과학과 식품산업의 주요 내용이 되고 있다.

우리가 식품학을 공부하는 궁극적인 목적은 급변하는 식생활 환경 속에서 올바른 식생활을 통해 신체의 건강을 유지하고 보다 윤택한 생활을 하는 데 있다. 이러한 목적을 달성하기 위해서는 식품에 대한 올바른 이해와 과학적 지식이 그 어느 때보다도 필요하다. 따라서 식품학은 식품 전공자, 외식 및 급식업 종사자뿐만 아니라 현대를 살아가는 모든 사람들이 건강하고 풍요로운 삶을 영위할 수 있도록 기초 지식을 제공하는 중요한 역할을 맡고 있다고 할 수 있다.

3. 식품·식품군의 분류

사람들이 일상적으로 섭취하는 식품의 종류는 수백 종에 이르며 우리나라 식품성분표에는 2,700종이 넘는 식품이 수록되어 있다. 또한 거주지역, 식습관, 종교와 더불어 생활수준에 따라 이용하는 식품의 종류는 크게 다르다. 이렇게 다양 다종한 식품들은 일반적으로 이들의 생물학적인 성상을 기초로 하고 사용상 공통되는 특성을 기준으로 해서 분류된다. 식품학적인 입장에서는 자연계의 기원이나 생산 방식으로 분류하며, 영양학적 입장에서는 영양소의 조성이나 성분의 함량 등을 기준으로 분류하고 있다. 그러나 근래에 들어 가공기술의 발달, 새로운 식품의 개발, 교통과 수송수단의 발달에 따른 수입식품이 증대됨에 따라 식품의 종류와 수는 급격하게 증가되고 있어서 일관적으로 분류하기에는 무리가 있다.

1) 원료 및 생산 방식에 따른 분류

식품은 원료에 따라 동물성, 식물성 및 광물성으로 구분할 수 있다. 또한 자연계에서 식품이 생산되는 장소와 방식에 따라 곡류, 채소류와 같이 농업에 의해 생산되는 농산물, 육류, 달걀, 우유 및 유제품과 같이 축산업에 의해 생산되는 축산물, 생선류, 해조류와 같이 수산업에 의해 생산되는 수산물, 그리고 산채류, 잣과 같은 임산물 등으로 나눌 수 있다.

표 1-1 원료 및 생산 방식에 따른 분류

원료 기원	생산 방식	종류
식물성 식품	농산식품	곡류, 두류, 채소류, 과일류
	임산식품	산채류, 일부 버섯류
	수산식품	해조류
동물성 식품	축산식품	육류, 난류, 우유
	수산식품	어류, 패류
광물성 식품	소금, 중조, 해수	

2) 식품성분표에 의한 분류

식품성분표는 건강의 유지 및 증진을 목표로 국민의 영양 상태를 평가하고 식량의 안정적 확보를 위한 식량수급계획을 책정하는 데 활용할 수 있도록 국민이 섭취하고 있는 식품의 성분에 대한 자료를 제공하기 위해 농촌진흥청 국립농업과학원에서 발간한 자료이다. 1970년대 이래 대내외적인 환경변화에 대응하여 지속적으로 발간되어 현재 제8차 개정판이 나오게 되었다. 식품성분표에서는 표 1-2와 같이 식품을 22개의 식품군으로 분류하여 총 2,757종을 수록하였다.

표 1-2 식품성분표에 의한 식품군의 분류

식품군	종수	식품군	종수
1. 곡류	267	12. 패류	117
2. 감자류 및 전분류	53	13. 어류 기타	140
3. 당류	54	14. 해조류	67
4. 두류	51	15. 우유 및 유제품류	47
5. 견과류 및 종실류	86	16. 유지류	28
6. 채소류	459	17. 차류	47
7. 버섯류	60	18. 음료류	19
8. 과일류	201	19. 주류	26
9. 육류	267	20. 조미료류	77
10. 난류	22	21. 조리가공식품류	182
11. 어류	451	22. 기타	36
총계	2,757		

식품성분표는 학교, 병원, 군대급식 등의 단체급식관리와 식사 제한, 치료식 등의 영양지도뿐만 아니라 일반 가정의 식사관리와 교육, 연구 등 다양한 분야에서 활용되고 있다.

3) 식사구성안에 의한 식품군의 분류

식사구성안은 일반인이 적절한 영양과 건강 유지를 위한 영양섭취기준을 충족하는 식사를 할 수 있도록 돕기 위해 한국영양학회에서 고안한 것이다. 즉 주요 영양소 함유 식품을 6개의 식품군으로 분류하고 연령과 성별을 기준으로 식품군별 대표 식품의 1회 분량과 섭취횟수를 제시하여 일반인들이 유용하게 사용할 수 있도록 하였으며, 아울러 식품구성자전거(food balance wheels)라는 식사 모형을 제시하였다. 그림 1-2와 같이 자전거 이미지를 사용하여 적절한 운동을 통해 비만을 예방하자는 메시지를 담고, 자전거 바퀴 모양을 이용하여 6개의 식품군에 권장식사패턴의 섭취횟수와 분량에 비례하도록 면적을 배분하였으며, 또 하나의 바퀴에 물잔 이미지를 삽입하여 수분 섭취의 중요성을 나타내었다. 또한 각 식품군의 상징색을 미국의 식품피라미드(mypyramid) 식품군 색과 동일하게 하여 국제적인 영양교육에 통일감을 줄 수 있게 하였다.

그림 1-2 식품구성자전거
자료 : 한국영양학회, 한국인 영양섭취기준, 2010

표 1-3 식품구성안에 의한 식품군과 식품구성자전거 특성

식품군	상징색	면적 비율(%)*
곡류	오렌지	34
고기·생선·계란·콩류	보라	16
채소류	초록	24
과일류	빨강	10
우유·유제품류	파랑	15
유지·당류	노랑	2

*2000 kcal 식단의 권장식사패턴의 섭취횟수를 사용하여 원의 면적 비율 계산

식품구성자전거에서 가장 넓은 면적을 차지하는 식품군은 주식으로 가장 많이 섭취되는 곡류로서 주로 당질을 공급해준다. 채소류는 두 번째로 넓은 면적을 차지하는 군이며 주로 비타민, 무기질 및 섬유질을 공급해주고, 그 다음으로 고기·생선·계란·콩류는 단백질을 제공한다. 우유·유제품류는 칼슘 및 단백질을 공급하는 식품군이며, 과일류는 비타민, 무기질, 섬유질뿐만 아니라 당질과 수분을 공급해준다. 가장 작은 면적을 차지하고 있는 유지·당류는 농축된 열량원으로 가장 적게 섭취해야 하는 식품군이다.

chapter 2

식품 성분의 이해

식품은 물질로 이루어져 있고, 물질은 순수한 물질인 원소로 이루어져 있거나 화합물로 구성되어 있다. 원소는 질량을 가지고 있는 가장 단순한 형태의 순수한 물질로 원자가 깨지지 않는 한 분리되지 않는다. 식품 속에서 흔히 발견되는 원소는 탄소, 수소, 산소, 마그네슘, 나트륨 등이다. 화합물은 2개 이상의 원소들이 정확한 질량비를 가지고 화학적으로 결합한 물질로 원소기호로 나타낸 공식으로 표현된다. 예를 들어, 물은 수소 11.11%와 산소 88.89%의 무게비로 구성되어 있으며 원소기호의 공식 H_2O로 표현한다. 식품학에서 주로 다루고 있는 유기화합물은 탄소, 수소, 산소 원소로 이루어져 있으며 때때로 유황, 질소, 인을 함유하고 있다.

1. 화학기호, 화학식, 화학방정식

1) 화학기호

원소를 한 개 혹은 두 개의 문자로 축약하여 약어로 나타낸 것을 화학기호라 한다. (그림 2-1).

족 / 주기	1	2	3	4	5	6	7	8	9	10	11	12	13	14	15	16	17	18
1	1 H 수소																	2
2	3	4											5 B 붕소	6 C 탄소	7 N 질소	8 O 산소	9 F 플루오린	10
3	11 Na 나트륨	12 Mg 마그네슘											13 Al 알루미늄	14 Si 규소	15 P 인	16 S 황	17 Cl 염소	18
4	19 K 칼륨	20 Ca 칼슘	21	22	23 V 바나듐	24 Cr 크롬	25 Mn 망간	26 Fe 철	27 Co 코발트	28 Ni 니켈	29 Cu 구리	30 Zn 아연	31	32	33 As 비소	34 Se 셀레늄	35 Br 브롬	36
5						42 Mo 몰리브덴											53 I 요오드	
6																		
7																		

전이금속 (3~12족)

- 생명유지에 필수적인 원소 : H, C, N, O, P, S
- 주요 식이 무기질 : Cl, Na, Mg, K, Ca, Mn, Fe, Co, Ni, Zn, I
- 특수 세포기능을 가진 원소 : B, F, Al, Si, V, Cr, As, Se, Br, Mo

그림 2-1 식품학에서 중요한 원소들

자료 : Peter S. Murano, *Understanding food science and technology*, Wadsworth, 2003

2) 화학식

원소의 화학기호들이 서로 조합되어 H_2O(물)나 CO_2(이산화탄소)와 같이 표현되는 것을 화학식이라 한다.

3) 화학방정식

화학반응이 일어날 때 반응물과 생성물의 관계를 보여주는 방법을 화학방정식이라 한다. 이때 반응물과 생성물의 원소 종류와 개수는 같다.

$$\underbrace{C_6H_{12}O_6 + 6O_2}_{\text{반응물}} \longrightarrow \underbrace{6CO_2 + 6H_2O}_{\text{생성물}}$$

2. 전자궤도와 화학결합

1) 전자배치

전자배치는 원자와 분자의 각 궤도에서 운동하는 전자의 배치 상태를 나타낸다. 하나의 원자궤도에는 두 개의 전자까지만 존재할 수 있어서 빈 공간이 있을 때에만 전자가 들어갈 수 있다. 오비탈(궤도)은 원자 또는 분자에서 전자를 발견할 수 있는 공간을 의미한다. 이는 전자가 입자와 파동의 성질을 동시에 가지고 있어서 한 장소에 머무르지 않기 때문이다. 전자의 배열을 알면 원자의 주기율표를 이해하는 데 도움이 된다.

2) 화학결합

화학결합은 원자 또는 분자의 원자 간에 전자에 의해서 결합하는 것으로 양성자와 중성자는 관여하지 않는다. 화학결합이 일어날 때에는 에너지가 필요하다.

전자각 에너지 수준에서 최대 전자수는 $2n^2$개이며 대부분의 원자는 최외각전자(outermost orbital or valence shell)가 8개일 때 화학적으로 안정해진다(그림 2-2).

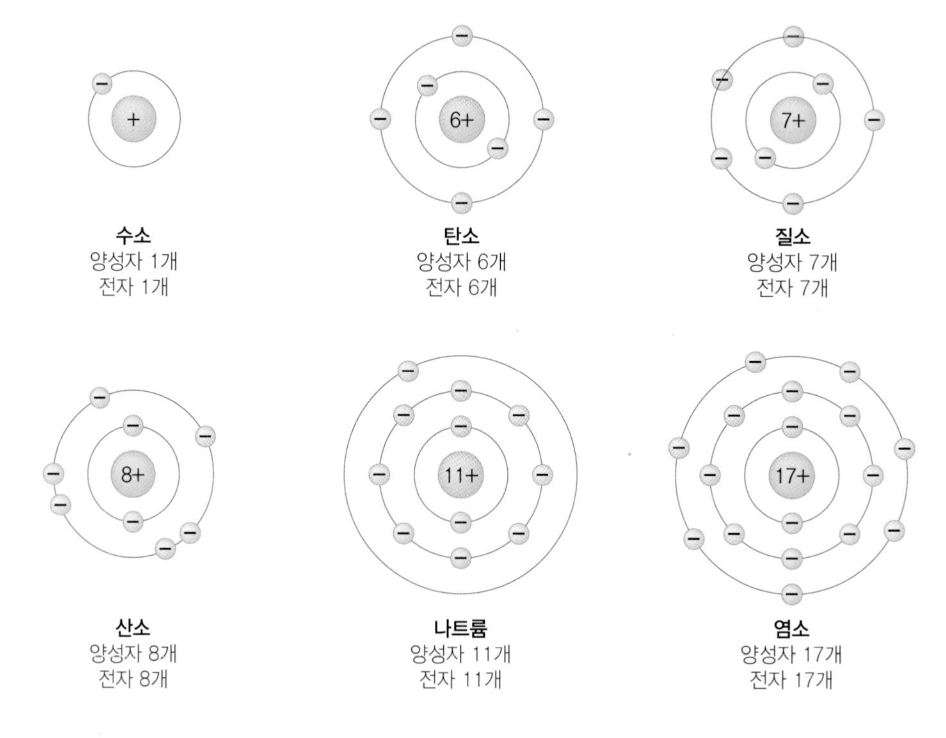

그림 2-2 원자의 궤도와 전자

3) 식품 속 화학결합들

식품을 구성하고 있는 영양소 및 생리활성물질을 이루고 있는 화학물질들은 원자 또는 분자들 간에 공유결합, 이온결합, 수소결합과 같은 화학결합으로 결합되어 있다. 예를 들어 식초성분인 아세트산은 $C_2H_4O_2$ 또는 CH_3COOH로 표현하며 원자 간에는 그림 2-3과 같이 공유결합을 하고 있다.

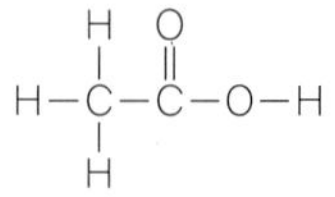

그림 2-3 아세트산의 구조

(1) 공유결합

원자는 가전자각을 채우기 위하여 다른 원자와 전자쌍을 공유하면서 결합하게 되는데 이 결합을 공유결합이라 한다. H_2O는 원자들 사이에 한 쌍의 전자를 공유(single covalent bond)하고 CO_2는 원자들 사이에 각각 두 쌍의 전자를 공유한다(그림 2-4). 두 쌍의 전자를 공유하는 결합을 이중결합(double bond)이라 한다.

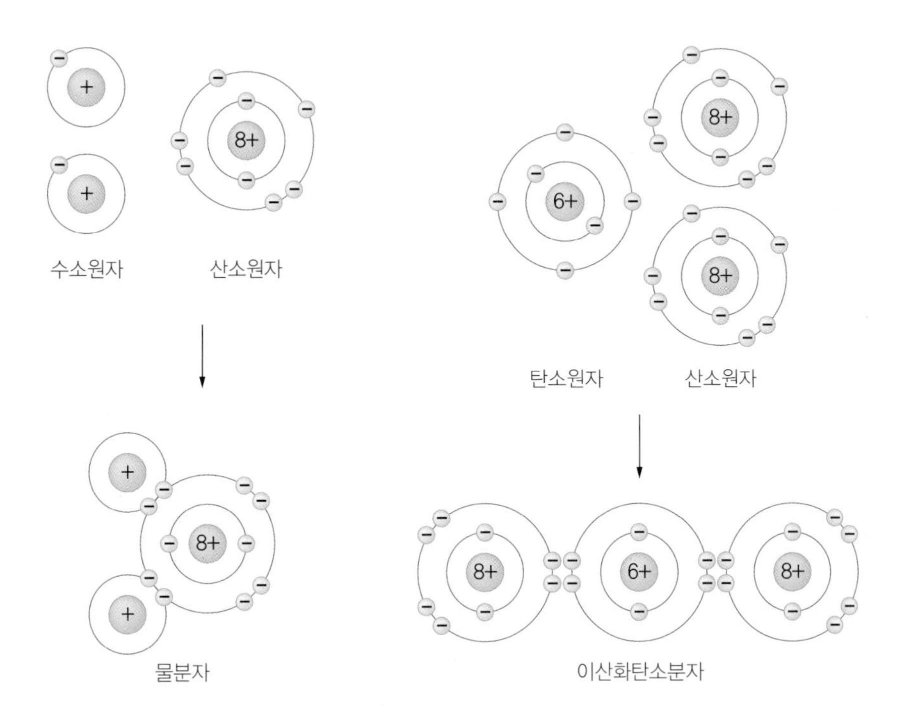

그림 2-4 물분자와 이산화탄소분자의 공유결합

(2) 이온결합

원자는 가전자각의 전자가 8개가 안될 때 안정한 상태가 되기 위하여 여분의 전자를 버리거나 부족한 수만큼의 전자를 받아들인다. 이때 전자를 버린 것은 양이온(cation)을 띠게 되고 전자를 받아들인 것은 음이온(anion)을 띠게 되어 양이온 또는 음이온으로 하전된 원자가 된다(그림 2-5). 이렇게 하전된 원자들은 반대로 하전된 원자를 당기게 되어 결합하게 되는데 이러한 결합을 이온결합이라 한다.

⊖의 전자를 떼어 주고 ⊕로 하전되는 원자인 양이온에는 Na^+, K^+, Ca^{2+}, Mg^{2+}, NH_4^+, Fe^{2+} 등이 있으며, ⊖ 전자를 받아들여 ⊖로 하전되는 원자인 음이온(anion)으로는 Cl^-, I^-, S^{2-}, SO_3^{2-}, HCO_3^-, NO_2^- 등이 있다.

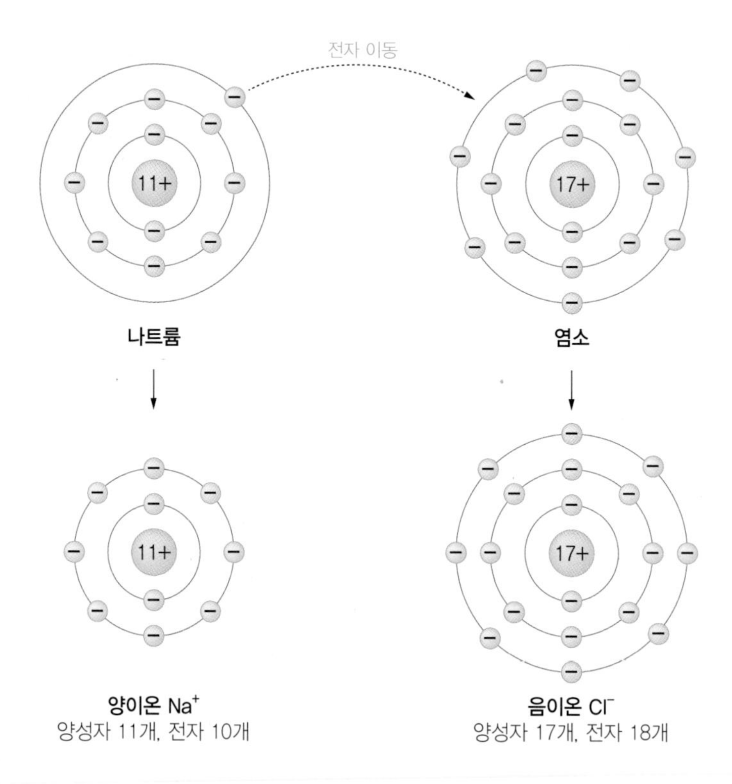

그림 2-5 전자의 이동 및 양이온과 음이온의 형성

(3) 수소결합

물(H_2O)과 암모니아(NH_3)처럼 산소와 수소 또는 질소와 수소 사이에 약한 힘으로 형성된 결합으로 일종의 불공평한 공유결합이다(그림 2-6). 수소결합과 공유결합의 분명한 차이점은 수소결합은 분자 간에 형성된 결합이고 공유결합은 원자 사이에 형성된 결합이라는 것이다.

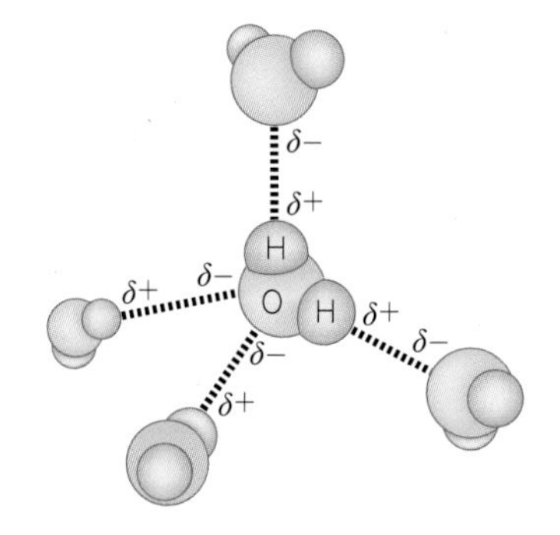

그림 2-6 물분자 사이의 수소결합

3. 식품 속 화학반응

식품 속에서 일어나는 화학반응은 크게 결합반응과 분해반응으로 구분할 수 있으며 이들 반응들은 효소적 반응과 비효소적 반응으로 일어난다.

결합반응 : A + B → C

분해반응 : C → A + B

1) 효소적 반응

효소는 식물과 동물 같은 생명체에만 존재한다. 식품을 저장하거나 사용할 때 색, 조직감, 향미, 냄새 등을 변화시켜 품질에 영향을 주는데 그 결과는 바람직할 수도 있고 바람직하지 않을 수도 있다. 효소에 의해 일어나는 화학반응에는 가수분해반응, 산화환원반응, 축합반응 등이 있다.

(1) 효소

아미노산으로 구성된 폴리펩타이드, 즉 생물학적 촉매제(biological catalysts)로 특화된 단백질이다. 효소의 표면에 활성 부위가 있어서 특정한 물질에 대하여 특징적으로 반응한다(그림 2-7).

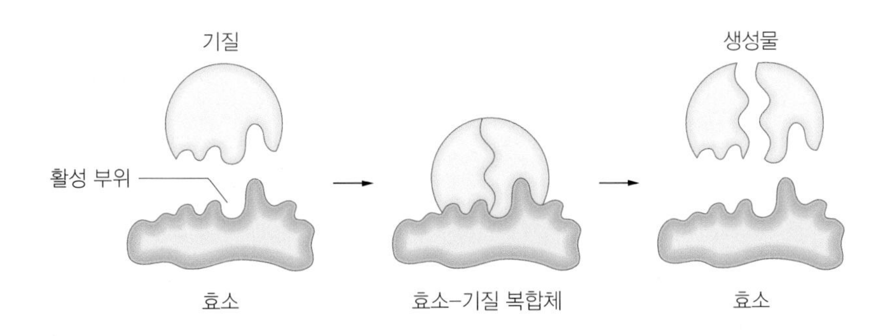

그림 2-7 효소의 활성 부위와 효소반응

(2) 활성화에너지

$$\text{Michaelis-Menten Equation : } E + S \longleftrightarrow ES \longleftrightarrow E + P$$

(E: 효소, S: 기질, P: 생성물)

활성화에너지란 기질이 가지고 있는 바닥 상태의 에너지를 효소-기질 복합체 상태로 바꾸는 데 필요한 에너지로, 효소는 이 활성화에너지를 낮추어준다. 효소는 온도, pH, 기질의 양 등이 특정한 조건을 가질 때 최고의 작용을 할 수 있다.

기질의 양이 충분한 0차 반응(zero-order reaction) 조건하에서, 반응속도는 오로지 효소농도에만 의존하므로 효소기질복합체(ES complex)는 일정한 수준으로 유지되고 시간에 따라 생성물은 직선으로 증가한다. 1차, 2차, 3차 반응은 하나, 둘 또는 3개의 반응하지 않은 기질에 의해 지배를 받는 반응으로 0차 반응보다 더 천천히 일어난다.

(3) 효소반응

① 가수분해반응

효소적 가수분해는 효소가 물의 존재 하에 작용하여 커다란 식품분자를 더 작은 조각으로 분해하는 것을 말한다. 가수분해효소는 당질을 분해하는 카보하이드레이스(carbohydrases : sucrase, lactase, maltase, amylase), 지질을 분해하는 라이페이스(lipases)와 단백질을 분해하는 프로테이스(proteases) 등이 있다.

효모는 설탕을 이용하여 효소적 발효를 할 때 먼저 설탕을 가수분해한다.

$$\underset{C_{12}H_{22}O_{11}}{\text{설탕}} \xrightarrow{\text{가수분해}} \underset{C_6H_{12}O_6}{\text{포도당}} \xrightarrow{\text{산화}} \underset{CH_3COCOOH}{\text{피루브산}} \xrightarrow{\text{환원}} \underset{CH_3CHO}{\text{아세트알데하이드}} \xrightarrow{\text{환원}} \underset{CO_2}{\text{이산화탄소}} + \underset{CH_3CH_2OH}{\text{에탄올}}$$

② 산화환원반응

효소적 산화는 산소가 부가되었을 때 또는 수소나 전자가 제거되었을 때 일어나고, 효소적 환원은 한 개 또는 그 이상의 전자와 수소를 얻었을 때 또는 산소를 잃었을 때 일어난다. 과일과 채소의 갈변반응은 효소적 산화반응 때문에 일어난다.

식물과 동물 세포에서 한 기질의 산화는 다른 기질의 환원이 동시에 일어나지 않고는 발생하지 않는다. 산화와 환원은 이러한 이유로 짝지음반응(coupled reactions)이라 한다.

③ 중합반응

축합반응(condensation)이라고도 한다. 포도당과 포도당이 합성효소에 의해 반응할 때 물분자가 제거되면서 맥아당 화합물을 만드는 것처럼 유기화합물 2분자 또는 그 이상의 분자가 효소작용에 의해 간단한 분자가 빠져나오면서 새로운 화합물을 생성하는 반응이다(그림 2-8).

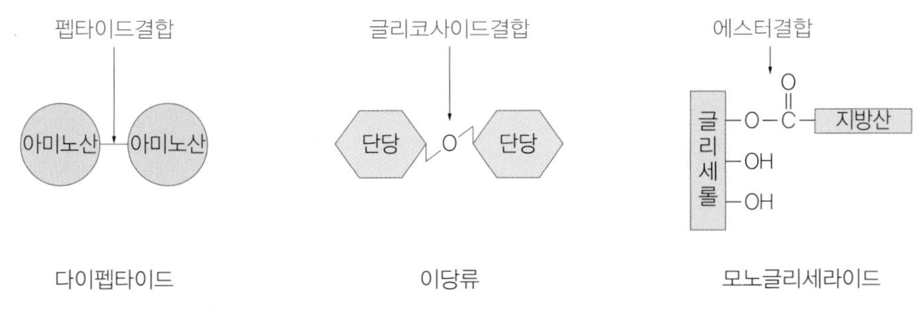

그림 2-8 축합반응의 예

다당류, 단백질, 글리세라이드처럼 분자량이 작은 분자들이 수백 개 또는 수천 개가 반복적으로 반응하여 생성되는 고분자량의 물질을 중합체라 하고, 단량체들이 끝과 끝이 연결되는 반응을 중합반응이라 한다.

2) 비효소적 반응

(1) 부가반응

탄소원자와 원자 사이의 이중결합 또는 삼중결합을 가지는 유기분자에서 일어나는 반응이다. 이중결합과 삼중결합 부위는 반응성이 매우 커서 불포화지방산의 가수소화처럼 다른 물질과 쉽게 결합할 수 있다.

(2) 산화 · 환원반응

전자는 기질 사이에서 이동하면서 식품의 색, 품질, 수용도 등에 영향을 주므로 환원물질과 산화물질은 식품산업에 이용된다. 다른 물질을 환원시키는 물질을 환원제

(reducing agent)라 하고 환원제는 반응이 일어날 때 산화한다. 또한 산화제(oxidizing agent)는 다른 물질을 산화시키는 물질로 반응이 일어날 때 스스로는 환원한다. 식품산업에서 아스코브산은 환원제로 사용되며 반죽 컨디셔너로 사용되는 칼슘퍼옥사이드(CaO_2)와 밀가루 표백제로 사용되는 염소가스는 산화제로 사용된다.

(3) 축합 · 분해반응

축합은 분리되어 있는 분자들이 특별한 화학결합으로 연결되는 것을 말한다. 반응이 일어나면 수소와 산소는 떨어져 나와 부가반응으로 물을 형성한다. 유기산과 알코올이 만나 반응하면 에스터를 형성하면서 물을 생성한다.

예 인공 바나나향 : 펜틸아세테이트에스터(ester pentyl acetate)

$$\underset{\text{아세트산}}{CH_3COOH} + \underset{\text{펜탄올}}{CH_3(CH_2)_4OH} \longrightarrow \underset{\text{펜틸아세트산에스터}}{CH_3COO(CH_2)_4CH_3} + \underset{\text{물}}{H_2O}$$

가수분해는 축합의 반대 과정이며, 효소보다는 온도나 pH에 더 민감하게 반응한다.

반면, 전분의 호정화는 전분에 물을 넣지 않고 160℃ 이상으로 가열할 때 일어나는 화학적 분해반응이다.

4. 작용기

작용기는 원자들이 몇 개 배열되어 특별한 기능을 가지는 것을 말하며 식품학에서 자주 거론되는 것들은 표 2-1과 같다.

1) 알코올기(Alcohol group)

R-OH로 표기하며 하이드록시기(hydroxyl group) 또는 알코올이라 한다. 하이드록시기는 이온화하지 않으며 수산화물이온(OH^-)과는 다르다. R-OH는 이름을 부를 때 어미에 올(-ol)을 붙여서 에탄올(ethanol, C_2H_5OH), 글리세롤(glycerol, $CH_2OH-CHOH-CH_2OH$)이라 한다. 에탄올은 포도당, 과당, 설탕을 발효하여 얻으며 전분을 가

표 2-1 식품에서 발견되는 작용기

이름	기능기	예
알코올기 (Alcohol group)	R−OH	에탄올 글리세롤
알데하이드기 (Aldehyde group)	$R-C(=O)-H$	푸르푸랄 다이아세틸
케톤 (Ketone group)	$R-C(=O)-R'$	아세톤
카복실기 (Carboxylic acid group)	$R-C(=O)-OH$	구연산 젖산 초산
아미노기 (Amino group)	$R-NH_2$	아미노산 단백질 히스타민
에스터기 (Ester group)	$R-C(=O)-O-R'$	중성지질 인지질
인산기 (Phosphate group)	$R-O-P(OH)(=O)-OH$	인산삼나트륨 인산나트륨
메틸기 (Methyl group)	$R-CH_3$	메싸이오닌 메탄올
설프하이드릴기 (Sulfhydryl group)	R−SH	시스테인

자료 : Peter S. Murano, *Understanding food science and technology*, Wadsworth, 2003

수분해하여 발효해서 얻기도 한다. 단맛이 약한 글리세롤은 지질의 성분이므로 지질을 가수분해하면 얻을 수 있으며 알코올발효 생성물로도 얻을 수 있다.

2) 알데하이드기(Aldehyde group)

$R-C(=O)-H$로 표기하며 푸르푸랄(furfural)처럼 보통 어미에 -al을 붙여 부른다. 케톤처럼 >C=O 구조를 가지므로 성질이 케톤과 유사하며 케톤보다 산화가 잘 된다. 알데하이드는 알코올을 산화시켜 얻으며 카복실산을 환원시켜 얻을 수도 있다. 푸르푸랄은 커피에서 발견되는 향기 성분이고, 신남알데하이드(cinnamic aldehyde)는 계피에서 발견되는 달콤한 물질이다. 다이아세틸(diacetyl)은 유제품에서 버터맛을 내는 향기 성분으

로 버터스카치에서도 맡을 수 있다. 아몬드향과 유사한 벤즈알데하이드(benzaldehyde, C_6H_5CHO)는 배당체의 형태로 매실·복숭아 등의 씨 속에 존재하며, 폼알데하이드(formaldehyde, HCHO)는 냄새가 나는 수용성의 가스로 살균제로 사용된다.

3) 케톤기(Ketone group)

$R-\overset{\overset{\displaystyle O}{\|}}{C}-R'$ 로 표기하며 아세톤(acetone)처럼 어미에 -one을 붙여 부른다. 케톤은 탄소와 산소 사이의 전자배치로 인해 전하를 띠는 극성 작용기로 분자량이 작은 경우 물에 잘 녹는다. 아세톤은 가연성의 수용성의 강력한 용매로 달콤한 냄새가 나는 물질이다. 어떤 종류의 냄새나는 케톤은 고기를 요리하거나 맥주를 양조할 때 생성된다.

4) 카복실기(Carboxyl group)

$R-\overset{\overset{\displaystyle O}{\|}}{C}-OH$로 표기된다. 카보닐탄소는 탄소와 산소 사이에 이중결합을 가지고 있으며 카복실기에 기능성을 가지게 해준다. 구연산(citric acid), 젖산(lactic acid), 초산(acetic acid) 같은 유기산과 올레산(oleic acid), 리놀레산(linoleic acid) 같은 지방산에서 볼 수 있으며 아미노산에서도 볼 수 있다. 간단하게 산기(acid group)라 하며 해리하여 COO^-와 양성자(H^+)를 생성하므로 산으로 작용힐 수 있다.

5) 아미노기(Amino group)

$R-NH_2$로 표기된다. 질소 원자에 수소가 결합된 형태로 암모니아에서 수소 원자 하나가 떨어져 나간 형태이다. 아미노기가 있는 화합물은 어미에 아민(-amine)을 붙여 이름하며 화학반응에서 양성자(H^+)를 받아들여 양이온이 되는 염기성 물질이다. 모든 아미노산과 아마이드, 단백질에서 볼 수 있다. 식품 속의 어떤 아민은 박테리아작용으로 생성된다. 식품 아민으로는 히스타민(histamine), 티라민(tyramine), 도파민(dopamine), 세로토닌(serotonin) 등이 있으며 아미노산에서 탈탄산작용(COO의 손실)으로 생성된다. 때때로 하이드록실화가 같이 일어나기도 한다.

6) 에스터기(Ester group)

$R-\overset{\overset{\displaystyle O}{\|}}{C}-O-R'$ 로 표기하며 산과 알코올이 탈수축합하여 생성된다. 소지방, 라아드 같은 동물성지방과 옥수수기름, 참기름 같은 식물성기름은 지방산과 글리세롤이 탈수축합하여 생성된 에스터이다. 특별히 과일에 함유되어 있는 에스터는 그 과일 특유의 향미를 나타나게 하는데, 예를 들어 초산아이소아밀(isoamyl acetate)은 바나나 특유의 향미물질이다. 식품산업에서는 개미산(formic acid)과 에탄올을 축합하여 럼 향이 나는 폼산에틸(ethylformate)을 합성하여 사용한다.

7) 인산기(Phosphate group)

$R-O-\underset{\underset{\displaystyle O}{\|}}{\overset{\overset{\displaystyle OH}{|}}{P}}-OH$ 로 표기된다. 트라이소듐포스페이트(trisodium phosphate, Na_3PO_4, sodium phosphate)에서 볼 수 있다. 인산(H_3PO_4)의 염을 인산염(Phosphates)이라 하고 이것은 무기염이다. 인산(Phosphoric acid)은 $H_2PO_4^-$, HPO_4^{2-}, PO_4^{3-}로 이온화되는 삼염기산으로 산미료(acidulant)로 사용하고 있다. 정인산염(orthophosphates)과 폴리인산(염)(polyphosphates)은 육류를 가공할 때 조직감, 다즙성, 수분보유 능력을 향상시키기 위해 사용된다. 또한 인산삼나트륨(오쏘삼인산나트륨, trisodium(ortho)phosphate)은 조류의 딥(소스)의 항균제로, 인산나트륨(sodium phosphate)은 가공치즈의 유화제로 사용된다.

8) 메틸기(Methyl group)

$R-CH_3$로 표기된다. 메틸기는 메싸이오닌(methionine)과 메탄올(methanol)에서 볼 수 있으며, 산화반응 등에 의해 파괴되거나 다른 분자 또는 다른 위치로의 메틸기 전이에 반응한다. 인체 내에서 메틸기 전달 작용은 어떤 생리활성물질의 생합성에 중요하다. 메싸이오닌은 인체 내에서 메틸기 공여에 관여한다. 메탄올은 메틸기에 OH가 결합된 물질이며 인공감미료인 아스파탐(aspartame)은 다이펩타이드의 메틸에스터이다. 점도와 젤화에 관여하는 펙틴(pectin)의 경우 메틸에스터($-COO-CH_3$) 형태인 것은 메틸기를 가지고 있다.

9) 설프하이드릴기(Sulfhydryl group)

R—SH로 표기되며 싸이올기(thiol group)라고도 하며 SH기를 가지는 물질을 싸이올 화합물이라고 한다. 아미노산인 시스테인(cysteine)과 코엔자임 A(coenzyme A)에서 볼 수 있다. 시스테인의 SH기는 쉽게 산화되어 다이설파이드(S-S, disulfides)를 생성하며, 밀가루반죽에서 글루텐 형성에 깊이 관여하여 반죽에 탄력성을 부여한다.

$$2R-S-H \longrightarrow R-S-S-R$$

$$HOOC-\underset{H}{\overset{NH_2}{C}}-CH_2-SH \qquad HOOC-\underset{H}{\overset{NH_2}{C}}-CH_2-S-S-CH_2-\underset{H}{\overset{NH_2}{C}}-COOH$$

cysteine　　　　cystine

5. 이온기

식품에서 볼 수 있는 이온기들은 음이온기로 황화이온(S^{2-}), 아황산이온(SO_3^{2-}), 황산이온(SO_4^{2-}), 탄산수소이온(HCO_3^-), 아질산이온(NO_2^-), 질산이온(NO_3^-) 등이 있으며 양이온기로는 암모늄이온(NH_4^+)과 금속인 나트륨이온(Na^+), 마그네슘이온(Mg^+), 칼슘이온(Ca^{2+}), 제일철이온(Fe^{2+})과 제이철이온(Fe^{3+}) 등이 있다(표 2-2).

표 2-2 식품에서 볼 수 있는 이온기

음이온기		양이온기	
황화이온 (Sulfide ion)	S^{2-}	암모늄이온 (Ammonium ion)	NH_4^+
아황산이온 (Sulfite ion)	SO_3^{2-}	나트륨이온 (Sodium ion)	Na^+
황산이온 (Sulfate ion)	SO_4^{2-}	마그네슘이온 (Magnesium ion)	Mg^+
탄산수소이온 (Bicarbonate ion)	HCO_3^-	칼슘이온 (Calcium ion)	Ca^{2+}
아질산이온 (Nitrite ion)	NO_2^-	제일철이온 (Ferrous ion)	Fe^{2+}
질산이온 (Nitrate ion)	NO_3^-	제이철이온 (Ferric ion)	Fe^{3+}

6. 유기산

레몬과 같은 과일이나 식초에는 신맛이 강한 물질이 들어 있는데, 신맛이 나는 이 물질은 카복시기(COOH)를 가지고 있으며 유기산이라 한다. 카복시기를 가지지 않은 인산, 황산, 염산 같은 산은 무기산이라 한다. 레몬, 오렌지, 귤 등에 들어 있는 대표적인 유기산이 시트르산이며 사과, 능금 등에 들어 있는 주된 유기산은 말산이다. 단백질의 구성 단위인 아미노산과 유지를 구성하는 지방산도 유기산이며 괴혈병을 치료하는 아스코브산도 유기산이다. 유기산은 이 외에도 개미산, 아세트산, 타타르산, 푸마르산, 숙신산 등 여러 종류가 있다. 유기산은 카복시기를 가진 것 외에도 술폰산($-SO_3-H^+$)을 가진 것도 있다. 유기산은 식품의 외관, 감촉, 향미, 단맛, 신맛 등과 같은 특성에 영향을 준다.

그림 2-9는 식품에서 흔히 볼 수 있는 유기산으로 탄소, 수소, 산소가 주성분이다. 유기산은 분자량과 구조 및 카복시기의 개수와 위치에 따라 성질이 달라진다. 말산과 푸마르산은 탄소 4개의 유기산이지만 말산이 하이드록시기를 가지고 있어서 물에 더 잘 녹는다. 반면 산 해리상수는 푸마르산이 커서 말산보다 산성이 강하다.

유기산은 식품첨가물로 이용되는데, 유기산을 식품에 첨가하면 식품의 흡습성을 낮추어 주고 감미가 있는 음료에서는 단맛의 강도를 높여주며 유제품과 빵제품에서는 바람직한 산미 향을 부여한다. 시트르산은 탄산음료에 첨가하는 유기산이다. 푸마르산은 가격이 저렴하여 경제적인 유기산으로 많이 이용되고 있다. 푸마르산은 강하고 독특한 그리고 수렴성의 신맛을 가지고 있으며 그 신맛은 시트르산보다 1.8배 강하다. 푸마르산은 물에 잘 녹지 않아 청량음료나 주스 등에 시트르산, 타타르산 등과 같은 유기산과 함께 산미료로 사용하며 빵과 과자에는 합성팽창제의 산제로 사용한다. 물에 잘 녹지 않으므로 분말주스의 발포제로 사용하면 기포지속성에 도움이 된다. 푸마르산염은 푸

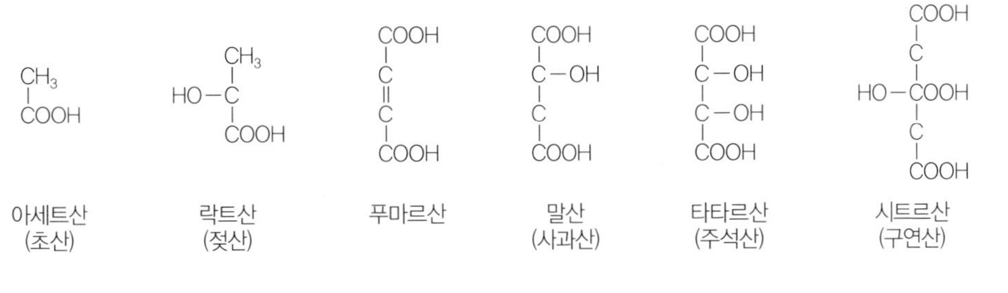

아세트산 (초산)	락트산 (젖산)	푸마르산	말산 (사과산)	타타르산 (주석산)	시트르산 (구연산)
CH_3–COOH	CH_3–C(–OH)–COOH	COOH–C=C–COOH	COOH–C(–OH)–C–COOH	COOH–C(–OH)–C(–OH)–COOH	COOH–C–C(HO–)(–COOH)–C–COOH

그림 2-9 식품에 함유된 주요 유기산의 구조

마르산보다 약 10배 정도 더 잘 녹으며 절임류에 사용된다. 푸마르산은 유지식품에 항산화제와 함께 사용하면 항산화 상승효과를 볼 수 있다. 주석산도 푸마르산처럼 빵과 과자에 산미료로 사용하며 청량음료에도 사용한다. 사과산은 산미료로 주스, 유산균음료, 청량음료, 잼, 케첩 등에 사용되며 pH 조정제로도 사용된다.

유기산염은 유기산의 카복시기의 수소가 나트륨(Na), 칼륨(K) 또는 칼슘(Ca) 같은 금속이온으로 치환된 것을 말한다. 아세트산나트륨의 경우 물에 녹으면 염기성 양이온 Na^+과 아세트산이온 CH_3COO^-으로 해리되며 약알칼리성을 보인다.

$$\underset{\text{아세트산}}{CH_3-COOH} + NaOH \longrightarrow \underset{\text{아세트산나트륨}}{CH_3-\overset{\overset{\displaystyle O}{\|}}{C}-O-Na} + H_2O$$

7. 약산과 강산

염산, 황산처럼 모든 분자들이 수소이온(H^+)과 수소이온을 제외한 나머지 음이온(Cl^-, SO_4^{2-})으로 해리하는 것을 강산이라 하고 카복시기를 가진 아세트산, 시트르산 같은 유기산처럼 일부의 분자들만 수소이온(H^+)과 수소이온을 제외한 나머지 음이온($-COO^-$)으로 해리하는 것을 약산이라 한다.

약산인 아세트산 분자(CH_3COOH)의 경우 물에 녹이면 일부의 분자만 수소이온(H^+)과 아세트산이온(CH_3COO^-)으로 해리되고, 나머지는 해리되지 않은 아세트산 분자 그대로의 형태로 존재한다. 해리된 상태가 평형에 도달했을 때 아세트산이온의 농도와 수소이온의 농도를 곱한 값을 아세트산 분자의 평형농도값으로 나눈 상수를 산 해리상수(Acid dissociation constant, K_a)라 부른다. 약산 중 산 해리상수가 크면 약산 중에서도 비교적 센 산이다.

푸마르산의 밀가루반죽 연화작용

푸마르산을 밀가루에 첨가하여 반죽하면 반죽을 부드럽게 할 수 있다. 밀가루 단백질에는 설프하이드릴기(-SH)를 함유한 시스테인이 다량 들어 있어서 밀가루를 반죽하고 발효시키고 저장하는 동안에, 그리고 굽는 동안에 설프하이드릴기는 산화되어 수소를 잃고 단백질 사이사이에 다이설파이드 결합(-S-S-)을 형성하여 밀가루반죽을 단단하게 만들어 준다. 그런데 만약 푸마르산을 밀가루반죽에 첨가한다면 푸마르산의 카복실기가 반죽에 H^+을 내어 놓게 되고, 다이설파이드 결합은 분해되면서 양이온인 수소와 결합하여 -SH로 바뀌게 된다. 다이설파이드 결합을 잃은 반죽은 부드러워지고 다루기 쉬운 상태가 된다. 이때 푸마르산은 H^+을 내놓아 다이설파이드 결합을 환원시키므로 환원제라 한다.

푸마르산

밀가루반죽

푸마르산 첨가 밀가루반죽

8. pH와 산도

pH는 산성 또는 알칼리성을 나타내는 수치로 로그로 나타낸 수소이온 농도를 말한다.

$$pH = -\log[H^+]$$

pH 숫자로 산성, 중성, 알칼리성을 나타낼 수 있으며 7은 중성용액, 7보다 작으면 산성용액, 7보다 크면 알칼리성 용액이라 한다.

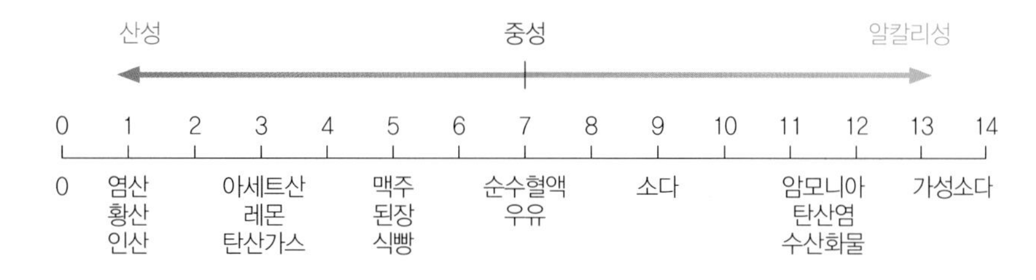

그림 2-10 pH 척도

산도는 식품이 가지고 있는 산의 농도를 알고자 할 때 NaOH용액을 이용하여 측정하며, 그 수치를 산도라 한다. 만일 우유가 젖산균에 의해 발효된다면 유당은 가수분해되어 포도당을 거쳐 젖산을 생성하여 산도를 가지게 된다. 우유의 최대 허용 산도는 젖산으로 0.15%이다. 산도는 과일과 채소의 성숙단계를 알게 해준다. 포도의 경우 성숙 전에는 말산이 우세하나 익은 후에는 타타르산이 우세하여 주요 유기산이 된다.

chapter 3

식품의 일반 성분

식생활에서 섭취하고 있는 식품에는 기능에 따라 물, 지질, 단백질, 탄수화물, 무기질 및 비타민으로 구분되는 영양소가 들어 있으며 여기에 생리활성물질이라 불리는 물질들도 함유되어 있다. 우리는 흔히 식품을 이들 영양소의 함유량 및 기능에 따라 구분하여 곡류, 육류, 난류, 두류, 채소류, 과일류, 해조류, 우유 및 유제품, 유지류, 당류 등으로 구분한다.

물을 포함하여 모든 영양소는 원소들이 결합한 화합물로 이루어져 있으며 이 원소들의 종류 및 결합방법에 따라 나타내는 물리·화학적 성질이 달라진다. 따라서 영양소와 이들 영양소가 함유되어 있는 식품을 이해하기 위해서는 각각의 영양소의 성질과 생리활성물질의 성질을 아는 것이 중요하다.

1. 수분

식품에서 물은 세포의 안과 밖에 존재하면서 각종 수용성 물질의 용매로 작용하며 콜로이드 분산에 기여하고 화학반응과 미생물 성장을 위한 매체로 작용하며 효과적인 열전달체이면서 지방대체제 성분, 가소제 등과 같은 기능적인 특성을 보인다. 물은 4℃에서 비중 1.0을 나타내며 이보다 온도가 높거나 낮으면 비중이 낮아진다. 따라서 4℃에서 밀도가 가장 높기 때문에 단위 면적당 무게가 가장 많이 나가고 부피가 가장 작으며 온도가 높거나 낮아지면 부피가 커지는 현상이 나타난다.

1) 물분자의 구조

물은 구조가 그림 3-1과 같이 2원자의 수소와 1원자의 산소가 산소를 중심으로 수소가 104.5°의 각도로 공유결합하고 있어서 쌍극자 성질을 나타내고 있다. 따라서 물분자와 물분자 사이에는 정전기적 인력으로 수소결합이 일어나 끓는점, 어는점, 증기압 같은 물리적 특성에 영향을 준다.

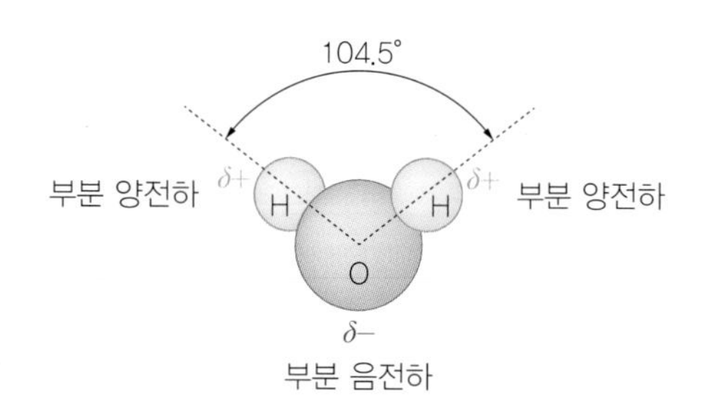

그림 3-1 이온을 띠고 있는 물분자의 구조

2) 용매와 분산작용

식품을 이루는 분자들이 물과 수소결합을 할 수 있으면 물에 용해되거나 분산된다. 물에 용해되어 진용액을 만들거나 콜로이드를 만드는 물질들은 이온을 띠고 있는 원자이거나 분자이며 물과 결합할 수 있는 물질은 친수성 물질이라 한다. 무기질류, 염류, 비타민류, 당류, 복합다당류, 아미노산류, 펙틴류 등은 친수성 물질로 물에 녹는다.

수화(hydration)는 물분자가 용질의 주변을 둘러싸거나 용질과 상호작용하는 과정을 말한다(그림 3-2).

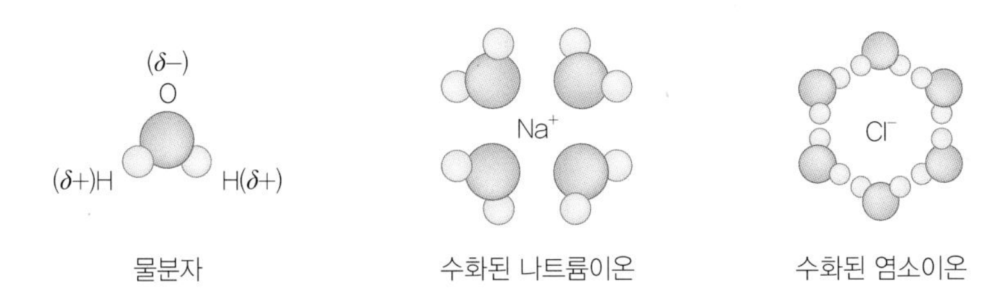

그림 3-2 소금의 원소인 나트륨과 염소의 수화

물은 친수성 물질의 운반체로 식품 성분을 희석하고 친양매성 물질을 분산한다. 친양매성 물질로는 단백질, 수용성 비타민, 인지질, 스테롤 등이 있으며 물속에서 교질입자가 된다(그림 3-3).

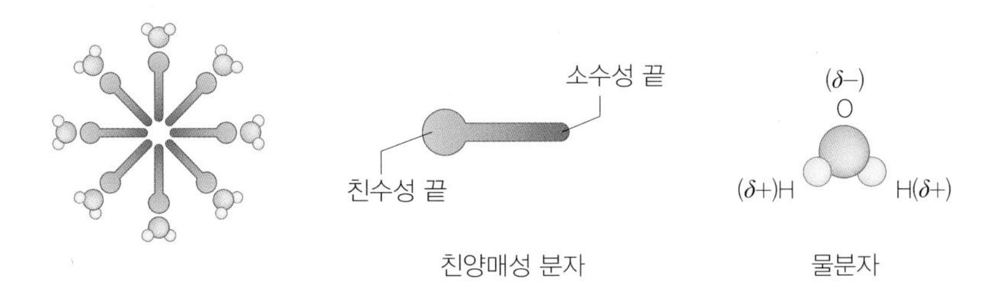

그림 3-3 물분자와 친양매성 물질이 만든 미셀구조

3) 식품의 수분과 수분함량

식품에 함유되어 있는 수분함량은 자유수의 함량을 나타내는 것으로 식품을 105~110℃로 가열할 때 증발하는 수분의 양이다. 각종 식품의 수분함량은 표 3-1과 같다.

표 3-1 식물성 식품과 동물성 식품의 수분함량

식물성 식품군	수분함량(%)	동물성 식품군	수분함량(%)
곡류	8~16	육류	53~73
콩류	8~15	어류	74~75
감자류	69~79	조개류	82~88
채소류	90~97	알류	61~81
과일류	82~90	우유류	73~85

자료 : 김형수 외, 식품학개론(개정판), 수학사, 1990

수분(moisture)은 식품의 구성요소로서 식품 속에 존재하는 물을 말하며 자유수, 흡착수, 결합수 3가지 형태로 함유되어 있다. 자유수(free water)는 가볍게 구속되어 있어서 식품을 누르면 쉽게 짜낼 수 있고 식품을 건조하면 쉽게 제거된다. 미생물이 이용하기 용이한 형태이며, 각종 물질의 용매와 분산매로 작용한다. 흡착수(adsorbed water)는 구조수(structural water)로 친수성 식품분자 주위에 수소결합을 통해서 층으로 결합되어 있다. 흡착수는 경우에 따라 자유수 또는 결합수가 될 수 있다. 결합수(bound water)는 때때로 수화물이라 불린다. 식품 구성 성분 중에서 이온을 띠고 있는 물질과 화학적으로 단단하게 결합된 물로 0℃에서 얼지 않고 가열에 의해 증발도 하지 않으며 용매로 작용할 수 없고 미생물 생육에도 이용될 수 없다. 자유수와 결합수를 비교하면 표 3-2와 같다.

4) 수분활성도

식품에 함유되어 있는 물은 수분함량으로 나타내지만 미생물의 생육과 식품의 갈변이나 유지의 산패 같은 화학반응은 식품에 함유된 수분함량보다는 그 식품이 나타내는 수분활성도에 영향을 받는다. 따라서 수분활성도(Water activity, a_w or A_w)는 미생물반

표 3-2 식품 중 자유수와 결합수의 특징

자유수	결합수
• 식품 중에 자유로운 상태로 존재한다. • 극성분자인 당류, 단백질, 수용성 비타민, 무기질처럼 이온화할 수 있는 물질들의 용매로 작용한다. • 식품을 압착하면 제거된다. • 식품을 건조시키면 증발하고 0℃ 이하로 냉각시키면 언다. • 미생물의 성장과 번식에 이용된다. • 화학반응에 관여한다.	• 이온을 띠고 있는 식품 성분과 이온결합 또는 수소결합으로 결합하고 있다. • 자유로운 상태가 아니므로 용매로 작용할 수 없다. • 식품을 압착해도 제거되지 않는다. • 100℃ 이상에서도 증발하지 않고 0℃ 이하에서도 얼지 않는다. • 미생물의 성장과 번식에 이용하지 못한다. • 화학반응에 관여하지 않는다.

응, 효소작용, 화학반응 등이 시작되는 수분분자의 가능성을 측정하는 것으로 식품의 저장기간을 알 수 있다. 결합수는 수분활성도와 역비례 관계에 있어서 식품의 결합수 함량이 증가하면 수분활성도는 감소한다.

표 3-3 몇몇 식품들의 수분함량과 수분활성도

식품	수분함량(%)	수분활성도
0℃ 얼음	100	1.00
육류	70	0.985
빵	40	0.96
밀가루	14.5	0.72
-50℃ 얼음	100	0.62
건포도	27	0.60
마카로니	10	0.45
감자칩	1.5	0.08

자료 : Peter S. Murano, *Understanding food science and technology*, Wadsworth, 2003

수분활성도는 같은 온도에서 식품의 수증기압을 순수한 물의 증기압으로 나눈 비로 나타낸다.

$$a_w = \frac{P}{P_0}$$

P : 식품의 수증기압

P_0 : 같은 온도에서 순수한 물의 수증기압

수분활성도는 상대습도(relative humidity, RH)의 척도이다.

$$RH\ (\%) = 100 \times a_w$$

미생물이 생육할 수 있는 최적 수분활성도는 세균이 0.90~1.0, 효모 0.88~1.0, 곰팡이 0.70~1.0이나 내건성 곰팡이의 경우에는 0.65, 내삼투압성 곰팡이는 0.6에서도 자랄 수 있다. 건조가 잘된 곡류, 콩류 등은 수분활성도가 0.60~0.64로 미생물의 성장이 어려우나 과일과 채소, 육류와 생선류 등은 수분활성도가 0.98~0.99로 높아서 상하기 쉽다. 수분활성도가 높은 식품을 저장하기 위해서는 건포도, 냉동육, 잼, 젓갈처럼 건조, 냉동, 당장, 염장 등의 방법을 이용하여 수분활성도를 낮추면 된다.

중간수분식품(Intermediate moisture food)

수분활성도를 건조식품보다 높은 0.60~0.85 정도로 반건조한 식품으로 미생물의 번식이 어려워 보존기간이 길다. 중간수분식품 제조시 설탕, 소금, 간장, 글리세린, 솔비톨 등의 보습제를 처리하면 수분함량을 높일 수 있다. 중간수분식품으로는 육포, 곶감, 반건조 오징어, 잼, 반건조 묵 등이 있으며 건조식품과 비교하여 조직이 부드러워 그대로 먹기 좋다.

흥미롭게도 몇몇 식품들은 낮은 수분농도에서 안정한 반면 다른 식품들은 비교적 높은 수분농도에서 안정하다. 낙화생유의 경우 수분농도 0.6% 이상이 되면 변패하나 감자전분은 20%의 수분에서 안정하다. 그러면 식품안정도의 척도는 어떻게 만들어지는가?

등온흡습곡선(Water sorption isotherms, or MSI, moisture sorption isotherms)은 일정한 온도에서 어떤 식품의 수분함량과 수분활성과의 연관성을 나타낸 그래프로 식품이 안정할 때의 수분활성도를 알 수 있다. 수분함량의 변화로 오는 효과를 예측할 수 있어서 저장안정성을 예측할 수 있으며 온도에 의존적이어서 어떤 주어진 식품수분함량에서 수분활성도는 온도가 올라가면 증가한다. 건조율과 건조 정도, 최적 동결저장온도, 식품포장재에서 요구되는 수분저항성 등을 결정하는 데 이용된다.

식품의 등온흡습곡선과 등온탈습곡선은 일치하지 않으며, 수분활성도에 따라 식품 속 수분의 존재 형태가 다르고 이에 따라 미생물의 성장과 화학적 변화가 달라진다(그림 3-4).

수분활성도가 높으면 효소반응이 활발하고(C영역), 수분활성도 0.6~0.7 사이에서는

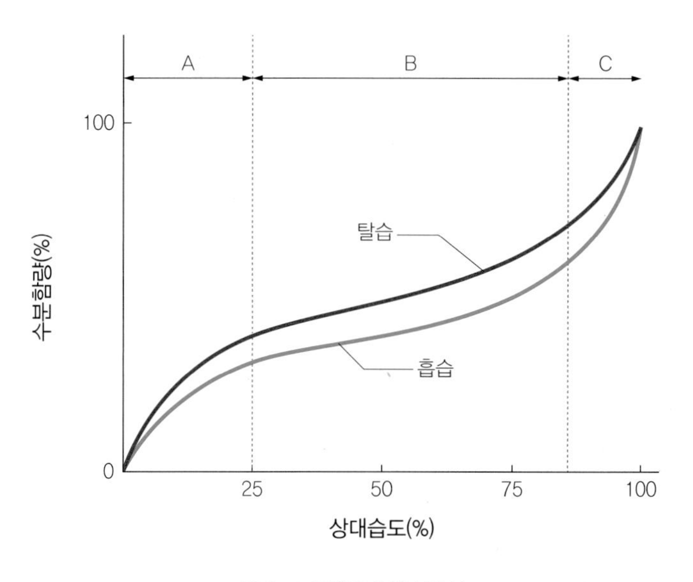

그림 3-4 등온흡습탈습곡선

비효소적 반응이 활발하다(B영역). 수분이 거의 없는 경우에는 미생물이 자라지는 않지만 유지의 자동산화가 빠르게 일어난다(A영역).

5) 식품 속 수분의 역할

(1) 열전달

물은 식품 구성 분자이면서 식품에서 열에너지의 전도체로 작용한다. 0° Kelvin(-273℃) 보다 높은 온도에서 물은 운동에너지를 가지며, 물의 온도가 높아지면 운동에너지도 비례해서 증가한다.

(2) 구성요소

식품가공 성분으로 물을 첨가하는 것은 일반적인 일이다. 식품에 물의 양이 증가하는 것은 품질에 영향을 줄 수 있다. 왜냐하면 물은 용매로 작용할 수 있고 온도에 따라 얼거나 녹는 등 상을 변화시킬 수 있으며, 식품계에서 움직임을 나타낼 수 있기 때문이다.

얼어 있는 식품에서 물의 움직임을 안정화하는 것은 품질유지 측면에서 바람직하다.

(3) 유화의 성분

유화는 콜로이드 분산의 한 형태이다. 서로 섞이지 않는 두 개의 액체 또는 상이 들어 있는 계로 분상상과 연속상으로 되어 있다. 유화의 물상은 친수성이고 유지상은 친유성 또는 소수성이다. 따라서 유화를 위한 필수조건으로 물상이 존재해야 한다.

(4) 가소제

수분함량이 매우 낮은 식품이나 얼어 있는 식품에서 물은 가소제로 작용한다. 고분자물질로 이루어진 식품계에 가소제를 넣으면 유리전이온도를 낮추어준다. 유리전이온도는 식품 구성 성분인 물과 고분자물질 분자의 움직임이 일어나고 물리·화학적 상의 변화가 오는 온도이다. 고분자물질은 낮은 온도에서는 비결정성 유리상태로 있다가 온도가 올라가면 액체가 되기 전 고무질 같은 상태를 거치게 된다.

수분활성도와 유리전이온도는 어느 정도 안정적인 관계를 보이며 가소제인 물은 식품에서 고분자물질의 부피를 증가시키고 이동성을 증가시켜 식품계에서 연화제로 작용한다. 물과 전분으로 된 식품계에서 물이 증가하면 부피가 증가하고 전분분자의 자유도가 증가하게 된다.

(5) 식품 속 물의 어는점과 끓는점

순수한 물은 어는점이 0℃이고 끓는점이 100℃이지만 용질이 녹아 있으면 어는점은 내려가고 끓는점은 올라간다. 어는점과 끓는점이 변하는 것은 용질의 종류와는 관계없이 용질의 몰농도에 비례하여 의존한다. 1기압의 대기에서 순수한 물에 용질 1몰이 녹아 있으면 어는점은 -1.86℃가 되고 끓는점은 100.512℃이다. 따라서 우리가 일상에서 사용하는 물은 순수가 아니므로 0℃ 이하에 얼고 100℃ 이상에서 끓는다. 이러한 이유로 인하여 김치냉장고의 경우 -1℃ 정도이지만 김치를 얼지 않은 상태로 오래 보관할 수 있다. 또한 과일과 채소도 0℃에서 얼지 않으므로 김치냉장고에 보관하면 더 오랫동안 보관할 수 있다.

2. 탄수화물

탄수화물은 자연계에 널리 분포되어 있으며 당류, 곡류, 두류, 구근류 등에 함유되어 있다. 탄소, 수소, 산소를 함유하고 기본 구조는 단순당으로 과당과 포도당과 같은 단당류이며, 구성하고 있는 당의 수에 의해 단당류, 이당류, 올리고당류, 다당류로 구분한다.

1) 탄수화물의 분류

탄수화물은 결합된 당의 수에 의해 단당류, 이당류, 올리고당류, 다당류로 분류한다. 단당류는 포도당이나 과당과 같이 가장 간단한 화합물이며 이당류는 단당류가 2개 연결된 것이고, 올리고당류는 3개 연결된 삼당류 등 3~10개 정도의 단당류가 연결된 중합체이다. 다당류는 많은 수의 당이 연결된 중합체로 단순다당류와 복합다당류로 구분된다.

표 3-4 탄수화물의 분류

분류		당류의 예
단당류	오탄당	리보스, 데옥시리보스, 자일로스, 아라비노스
	육탄당	포도당, 과당, 갈락토스
이당류		자당, 맥아당, 유당, 셀로비오스
올리고당류	삼당류	라피노스(포도당+과당+갈락토스)
	사당류	스타키오스(갈락토스 2+과당+포도당)
다당류	단순다당류	전분, 섬유소, 글리코젠, 덱스트린, 이눌린
	복합다당류	펙틴, 헤미셀룰로스, 검류, 키틴

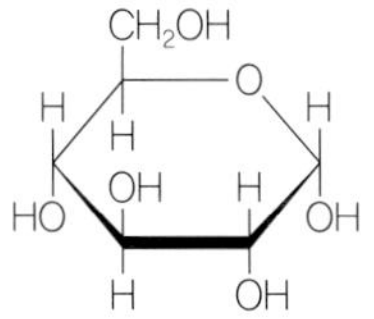

α-D-포도당 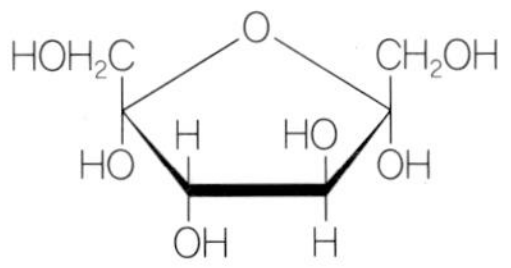 α-D-과당 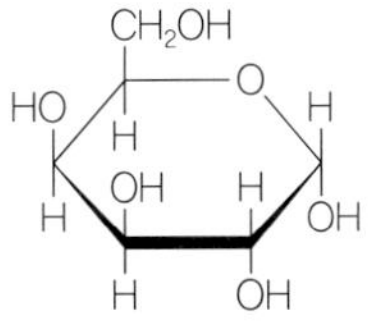 α-D-갈락토스

그림 3-5 단당류의 화학구조

환원당(reducing sugar)

환원당은 분자 내에 알데하이드기를 가지고 있거나 용액 속에서 알데하이드기를 형성하는 당을 말한다. 모든 알도스는 알데하이드기를 가지고 있기 때문에 모두 환원당이며 케토스는 몇 가지만 환원당이다. 예를 들어 케토스인 과당은 알데하이드가 없는데도 환원당인데 과당이 염기성 용액에서 알도스로 쉽게 이성질화가 일어나기 때문이다. 그러나 글리코사이드는 염기성 용액에서 아세탈기가 알데하이드로 가수분해되지 않기 때문에 비환원당이다.

(1) 단당류

단당류(monosaccharides)는 두 개 이상의 수산기와 한 개의 알데하이드기 또는 케톤기를 가지고 있는데 카보닐기가 알데하이드기인 것을 알도스, 케톤기인 것을 케토스라고 한다. 구성하는 탄소수에 따라 삼탄당, 오탄당, 육탄당으로 나뉘며 식품에서 중요한 당은 포도당, 과당, 갈락토스와 같은 육탄당이다. 이들은 $C_6H_{12}O_6$의 동일한 화학식를 가진 육탄당이지만 작용기의 위치에 따라 당도와 용해도에 차이가 있다. 과당은 5각형 고리 구조이며 6각형 고리 구조인 포도당에 비하여 단맛이 강하고 용해도도 높다.

① 오탄당

오탄당(pentose)은 여러 식물체에 널리 분포되어 있고 펜토산으로 알려져 있는 고분자 탄수화물들의 주요 구성단위로 존재하는 경우가 많다.

리보스　리보스(ribose)는 동식물체에 존재하는 핵산의 구성분으로 조미료인 5′-모노뉴클레오타이드의 성분이기도 하다.

데옥시리보스　데옥시리보스(deoxyribose)는 리보스처럼 동식물의 세포에 존재하는 핵산의 구성 성분이다.

자일로스　자일로스(xylose)는 펜토산인 자일란(xylan)의 주요 구성단위이며 식물체에 분포되어 있다. 설탕의 60% 정도의 단맛이 있고 효모에 의해 발효되지 않는다. 일부 미생물에 의해 자일로스와 유기산으로 가수분해된다.

아라비노스　아라비노스(arabinose)는 펜토산의 일종인 아라반이나 기타의 일부 고분자 탄수화물들의 구성 성분, 펙틴, 헤미셀룰로스의 구성 성분으로 식물체에 존재한다.

② 육탄당

육탄당(hexose)은 식품 중에 널리 분포되고 있으며, 맛에 영향을 주고 가공저장에 중요한 역할을 하는 단당류가 대부분 여기에 속한다. 단맛이 있어 감미원으로 가공식품에 다양하게 사용된다.

포도당 포도당(glucose)은 과일과 채소에 많으며 인체에 혈당으로 0.1% 존재한다. 복합당의 기본 당 단위로 전분, 글리코젠, 전화당, 섬유소 등의 주요 성분이다.

과당 과당(fructose)은 과일, 과즙, 벌꿀 등에 존재하며 전화당의 구성단위이다. 천연 당류 중 가장 단맛이 강하며 용해성이 커서 결정이 쉽게 형성되지 않는다.

갈락토스 갈락토스(galactose)는 천연식품에 유리 상태로는 존재하지 않고 결합 형태로 발견된다. 우유가 발효될 때 유당이 분해되면서 생성되고 라피노스, 갈락탄 등의 구성 성분으로 자연계에 분포되어 있다.

③ 단당류의 유도체

단당류의 유도체로 배당체, 당알코올, 아미노당, 싸이오당, 우론산 등이 있다.

배당체 배당체(glycoside)는 하나 이상의 당과 당이 아닌 하이드록시 화합물(아글리콘, aglycone)로 구성된다. 대부분 약리작용이나 독성이 있고 색, 맛과 관련된 성분들이 많다. 감자 싹의 솔라닌, 감귤류의 나린진, 헤스페리딘 등이 있다.

당알코올 당알코올(sugar alcohol)은 오탄당이나 육탄당의 카보닐기가 환원되어 알코올기로 바뀐 화합물로 솔비톨, 마니톨, 이노시톨, 자일리톨, 에리트리톨, 말티톨이 여기에 속한다. 당알코올은 물에 잘 녹고 단맛을 가지고 있으며 열량이 낮아 대체 감미료로 사용된다.(8장 참조)

아미노당 아미노당(amino sugar)은 단당류 2번 탄소의 수산기가 아미노기로 치환된 것으로 글루코사민, 갈락토사민이 있다.

싸이오당 싸이오당(thiosugar)은 단당류의 수산기에 황이 치환된 것이다. 고추냉이, 겨자 등의 매운 성분인 배당체 시니그린(sinigrin)의 구성당으로 싸이오글루코스(thioglucose)가 대표적이다.

우론산 우론산(uronic acid)은 단당류 말단의 알코올기가 산화되어 카복시기로 바뀐 당으로 육탄당에서 유도되는 우론산이 식품 중에 많이 존재한다. 포도당의 우론산은 글루쿠론산(glucuronic acid)으로 식물의 중요한 검성 물질이며 갈락투론산(galacturonic acid)은 펙틴의 성분이다.

(2) 이당류

이당류(disaccharides)는 가수분해되어 두 개의 단당류가 되며 자당(설탕), 맥아당, 유당 등이 여기에 속한다

① 자당

자당(sucrose)은 식물계에 분포되어 있으며 단맛의 주요 성분이다. 포도당의 알데하이드기와 과당의 케톤기 간에 α-1,2-글리코사이드 결합을 하여 유리된 기능기가 없어 환원력이 없는 비환원당이다. 묽은 산이나 알칼리, 효소에 의해 가수분해되면 동량의 포도당과 과당의 혼합물이 되는데 이를 전화당이라고 한다. 전화당은 흡습성이 높으며 결정이 잘 형성되지 않아 캔디 제조 공정 중 설탕의 결정을 조절하는 역할을 한다.

② 맥아당

맥아당(maltose)은 전분의 구성단위이기도 하며 가수분해되면서 생성되므로 엿기름 등의 발아 식품에 함유된 효소 아밀레이스로 당화시킨 식혜나 조청 등에 존재한다.

③ 유당

유당(lactose)은 식물에는 함유되어 있지 않고 포유동물의 유즙에 존재한다. 유당은 포유동물의 성장과 뇌신경조직 형성에 주요한 역할을 하며 소장에서 유산균의 발육을 왕성하게 하여 유해균의 성장을 억제하는 정장작용을 한다.

(3) 올리고당류

올리고당(oligosaccharides)에는 삼당류인 라피노스와 사당류인 스타키오스가 포함된다. 최근 건강에 대한 관심 고조로 올리고당의 판매가 급증하고 있다. 올리고당은 물에 잘 용해되며 산에 의해 쉽게 분해된다. 이들 올리고당류는 인체 내 소화기관에서 가수분해되지 않고 대장의 일부 세균에 의해 분해되는 특징이 있다.

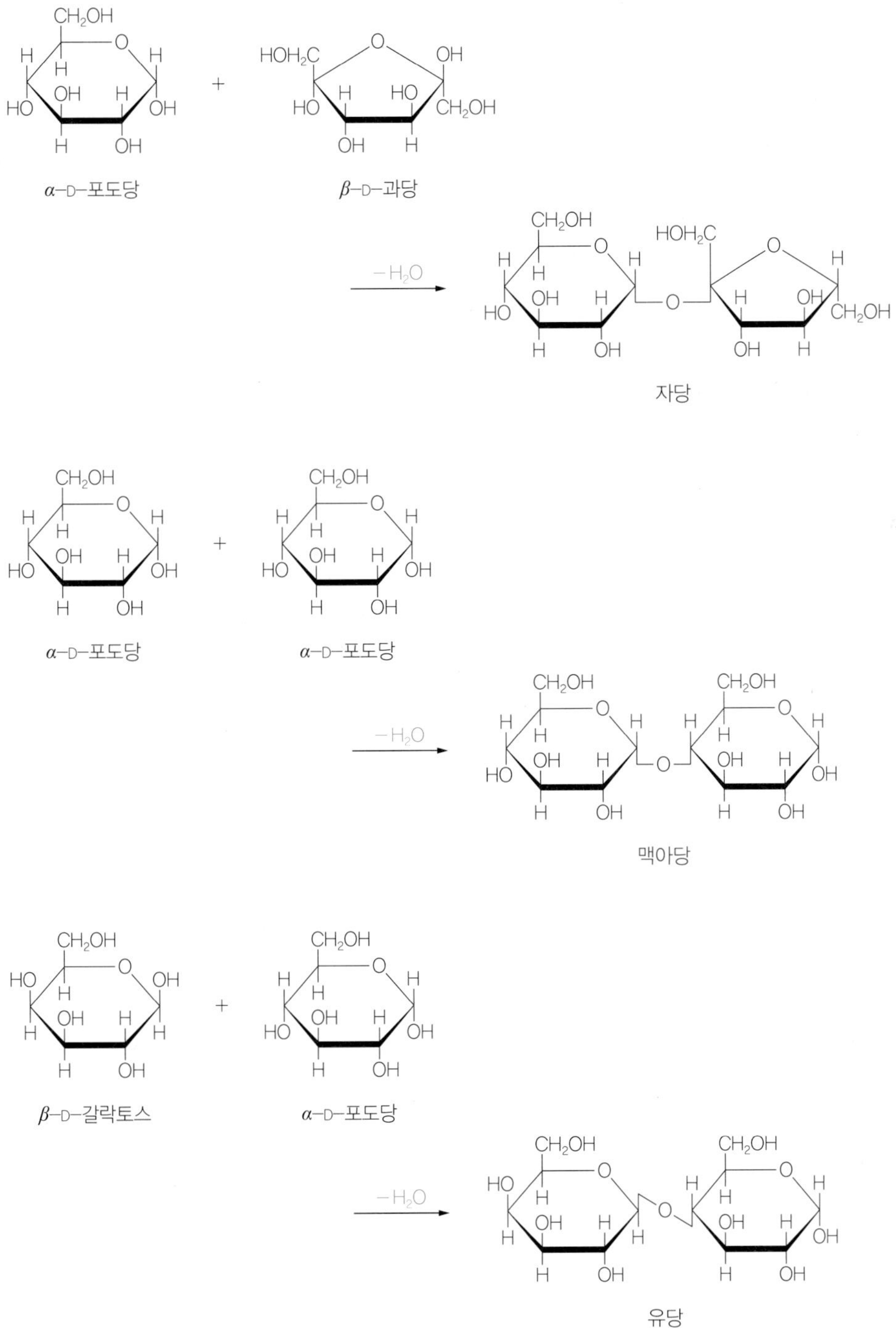

α-D-포도당 + β-D-과당 $\xrightarrow{-H_2O}$ 자당

α-D-포도당 + α-D-포도당 $\xrightarrow{-H_2O}$ 맥아당

β-D-갈락토스 + α-D-포도당 $\xrightarrow{-H_2O}$ 유당

그림 3-6 이당류의 구조식

① 라피노스

라피노스(raffinose)는 삼당류로 식물의 종자, 뿌리와 지하줄기에 분포되어 있으며 사탕무, 면실에도 소량 존재한다. 환원성이 없으며 약간의 단맛이 있다.

② 스타키오스

스타키오스(stachyose)는 사당류이며 면실과 대두에 많이 함유되어 있는 비환원성 당이다.

③ 기타

프럭토올리고당, 아이소말토올리고당 등이 식품에 많이 사용되고 있다(8장 참조).

(4) 다당류

다당류(polysaccharides)는 여러 단당류가 글리코사이드 결합으로 결합된 고분자 탄수화물이며 생체의 구조와 영양에 중요한 물질이다. 다당류는 한 가지 단당류로 구성된 단순다당류와 두 가지 이상의 단당류로 구성된 복합다당류로 분류하며 근원에 따라 동물성 다당류, 식물성 다당류, 검류로도 분류한다.

① 전분

전분(starch)은 포도당이 수백만 개 축합된 것으로 광합성에 의해 생산되는 식물의 저장 탄수화물이다. 전분분자는 구조와 성질이 서로 다른 두 물질, 즉 아밀로스(amylose)와 아밀로펙틴(amylopectin)으로 구성되어 있다. 전분 입자 내에서 이 두 물질의 비율은 전분의 종류에 따라 다르지만 대체로 천연 전분 중에는 아밀로스와 아밀로펙틴이 2 : 8의 비율로 들어 있다. 그러나 찹쌀, 찰보리, 찰옥수수, 차조, 찰수수, 찰기장의 전분은 대부분 아밀로펙틴으로 되어 있어 아밀로스가 거의 없거나 1~4% 정도로 아주 적게 함유되어 있다. 아밀로스는 풀같이 엉키는 성질을 나타내고 아밀로펙틴은 끈기를 나타낸다. 따라서 아밀로스와 아밀로펙틴의 함유 비율에 따라 전분의 조리, 가공 특성이 달라지는데, 아밀로스 함량이 많은 전분은 필름을 형성한다든지 다른 성분과 결합하는 독특한 성질이 있다.

아밀로스와 아밀로펙틴　아밀로스는 수백에서 수천 개의 포도당이 α-1,4 결합으로 중합된 것으로 대개 6개 정도의 포도당 연결체가 한 번씩 회전하는 나선상의 구조(α

표 3-5 다당류의 분류

분류		
식물성 다당류	저장 다당류	전분, 덱스트린, 이눌린, 글루코만난
	구성 다당류	셀룰로스, 헤미셀룰로스, 펙틴, 메틸셀룰로스
동물성 다당류	저장 다당류	글리코젠
	구성 다당류	키틴, 황산콘드로이틴
검류	식물성 검	아라비아검, 구아검
	해조류 검	한천, 알긴산, 카라기난
	미생물 검	덱스트란, 잔탄검

표 3-6 다당류의 기능

기능 특성	다당류
용적 증가	이눌린, 말토덱스트린
유화 특성	이눌린, 식물성 검류
지방대체	베타글루칸, 셀룰로스, 덱스트린, 말토덱스트린, 식물성 검류
젤화	이눌린, 펙틴, 전분, 식물성 검류
증점제	전분, 식물성 검류
물결합력	이눌린, 식물성 검류

-helical form)를 이룬다. 이 구조의 내부공간은 소수성을 띠며 요오드, 지방산 등의 화합물들이 포접(inclusion)될 수 있다. 아밀로스에 요오드를 가했을 때 청색으로 되는 것은 이 같은 반응의 결과라고 볼 수 있는데 이러한 정색반응을 이용하여 전분의 유무를 확인할 수 있을 뿐만 아니라 전분 입자 내의 아밀로스 함량을 간접적으로 측정하기도 한다. 아밀로펙틴은 아밀로스와 같은 직쇄상의 기본구조에 포도당 15~30개마다 α-1,6 결합이 형성되어 가지가 달린 구조를 하고 있다. 아밀로스보다 훨씬 많은 수의 포도당이 중합된 고분자물질로 가지가 있어 나선상의 형태를 이루지 못해 포접화합물을 형성하지 않으므로 요오드와 거의 반응하지 않아 적자색을 띤다.

전분 입자의 특성 전분은 식물체 내에서 대개의 경우 입자의 형태로 존재한다. 전분 입자(starch granule)의 모양은 식물의 종류에 따라 다양하고 크기도 2~150 μm 정도로 전분의 종류마다 차이를 보이며 이러한 형태는 현미경으로 구별된다. 각종 전분 입자의 형태 및 크기는 그림 3-9와 같다. 전분 입자는 전분을 구성하는 두 물질인 아밀로스와

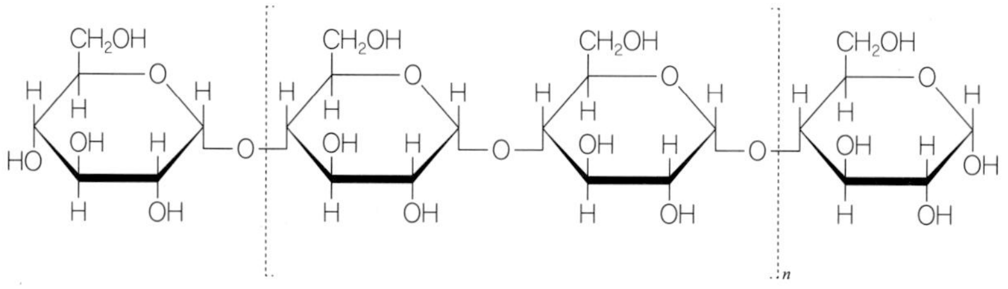

아밀로스

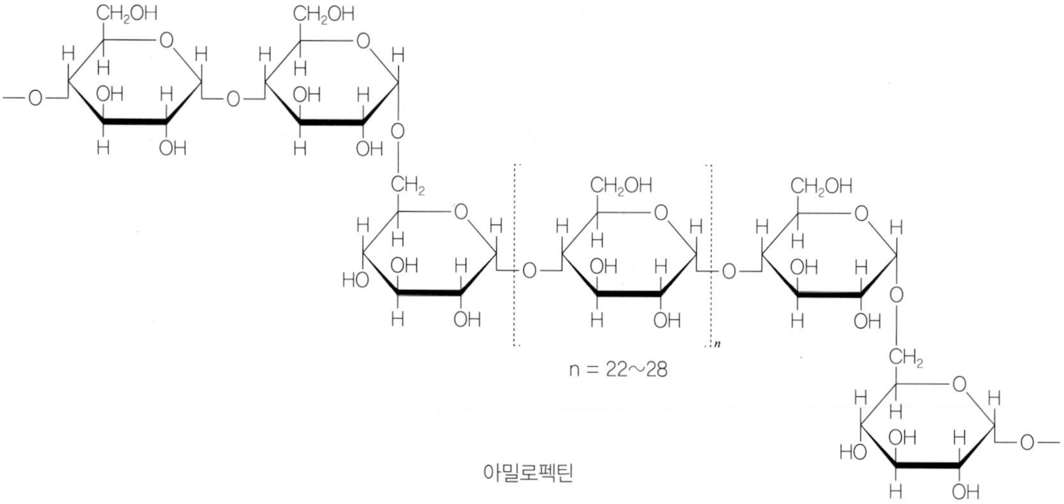

n = 22~28

아밀로펙틴

그림 3-7 아밀로스와 아밀로펙틴의 구조

그림 3-8 전분 입자의 개략도

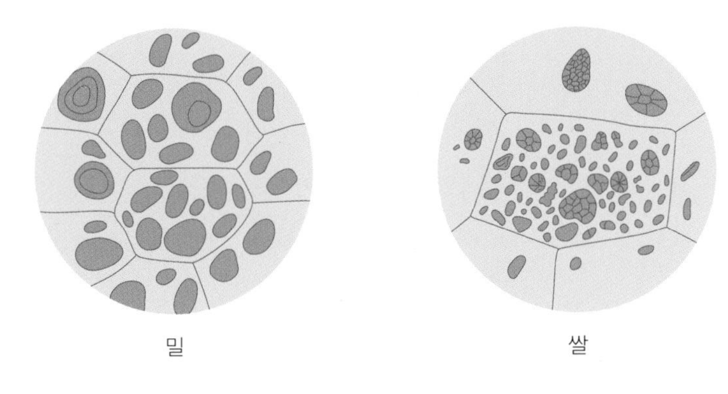

그림 3-9 밀과 쌀의 전분 입자

아밀로펙틴들이 상호 간에 혹은 물분자를 통해서 수소결합에 의해 강하게 결합되어 섬유상의 집합체인 미셀(micelle)을 형성하고 있다. 미셀들이 모여 전분층을 형성하고 또 전분층이 층층이 겹쳐서 전분 입자를 이룬다. 따라서 전분 입자의 내부에는 전분분자들이 규칙적으로 배열된 부분인 결정성 영역(crystalline region)과 엉성하고 불규칙한 무정형 영역(amorphous region)이 존재한다.

② 덱스트린

덱스트린은 전분이 분해된 다당류로 포도당이 α-1,4 결합한 단위이다. 상업적으로는 전분의 아밀로스 부분만을 가수분해하여 얻어지며 이러한 변화를 호정화라고 한다. 덱스트린은 지방 대체품으로 사용되기도 하며 타피오카에서 주로 생산되어 샐러드드레싱, 푸딩, 냉동 후식제품에 이용된다.

덱스트린과 덱스트란

덱스트린과 덱스트란은 명칭이 비슷하여 혼동될 수 있는데, 모두 포도당을 구성요소로 하며 다당류에 속한다. 덱스트린은 포도당의 α-1,4 결합이며 덱스트란은 α-1,6 결합으로 이루어져 있다. 덱스트란은 일부 세균과 효모에 의해서 생성되며 다당류 중 검류로 분류된다.

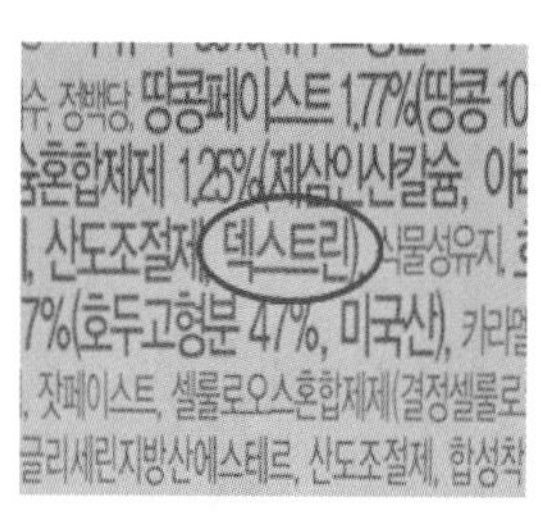

두유

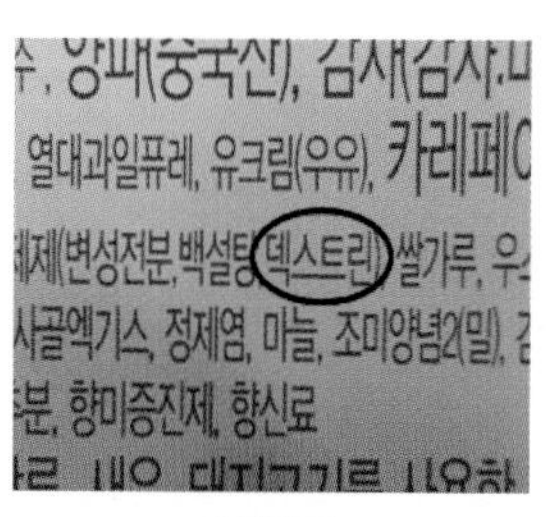

3분카레

비타민 캔디

그림 3-10 덱스트린의 이용

③ 섬유소

섬유소(cellulose)는 식물의 골격을 형성하는 구조단위로 세포막의 구성 성분이다. 섬유소를 가수분해하면 대부분 포도당이 β-1,4 결합으로 이루어져 있으며 분자 간에 수소결합으로 규칙적으로 연결되어 있다. 이 결합을 분해하는 효소가 인체에는 존재하지 않아 영양원으로서의 기능은 없으나 장의 운동을 자극하고 포만감을 주는 등의 기능을 하게 된다. 유도체인 메틸셀룰로스나 카복시메틸셀룰로스는 가공식품에서 안정제, 증점제 등으로 사용된다.

④ 헤미셀룰로스

헤미셀룰로스(hemicellulose)는 셀룰로스와 유사하나 분자구조나 크기 등이 일정하지 않은 다당류의 혼합물이며 식물세포의 세포막 구성 성분으로 존재하는 복합다당류이다.

⑤ 리그닌

리그닌(lignin)은 식물의 세포막을 구성하는 성분으로 수분이 적은 단단한 조직을 가지고 있고 식물 조직 내에서 셀룰로스, 헤미셀룰로스와 함께 존재한다.

⑥ 펙틴물질

식물의 뿌리, 줄기, 열매에 존재하는 펙틴물질(Pectic substances)들은 세포막이나 세포막 사이의 엷은 층에 존재하며 세포 사이를 결착시키는 역할을 한다. 펙틴은 분자 내 유기산의 일부가 메틸에스터와 결합하거나 염 형태로 되어 있는 친수성인 폴리갈락투로닉산으로 콜로이드의 특성을 갖고 있으며 당과 산의 존재하에 젤을 형성할 수 있다.

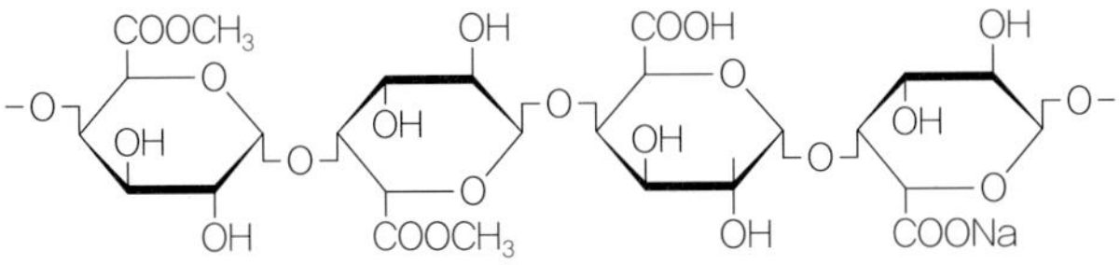

그림 3-11 펙틴의 기본 구조

표 3-7 펙틴물질의 종류와 특성

종류	특징
프로토펙틴(protopectin)	식물 조직 중 유연조직에 주로 존재 불용성이며 미성숙 식물에 함량이 많음 성숙됨에 따라 효소(protopectinase)에 의해 펙틴으로 가수분해됨
펙틴산(pectinic acid)	성숙한 과일에 존재 수용성으로 젤 형성 능력 분자 내 유기산의 상당수가 메틸에스터(-$COOCH_3$) 형태로 존재
펙트산(pectic acid)	과숙한 과일에 존재 분자 내 유기산에 메틸에스터(-$COOCH_3$)기가 없음

프로토펙틴 → 펙틴산 → 펙트산

미성숙 과일, 젤 형성 못함 / 성숙한 과일, 젤 형성 / 과숙한 과일, 젤 형성 못함

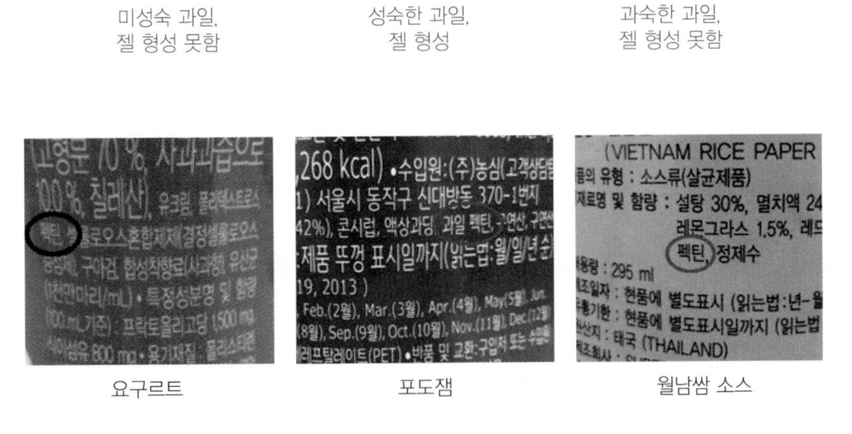

그림 3-12 펙틴의 이용

젤 형성은 펙틴의 구조와 구성 성분, 메톡실기 함량, 분자의 크기에 영향을 받는다. 분자량이 큰 펙틴은 젤 형성 속도는 더디지만 단단한 젤을 형성한다.

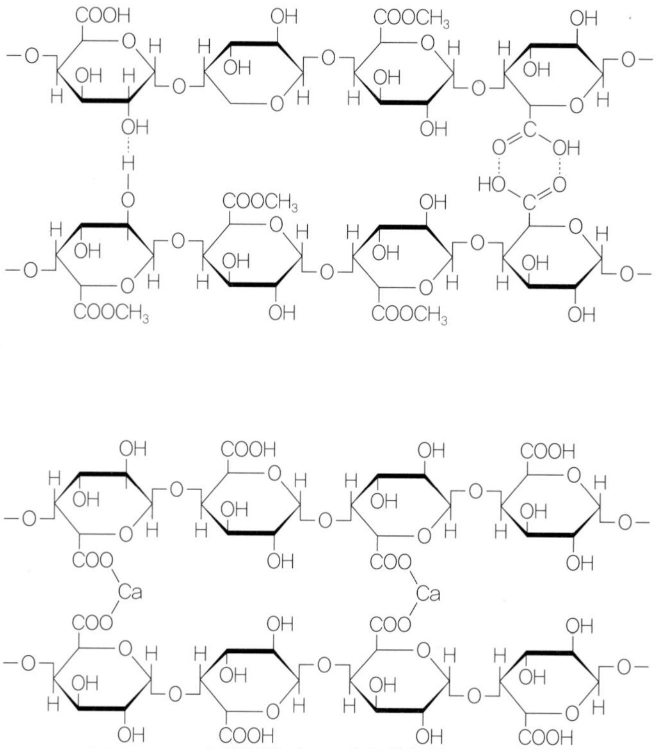

그림 3-13 고메톡실펙틴과 저메톡실펙틴의 젤 형성

펙틴 분자 속의 메톡실기(methoxyl group, $-OCH_3$)의 함량이 7% 이상이면 고메톡실펙틴(high methoxyl pectin, HMP)이라 하고 7% 이하의 것을 저메톡실펙틴(low methoxyl pectin, LMP)이라 하는데 젤을 형성하는 과정이 다르다. 고메톡실펙틴은 pH 3.2~3.5에서 당이 50% 이상 존재할 때 수소결합에 의해 젤을 형성하며, 저메톡실펙틴은 당이 없이도 칼슘과 같은 양이온이 존재하면 이온결합에 의해 젤을 형성할 수 있다.

⑥ 이눌린

이눌린(inulin)은 과당으로 구성된 다당류이며 돼지감자, 치커리 등에 함유된 다당류이다. 식물의 저장용 탄수화물로 중요한 다당류이며 묽은 산이나 효소(inulase)에 의해 과당으로 가수분해되므로 과당의 제조 원료로 사용되기도 한다.

⑦ 글리코젠

글리코젠(glycogen)은 포도당의 중합체인 동물성 저장다당류로 간이나 근육에 저장되어 있어 동물성 전분이라고도 한다. 일부 글리코젠은 동물 체내에서 단백질과 복합체를 형성하기도 한다. 구조는 아밀로펙틴과 유사하나 가지가 더 많은 구조이다. 생체 내에서 포도당으로 분해된 후 그대로 효소반응을 거쳐 파이루빈산으로 분해되고 산화되어 ATP를 생성한다. 정상적인 육류조직 내의 글리코젠 함량은 1% 정도이다.

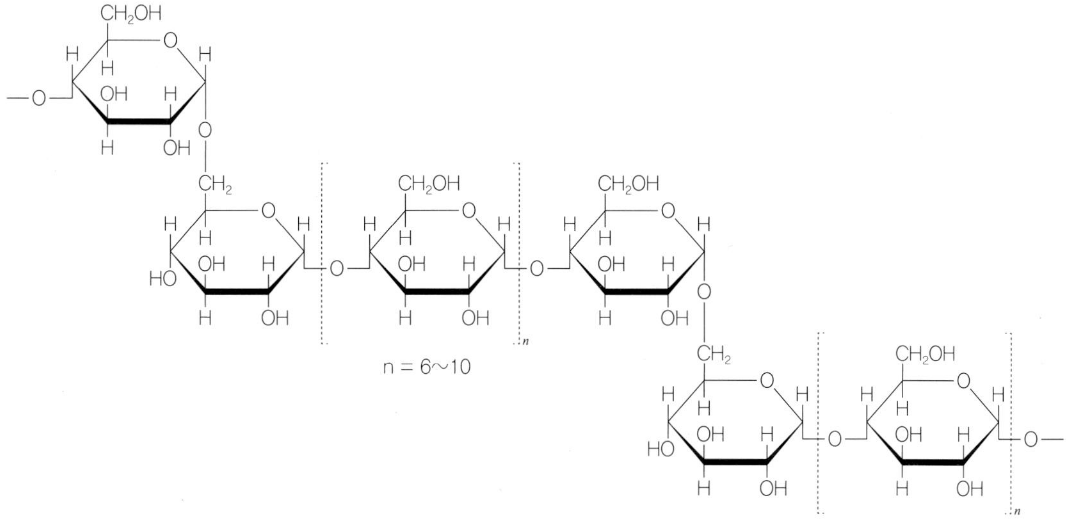

그림 3-14 글리코젠의 구조

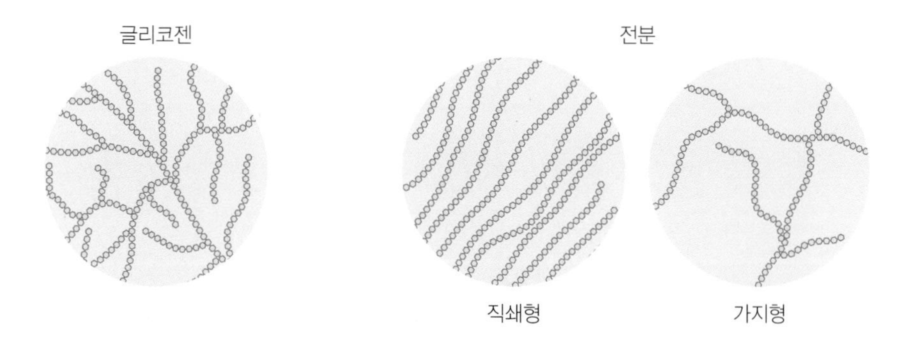

그림 3-15 글리코젠과 전분의 비교

⑧ 키틴

키틴(chitin)은 식물에서 구조를 형성하는 셀룰로스처럼 갑각류, 곤충, 곰팡이 포자들의 구조를 형성하는 다당류이다. 2-N-아세틸글루코사민이 β-1,4 결합한 직선상의 단일 다당류이며 새우, 게 등의 껍질에 풍부하여 갑각류의 껍질 조직을 단단하게 한다. 묽은 염산을 작용시켜 탄산칼슘을 용해하고 제거시켜 추출한다.

⑨ 뮤코다당류

뮤코다당류(mucopolysaccharides)는 생체의 점성 물질, 연조직, 결합조직의 성분이며 아미노당, 우론산(uronic acid) 등이 중요 구성단위인 다당류로 하이알루론산(hyaluronic acid), 콘드로이틴황산염(chondroitin sulfates)이 여기에 속한다.(8장 참조)

⑩ 검류

검류(gums)는 점도가 큰 다양한 형태의 수용성 다당류로 동식물에서 분비되는 검 물질과 점액들을 말하며 식품에서는 질감을 부여하거나 용액을 안정화시키는 역할로 중요하다.

식물성 검류 식물성 검류에는 아라비아검(arabic gum), 구아검(guar gum), 로커스트콩검(locust bean gum)이 있다. 아라비아검은 콩과식물인 아라비아고무나무에서 얻는 점액을 굳힌 물질로 아카시아검이라고도 한다. 구성단위는 갈락토스로서 β-1,3 결합으로 연결되고 여기에 람노스(L-rhamnose), 아라비노스(L-arabinose), 글루쿠론산(D-glucuronic acid)이 1,6 결합으로 연결되는 가지가 많이 달린 복잡한 구조를 하고 있다. 무색, 무미, 무취이며, 물에 대한 용해도가 매우 높다. 설탕의 결정화를 방지하여 아이스크림, 셔벗 등의 안정제, 껌, 빵, 과자류에 유화제, 농후제 등으로 사용된다. 구아

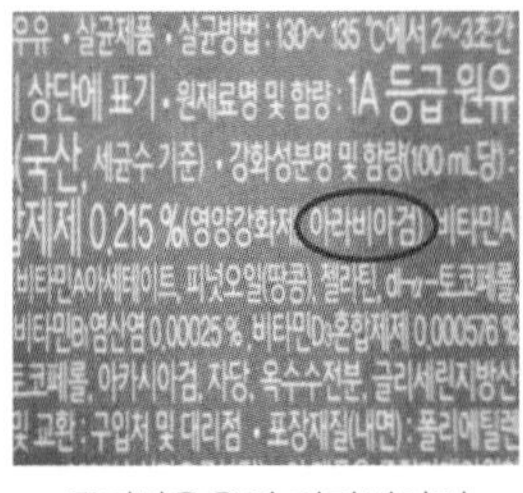

무지방우유의 아라비아검

올리브 병조림의 구아검

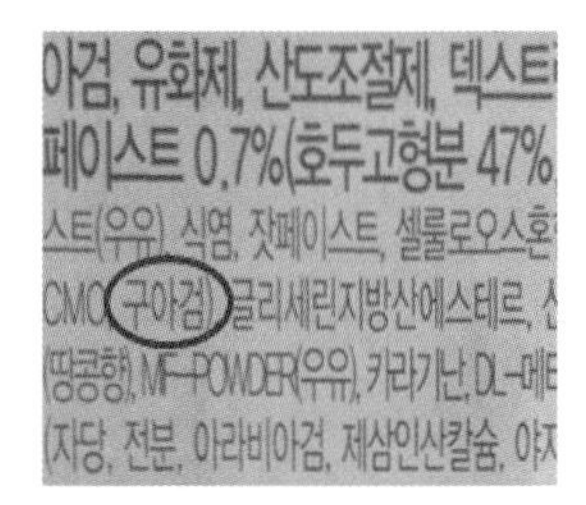

칼슘두유의 구아검

그림 3-16 가공식품 중의 식물성 검류

표 3-8 식물성 검류

종류	구조	용도
아라비아검(arabic gum)	Ca, Mg, K 등을 함유한 다당류의 중성염	농후제, 안정제, 유화제
구아검(guar gum)	갈락토만난으로 구성됨	유화제, 농후제, 충전제
로커스트콩검(locust bean gum)	갈락토만난으로 구성됨	단독으로 젤 형성이 되지 않으며 한천이나 카라기난과 사용시 젤의 탄성을 증가시켜줌

검은 콩과식물인 구아(Cyamopsis tetragonolobus TAUB.)의 종자 배유부분을 분쇄하여 얻거나 이를 온수나 열수로 추출하여 얻은 것으로서 주성분은 다당류이다. 갈락토스와 마노스가 중합한 갈락토만난(galactomannan)으로 갈락토스와 마노스의 구성비는 1 : 2이다. 이 검은 냉수에 쉽게 녹으며 점성은 대단히 높다. 전분이나 단백질과 잘 섞이기 때문에 각종 식품의 점도 증가에 이용된다. 로커스트콩검은 구주콩나무 *Ceratonia silliqua* (Leguminosae) 종자의 배유에서 얻은 검으로 주로 갈락토스와 마노스들이 배당체 결합을 하고 있는 고분자콜로이드성 다당류이다. 조리가공에 안정하여 가열이나 냉동, 그리고 산, 염의 영향을 받지 않으나 수화를 위해서 가열해야 하며, 치즈, 아이스크림, 샐러드드레싱, 유제품 등에 사용된다.

해조류 검류　해조류 검류에는 한천(agar), 알긴산(alginic acid), 카라기난(carrageenan)이 있는데 한천은 홍조류에서 추출되며 젤을 형성하는 능력이 강하여 낮은 농도에서도 젤을 형성할 수 있다. 고온에서도 잘 견디므로(85℃ 이하에서는 변형 없음) 빵이나 과자류의 안정제로 널리 사용되며, 우유, 유제품, 청량음료 등의 안정제로도 사용된다. 생체 내

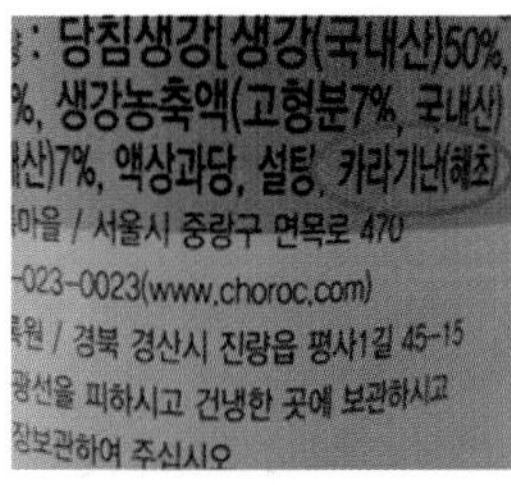

꿀생강차의 카라기난

스팸의 카라기난

올리브 병조림의 알긴산

그림 3-17 식품 중의 해조류 검류

표 3-9 해조류 검류

종류	구조	용도
한천(agar)	아가로스와 아가로펙틴으로 구성됨	안정된 젤 형성력으로 제과류의 안정제로 사용됨
알긴산(alginic acid)	만누론산(mannuronic acid)와 글루론산(guluronic acid)로 구성됨	염과 결합된 알긴으로 안정제, 농후제, 유화제로 사용됨
카라기난(carrageenan)	젤을 형성할 수 있는 κ-카라기난과 형성하지 못하는 λ-카라기난으로 구성됨	젤형성제, 농후제, 안정제로 사용됨

에서는 분해효소가 없기 때문에, 소화·흡수되지 않아 열량을 내지 않는다. 또한 대장의 운동을 도와 변비를 예방하므로 다이어트식품으로 이용된다. 알긴산은 미역, 다시마 등의 세포막의 구성 성분으로 존재하는 다당류로서 주로 만누론산(D-mannuronic acid)이 β-1,4 결합으로 연결된 직선상의 분자이다. 알긴(algin)은 알긴산의 Na^{+}, Ca^{2+}, Mg^{2+}의 염을 말하며 잼, 아이스크림 등의 안정제로 쓰인다. 카라기난은 홍조류에 속하는 해조류의 추출물이다. 이는 카파(kappa, κ), 람다(lambda, λ), 요오타(iota, ι)의 3가지로 구성되는데, 젤형성제, 농후제로 사용되며 보수성이 좋아서 과일젤리, 냉동젤리 제조시 안정제로 사용된다.

미생물 검류　미생물이 만들어내는 검 물질로 덱스트란(dextran), 잔탄검(xanthan gum)이 있다. 덱스트란은 *Leuconostoc mesenteroid* 등의 미생물에 의한 sucrose 분해 효소로 형성되며 물에 쉽게 녹아 설탕시럽, 아이스크림 제조에 이용되며 유화제, 농후제, 현탁제, 거품안정제 등으로 사용된다. 잔탄검은 *Xanthomonas campestris*의 발효 과정에서 형성된다.

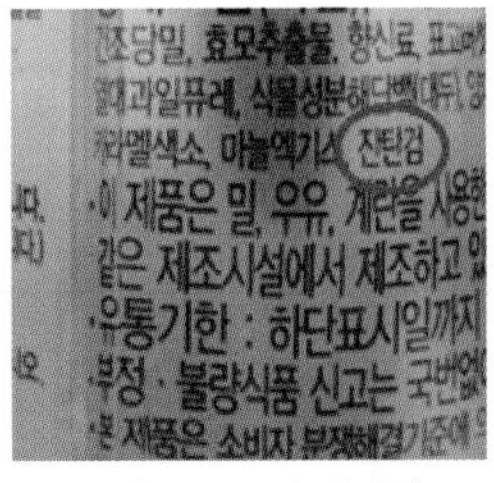

돈까스 소스의 잔탄검

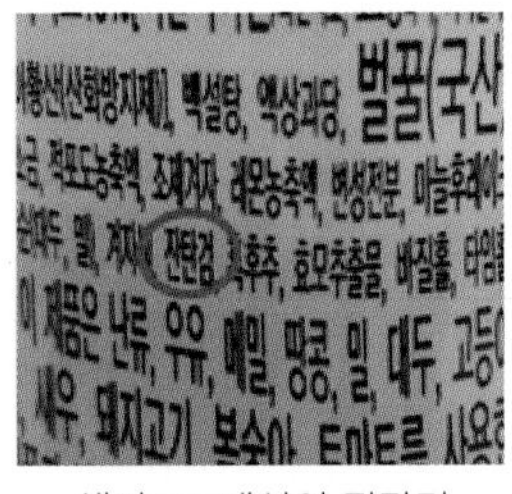

샐러드드레싱의 잔탄검

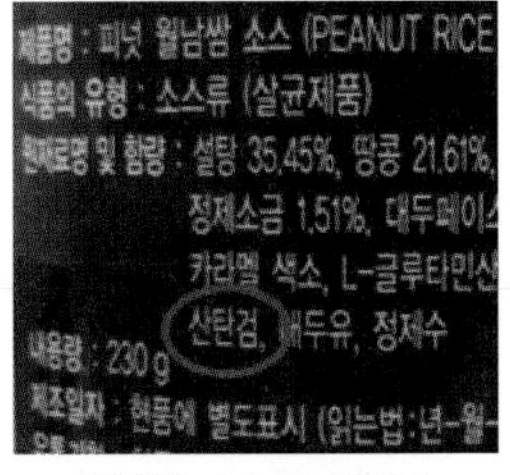

월남쌈 소스의 잔탄검

그림 3-18 식품 중의 미생물 검류

표 3-10 미생물 검류

종류	구조	용도
덱스트란(dextran)	포도당 α-1,6결합	설탕시럽, 아이스크림, 과자류의 안정제로 사용됨
잔탄검(xanthan gum)	포도당, 마노스, 글루크로닌산(glucuronic acid)으로 구성	젤 형성 물질로 사용됨

3. 지질

지질은 동식물성 식품 중에 널리 분포하는 유기 화합물로 대부분 탄소, 수소와 산소로 구성되지만, 그 밖에 인, 질소, 황 등을 함유하는 것도 있다. 일반적으로 물에 녹지 않으나 에테르, 벤젠, 아세톤 등의 유기 용매에는 용해된다. 식품 내에 존재하는 지질은 식품의 구조, 맛과 질감, 물성을 결정하는 역할 이외에, 인체를 구성하는 성분, 에너지원, 생리활성물질의 전구체로서의 역할도 수행한다. 최근 식생활의 변화로 지질 섭취량이 크게 증가하여 영양 건강 문제가 야기되기도 하므로 지질의 구조와 성질 및 특성에 대한 이해가 필요하다.

1) 지질이란

식품의 지질은 그 구성 성분에 따라 다음 표 3-11과 같이 단순지질, 복합지질, 유도지질로 구분된다.

단순지질은 지방산과 알코올의 에스터 결합으로 만들어진 지질을 일컬으며, 식품

표 3-11 지질의 분류

분류	구조	대표적인 예
단순지질	지방산과 알코올의 에스터 결합	중성지방
복합지질	단순지질에 인, 당질 등의 다른 성분이 결합한 것	인지질 당지질
유도지질	각 지질의 분해에 의하여 생성되는 물질 및 지방과 관련이 있는 물질	지방산 콜레스테롤

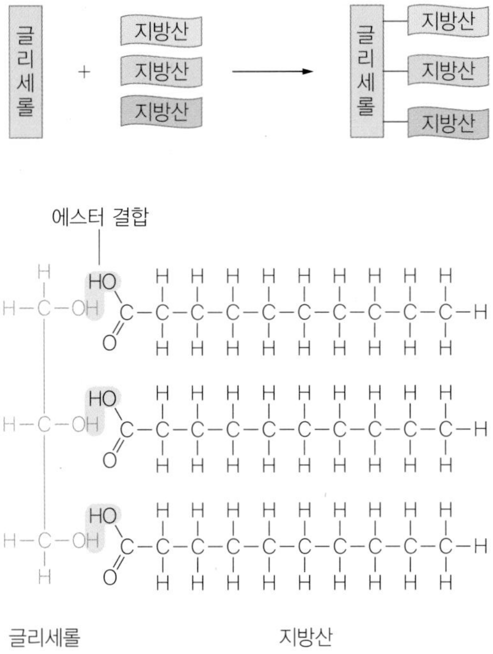

그림 3-19 중성지방과 에스터 결합

에 존재하는 지질의 대부분을 차지한다. 글리세롤에 한 개의 지방산이 결합한 것을 모노글리세라이드(monoglyceride), 두 개의 지방산이 결합한 것을 다이글리세라이드(diglyceride)라 한다. 자연계에 존재하는 유지는 대부분 글리세롤 한 분자에 종류가 다른 세 개의 지방산이 결합한 트라이글리세라이드(triglyceride)인 중성지방이다(그림 3-19). 일반적으로 실온에서 액체 상태인 것을 기름(유, 油, oil), 고체 상태인 것을 지방(지, 脂, fat)이라고 부른다. 예를 들어 대두유나 옥수수유는 실온에서 액체인 반면 쇠기름이나 돼지기름은 고체 상태를 지닌다.

복합지질이란 단순지질에 인, 당질 등의 극성기를 지닌 성분이 결합한 것으로 각각 인지질과 당지질이라 부른다. 달걀노른자에 많이 들어있는 레시틴(lecithin)은 대표적인 인지질이다. 이외에 각 지질의 분해에 의하여 생성되는 지방산 및 지방과 관련이 있는 콜레스테롤(cholesterol) 등을 유도지질이라 한다.

2) 지방산

지방산은 한쪽 끝에는 카복실기(-COOH, carboxyl), 다른 한쪽 끝에는 메틸기(-CH_3, methyl)를 갖고 있으며, 짝수의 탄소원자로 구성된 직쇄상의 탄화수소 사슬이다. 지방산은 이를 구성하고 있는 탄소 수에 따라 명칭이 달라진다. 포함된 탄소 수가 2~6개이면 단사슬지방산, 8~12개이면 중사슬지방산, 14개 이상이면 장사슬지방산이라고 부른다. 한편 지방산은 분자구조 내의 이중결합의 유무에 따라서 포화지방산과 불포화지방산으로 분류하기도 한다.

(1) 지질을 구성하는 지방산

① 포화지방산과 불포화지방산

포화지방산(saturated fatty acid)은 분자구조 내에 이중결합이 없는 지방산, 불포화지방산(unsaturated fatty acid)은 이중결합이 있는 지방산을 일컫는다. 또한 불포화지방산은 이중결합이 1개인 단일불포화지방산(monounsaturated fatty acid)과 이중결합이 2개 이상인 다불포화지방산(polyunsaturated fatty acid)으로 나눌 수 있다(그림 3-20). 이외에도 불포화지방산은 이중결합이 나타나는 위치와 이중결합 위치에서의 구조에 따라서도 분류될 수 있다.

```
      O H H H H H H H H H H H H H H H H H
      ‖ | | | | | | | | | | | | | | | | |
H-O-C-C-C-C-C-C-C-C-C-C-C-C-C-C-C-C-C-H
        | | | | | | | | | | | | | | | | |
        H H H H H H H H H H H H H H H H H
```

포화지방산
스테아르산
(C18:0)

```
      O H H H H H H H       H H H H H H H H
      ‖ | | | | | | |       | | | | | | | |
H-O-C-C-C-C-C-C-C-C-C=C-C-C-C-C-C-C-C-H
        | | | | | | | | | | | | | | | | |
        H H H H H H H H H H H H H H H H H
```

단일불포화지방산
올레산
(C18:1)

```
      O H H H H       H H H H       H H H H H
      ‖ | | | |       | | | |       | | | | |
H-O-C-C-C-C-C-C=C-C-C-C-C-C=C-C-C-C-C-C-H
        | | | | | | | | | | | | | | | | |
        H H H H H H H H H H H H H H H H H
```

다불포화지방산
리놀레산
(C18:2)

그림 3-20 포화지방산과 불포화지방산

표 3-12 식품에 함유된 지방산

분류	지방산명	구조*		급원식품
포화지방산 (Saturated fatty acid)	뷰티르산(butyric acid)	C 4:0	단사슬	버터
	카프로산(caproic acid)	C 6:0	단사슬	버터
	카프릴산(caprylic acid)	C 8:0	중사슬	버터, 코코넛유
	카프르산(capric acid)	C10:0	중사슬	버터, 코코넛유
	라우르산(lauric acid)	C12:0	중사슬	버터, 코코넛유
	미리스트산(myristic acid)	C14:0	장사슬	버터, 코코넛유
	팔미트산(palmitic acid)	C16:0	장사슬	팜유, 쇠기름, 돼지기름
	스테아르산(stearic acid)	C18:0	장사슬	쇠기름, 돼지기름
단일불포화지방산 (Monounsaturated fatty acid)	올레산(oleic acid)	C18:1	장사슬	올리브유, 카놀라류, 참기름, 팜유, 쇠기름, 돼지기름
다불포화지방산 (Polyunsaturated fatty acid)	리놀레산(linoleic aicd)	C18:2	장사슬	포도씨유, 해바라기유, 대두유, 참기름, 옥수수유
	리놀렌산(linolenic acid)	C18:3	장사슬	들기름, 아마인유
	EPA(eicosapentaenoic acid)	C20:5	장사슬	고등어, 꽁치 등 등푸른생선
	DHA(docosahexaenoic acid)	C22:6	장사슬	고등어, 꽁치 등 등푸른생선
* 탄소 수 : 이중결합 수 (예) C18:3 = 탄소 수 18개, 이중결합 수 3개를 나타냄				

자료 : 食品學總論, 고급영양학

식품에 들어 있는 포화지방산에는 뷰티르산, 카프로산, 라우르산, 팔미트산, 스테아르산 등이 있고, 불포화지방산에는 올레산, 리놀레산, 리놀렌산, DHA 등이 있다. 소고기, 돼지고기 등의 동물성 지방에는 포화지방산이 많이 함유되어 있고, 대두유, 옥수수유 등의 식물성 기름에는 불포화지방산이 많이 들어 있다. 포화지방산에 대한 불포화지방산의 비율은 영양학적으로 중요한 의미를 지니는데, 불포화지방산이 포화지방산보다 2배 이상 함유된 지질이 대체적으로 건강에 좋다. 표 3-12에는 식품에 들어 있는 지방산의 종류를 제시하였다.

② 오메가-3 지방산과 오메가-6 지방산

불포화지방산은 그림 3-21과 같이 이중결합의 위치에 따라 오메가-3 지방산(ω-3 지방산)과 오메가-6 지방산(ω-6 지방산)으로 불리기도 한다. 지방산 구조에서 메틸기를 지닌 말단으로부터 탄소에 번호를 붙였을 때 3번째 탄소에 처음 이중결합이 위치

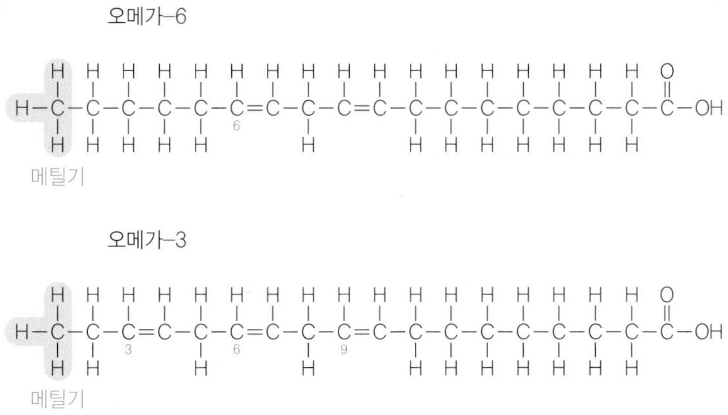

오메가-6

메틸기

오메가-3

메틸기

그림 3-21 오메가-3 지방산과 오메가-6 지방산

하면 오메가-3 지방산, 6번째 탄소에 이중결합이 처음 위치하면 오메가-6 지방산이라 한다. 오메가-3 지방산의 예로는 들기름이나 대두유에 많이 들어 있는 리놀렌산, 등푸른생선에 많이 함유된 EPA와 DHA를 들 수 있다. 참기름, 면실유, 땅콩기름, 해바라기유 등에 주로 존재하는 리놀레산과 동물성 식품에 들어 있는 아라키돈산은 오메가-6 지방산의 예이다.

오메가-3 지방산과 식용유의 선택

오메가-3 지방산이 심혈관계 질환의 위험을 낮추는 데 도움이 된다고 알려지면서 이의 함량이 높은 기름에 대해 관심이 높다. 식용유 중에서 오메가-3 지방산 함량이 가장 높은 것은 들기름으로 약 60% 정도의 리놀렌산이 들어 있다. 이 외에 유채 꽃씨에서 기름을 추출한 카놀라유도 약 11% 정도의 리놀렌산을 함유하나, 올레산이 60% 정도를 차지한다. 대두유에는 오메가-6계인 리놀레산이 약 54% 정도로 가장 많고 리놀렌산은 약 8% 정도 들어 있다. 한편 오메가-3 지방산과 같은 고도의 불포화지방산 함량이 높은 식용유는 산패되기 쉽고 고온에서의 안정성이 낮으므로 오메가-3 지방산 함량이 높다고 해서 무조건 좋은 것은 아니다. 따라서 들기름은 개봉한 후에는 냉장 보관하면서 가능한 빨리 사용하는 것이 좋으며, 가열하지 않는 나물이나 무침을 하는 데 적당하다.

③ *cis*- 지방산과 *trans*- 지방산

불포화지방산은 이중결합 위치에서의 구조에 따라 2가지 형태로 존재한다. 그림 3-22에서 보는 바와 같이 이중결합이 있는 탄소에 결합한 두 수소가 이중결합을 중심으로 같은 쪽에 존재하는 경우를 *cis*-지방산이라 하고, 서로 다른 쪽에 존재하는 지

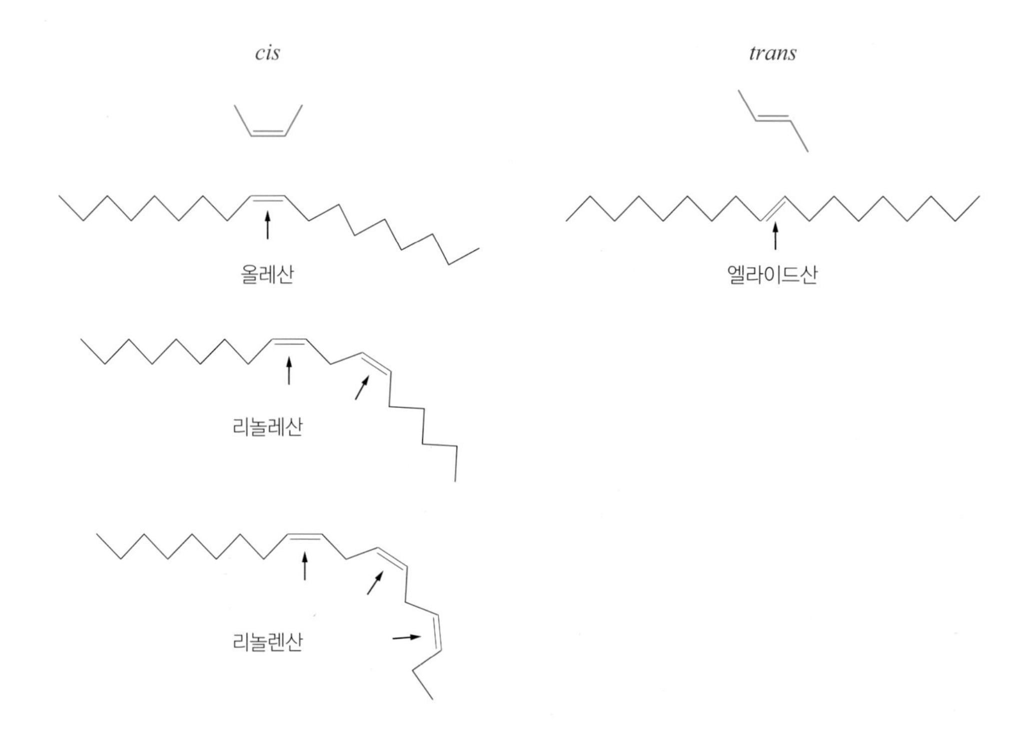

그림 3-22 *cis*-지방산과 *trans*-지방산

방산은 *trans*-지방산이라 하는데, 자연계의 식품에 존재하는 불포화지방산은 대부분 *cis*-형으로 존재한다. 그러나 액체 상태의 식용유를 가공하여 고체 상태의 마가린이나 쇼트닝을 제조하는 과정에서 *cis*-형이 *trans*-형으로 바뀌게 된다. 따라서 이런 경화유를 사용하여 조리 가공된 쿠키나 도넛, 페이스트리 등의 가공된 유지 식품에는 *trans*-지방산이 들어 있다.

(2) 지방산의 물리·화학적 성질

① 융점

융점(melting point)이란 고체 상태에서 액체 상태로 녹는 온도를 말한다. 지방산의 융점은 탄소 수가 커지면 융점도 높아지고, 반면 지방산 구조 내에 이중결합이 많을수록 융점은 낮아진다. 따라서 표 3-13에서와 같이 지방산의 탄소 수가 같을지라도 이중결합을 지닌 올레산은 포화지방산인 스테아르산에 비해 융점이 낮다. 또한 *trans*-지방

표 3-13 *cis*-지방산과 *trans*-지방산의 융점 변화

지방산	형태		융점	급원 식품
스테아르산	포화지방산	C18:0	69.6℃	동물성 유지
올레산	불포화지방산, *cis*-형	C18:1	13.4℃	올리브유
엘라이드산	불포화지방산, *trans*-형	C18:1	46.5℃	경화유

자료 : 食品學總論

산은 *cis*-지방산보다 융점이 높다. 예를 들어 *cis*-형인 올레산이 *trans*-형의 엘라이드산이 되면 융점이 높아진다.

② 비점

지방산의 비점은 탄소 수가 많을수록 높아진다. 지방산의 존재 형태에 따라서도 비점이 달라지는데 유리지방산의 경우 에스터형에 비해 비점이 높다. 이는 유리지방산의 경우 마주보고 있는 카복실기 간에 수소결합을 하여 이량체가 되어 안정한 형태를 이루고 있기 때문이다.

③ 용해도

탄소 수 4개의 뷰티르산까지는 물에 용해되어 약산성을 지니지만, 탄소 수가 커질수록 소성이 증가하여 유기용매에 용해된다.

④ 산화

포화지방산은 안정하지만 불포화지방산은 이중결합이 많아질수록 산화되기 쉽다.

3) 유지(중성지방, Triglyceride)

(1) 유지의 종류

지방산은 글리세롤과 에스터 결합을 하여 글리세라이드를 형성한다. 대두유, 올리브유, 쇠기름, 돼지기름 등 우리가 일상 생활에서 접하는 유지를 구성하고 있는 성분은 대부분 글리세롤 한 분자에 종류가 다른 세 개의 지방산이 에스터 결합을 한 중성지방이다. 유지는 그 출처에 따라 동물성과 식물성으로 분류되며, 이들을 구성하고 있는 지방산의 종류가 다르기 때문에 서로 다른 성질을 갖는다.

표 3-14 유지의 분류

분류	출처	주요 지방산	식품 예	비고
기름(유, 油, oil)	식물성	불포화지방산(많음)	들기름, 아마인유	건성유
		불포화지방산(중간)	대두유, 참기름	반건성유
		불포화지방산(적음)	올리브유, 동백기름	불건성유
	동물성	불포화지방산	어유	
지방(지, 脂, fat)	식물성	중·장사슬 포화지방산	팜유, 카카오지방	
		중사슬 포화지방산	팜핵유, 코코넛유	
	동물성	중·장사슬 포화지방산	쇠기름, 돼지기름	
		단사슬 포화지방산	우유 지방	

들기름, 대두유, 포도씨유와 같은 식물성 기름은 불포화지방산 함량이 높아 액체 상태이며, 어유도 불포화지방산 함량이 높다. 이에 비해 우유 지방, 쇠기름 등의 동물성 지방은 포화지방산 함량이 많아 고체 상태를 지닌다. 식물성일지라도 팜유나 코코넛유는 포화지방산 함량이 높다.

(2) 유지의 물리·화학적 성질

중성지방을 구성하고 있는 지방산의 종류에 따라 유지의 존재 형태나 비중, 용해성, 녹는 온도 등의 성질이 달라진다. 그러므로 이러한 유지의 성질을 이해하고 조리 과정에서 적절하게 이용할 수 있어야 한다.

① 비중과 용해성

유지의 비중은 0.92~0.94의 범위로 물보다 비중이 작아 물 위에 뜬다. 탄소 수가 적은 지방산이 많을수록 비중이 작아진다. 또한 유지는 물에는 거의 녹지 않지만, 에테르, 벤젠, 클로로포름 등의 유기 용매에 녹는다. 같은 용매에 대해서도 탄소 수가 많은 장사슬 지방산을 많이 함유할수록, 그리고 포화지방산이 많은 유지일수록 용해도는 낮아진다.

② 융점

유지를 조리에 이용하거나 가공하는 경우 가장 중요한 성질은 융점이다. 유지의 융점은 구성 지방산의 종류에 따라 다르며, 이외에 트라이글리세라이드 조성 및 결정구조에 의해 좌우된다. 유지 내에 포화지방산이 많을수록, 그리고 장사슬지방산이 많을수록 융점은 높아진다. 이에 반하여 불포화지방산 및 단사슬지방산이 많으면 융점은 낮아진다. 불포화지방산을 많이 함유하는 식물성 기름은 대체로 녹는 온도가 낮아 실온에서 액체인 반면 포화지방산이 많이 들어 있는 버터, 쇠기름, 돼지기름 등의 동물성 지방은 고체 상태이다.

지방산은 단일 구조이므로 각기 고유의 융점에서 녹아 액체 상태를 이룬다. 그러나 유지는 한 분자의 글리세롤과 탄소 수나 불포화도가 각기 다른 여러 종류의 지방산 3개가 결합한 트라이글리세라이드의 혼합물이다. 따라서 유지는 특정 온도가 아니라 일정 온도 범위에서 녹는다. 예를 들어 S-O-P(stearic-oleic-palmitic)로 구성된 트라이글리세라이드를 가열할 경우는 일정 온도 범위에서 녹아 점차 액체로 변해간다. 각종 유지의 지방산 조성과 융점 범위는 표 3-15와 같다. 또한 카카오지방과 쇠기름의 지방산 조성

표 3-15 각종 유지의 지방산 조성과 융점

종류	지방산(%) (탄소 수:이중결합 수)											융점(℃)*
	8:0	10:0	12:0	14:0	16:0	18:0	18:1	18:2	18:3	20:5	22:6	
해바라기유					6.7	3.7	19.0	69.9	0.7			-16~-18
옥수수유					11.2	2.1	34.7	50.5	1.5			-10~-15
대두유				0.1	10.7	4.4	21.6	54.2	8.1			-7~-8
쌀눈유					15.4	2.0	42.5	36.9	1.1			-5~-10
참기름					9.2	5.5	40.1	43.7	0.3			-3~-6**
들기름					6.4	2.2	16.2	15.0	59.7			
포도씨유***					7	4	15.8	69.6	0.1			
카놀라유					4.0	1.7	58.6	21.8	10.8			0~-12
면실유				0.7	23.5	2.4	17.0	54.8	0.3			4~-6
올리브유					10.9	2.6	76.5	7.8	0.6			0~6
코코넛유	8.0	6.0	47.0	18.0	9.0	3.0	7.0	2.0				20~28
팜종실유			0.2	1.0	44.5	4.4	38.5	10.5	0.2			27~50
카카오지방					26	35	35	3				32~39
버터	0.7	2.0	3.0	10.0	29.7	13.8	28.3	3.6	0.2			28~38
돼지기름				2.0	26.5	12.1	42.5	9.8	0.7			28~48
쇠기름				3.0	25.6	17.6	43.0	3.3	0.3			35~50
정어리유*				5	13	2	26	1		13	6	-

자료 : 2011 표준 식품성분표 II. 제8개정판 농촌진흥청 국립농업과학원

* 森田潤司, 成田宏史編 食品學總論. 化學同人. 2012.

** Theodore JW. Food oils and the uses, 2nd ed. The AVI Publishing Co. 1983.

*** Kamel, BS. Dawson H, Kakuda Y. Characteristics and composition of melon and grape seed oils and cakes". J of Am Oil Chemists' Society 62(5):881. 1985.

은 비슷하지만 융점의 범위가 크게 다른 것을 볼 수 있는데, 이는 유지를 구성하는 트라이글리세라이드의 조성비에 따라서도 융점이 달라지기 때문이다. 카카오지방은 거의 조성이 비슷한 트라이글리세라이드로 구성된 단일 분자에 가까워 32~39℃의 좁은 온도 범위에서 녹는다. 이에 비해 다양한 조성을 지닌 트라이글리세라이드로 구성된 쇠기름은 35~50℃의 높고 넓은 범위에서 융점을 갖는다. 이외에 유지를 결정화하면 조건에 따라 결정 구조가 달라지며, 결정 구조에 따라서도 융점이 각기 다르다.

③ 요오드가

불포화지방산에 요오드를 첨가하면 이중결합이 있는 부분에 요오드가 결합한다. 유지 100 g이 흡수하는 요오드의 g수를 요오드가라 한다. 유지를 구성하는 지방산 중에 불포화지방산의 함량에 따라 반응에 필요한 요오드의 양이 달라지므로 요오드가를 측정하면 구성 지방산의 불포화 정도를 알 수 있다. 가령 요오드가가 크면 불포화지방산 함량이 높은 유지임을 나타낸다. 상온에서 액체 상태인 식물성 기름의 경우 요오드가가 상대적으로 높아 불포화지방산 함량이 높은 반면 불포화지방산 함량이 낮은 식물성 지방이나 동물성 기름의 요오드가는 낮다.

식물성 기름은 요오드가에 따라 건성유, 반건성유와 불건성유로 나뉜다. 요오드가가 130 이상인 아마인유, 들기름, 해바라기유, 호두기름을 건성유라 한다. 요오드가가 100~130인 경우 반건성유, 100 이하인 경우 불건성유라 한다. 반건성유의 예로는 면실유, 옥수수유, 참기름, 대두유 등을 들 수 있으며, 올리브유, 동백기름, 돼지기름, 팜유, 쇠기름은 불건성유이다.

④ 비누화가

폐식용유를 이용하여 비누를 만드는 과정에서 볼 수 있듯이 유지에 KOH나 NaOH와 같은 강알칼리를 가하여 가수분해시키면 글리세롤이 분리되고 지방산의 알칼리염인 비누가 만들어진다. 이것을 비누화 또는 검화라고 부른다. 유지 1 g을 비누화시키는 데 필요한 KOH의 mg수를 비누화가, 또는 검화가라 한다. 비누화가가 높을수록 탄소 수가 적은 지방산이 많이 들어 있는 유지이다.

⑤ 산가

유지는 식품을 조리, 가공하는 동안 글리세롤과 지방산으로 가수분해될 수 있다. 이와 같이 중성지방의 에스터 결합에 사용되지 않고 떨어져 나온 지방산을 유리지방산이라 하며, 유지 1 g 중의 유리지방산을 중화하는 데 소요되는 KOH의 mg수를 산가라 한다. 따라서 산가를 측정하여 유지의 분해로 생성된 유리지방산의 함량을 예측함으로써 유지나 유지식품의 신선도를 평가할 수 있다. 「식품공전」에서는 식용유지나 유지식품의 산가 기준을 명시하고 있다. 대두유, 옥수수유, 카놀라유 등은 산가 0.6 이하이며, 압착한 기름의 경우 참기름 4.0, 들기름 6.0, 올리브유 2.0 이하이다. 조미김의 경우 산가 4.0 이하, 튀김식품은 5.0 이하를 유지해야 한다.

올리브유의 산가

올리브유는 올리브 과육을 물리적 또는 기계적인 방법으로 압착 여과하여 얻은 압착 올리브유, 올리브 원유를 용매를 이용하여 화학적으로 용출한 다음 정제한 정제 올리브유, 그리고 이 두 가지를 혼합한 혼합 올리브유의 세 가지 종류가 있다.

버진 올리브유는 화학적 처리 없이 압착하여 짜낸 것으로 엑스트라 버진(extra virgin)과 버진(virgin) 올리브유로 나뉜다. 올리브유의 품질은 기름 100 g당 올레산으로의 유리지방산 함량을 나타내는 산가를 기준으로 구분한다. 최상의 품질을 지닌 엑스트라 버진 올리브유는 산가 0.8% 이하로 맛과 향이 뛰어나서 샐러드나 스파게티에 뿌려 먹거나 또는 발사믹 식초와 함께 섞어 빵을 찍어 먹는다. 그러나 발연점이 낮으므로 튀김과 같이 높은 온도로 조리할 때에는 적합하지 않다. 버진 올리브유의 산가는 2% 이하이다.

퓨어(pure) 올리브유는 정제 올리브유와 버진 올리브유를 섞어서 만든 혼합 올리브유로 정제 올리브유보다 산도가 낮지만 3.3% 이상의 산도를 지닌다. 엑스트라 버진 올리브유보다 색이나 향이 옅고 튀김이나 볶음 등의 가열조리 용도에 적합하다. 우리나라에서는 엑스트라 버진 올리브유가 주로 시판되고 있다.

⑥ 발연점

버터나 식용유를 일정 온도 이상으로 가열하면 푸른 연기가 피어오르고, 발연점 이상으로 계속 가열하면 식품이 눌러 붙어 탄다. 푸른 연기가 나기 시작하는 온도를 발연점이라 하며, 이는 유지를 가열함에 따라 중성지방이 글리세롤과 지방산으로 가수분해되고, 유리된 글리세롤로부터 물이 빠져 나가면서 아크롤레인(acrolein)이란 휘발성 물질

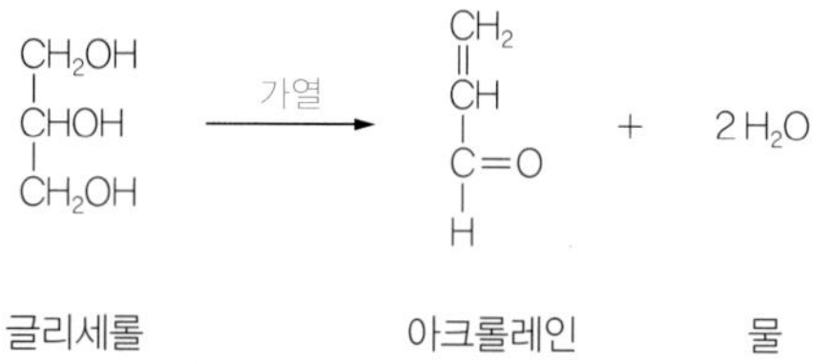

$$CH_2OH-CHOH-CH_2OH \xrightarrow{\text{가열}} CH_2=CH-CH=O + 2H_2O$$

글리세롤 → 아크롤레인 + 물

그림 3-23 아크롤레인의 형성

이 생기기 때문이다(그림 3-23). 발연점은 지방의 종류에 따라 다르다. 일반적으로 식물성 기름은 버터 같은 동물성 지방보다 발연점이 높으나 같은 식물성이라 할지라도 압착하여 짜낸 참기름이나 엑스트라 버진 올리브유, 식물성 경화유 등은 발연점이 낮다. 또한 식용유 제조 시 지방 추출 후 지방 이외의 이물질을 제거하는 정제 과정을 거치는데 이때 정제도가 높을수록 발연점이 높아진다. 각종 유지의 발연점은 표 3-16과 같다.

식용유지를 가열할 때 발생하는 푸른 연기는 식품에 좋지 못한 냄새나 맛을 주므로 튀김과 같이 높은 온도에서 조리하는 경우 발연점이 높은 유지를 사용해야 한다. 유리지방산의 함량, 기름의 표면적, 이물질의 존재, 사용 횟수 등은 발연점에 영향을 준다. 여러 번 사용하여 유리지방산 함량이 높은 기름일수록 발연점이 낮다. 또한 같은 기름이라도 사용하는 용기의 면적이 넓은 그릇일수록 표면적이 넓어져 발연점이 낮아진다. 기름 이외의 이물질이 존재할 때에도 발연점이 낮아진다. 그러므로 튀김 음식을 할 때 되도록 밀가루나 빵가루 등이 떨어지지 않도록 해야 하며, 반복하여 사용한 기름은 발연점이 낮아진다는 사실을 인지해야 한다.

표 3-16 각종 유지의 발연점

종류	발연점(℃)	종류	발연점(℃)
대두유	232	카놀라유	204
옥수수유	232	쌀눈유	254
면실유	216	해바라기유	232
땅콩기름	232	야자유	177
엑스트라 버진 올리브유	191	팜유	230
버진 올리브유	216	라드	182
포도씨유	200	버터	177
참기름	177	쇼트닝	182

자료 : The Culinary Institute of America (1996). The New Professional Chef, 6th ed, John Wiley & Sons

4) 복합지질과 불검화물

(1) 인지질과 당지질

글리세롤 한 분자와 세 개의 지방산이 에스터 결합을 하여 만들어진 중성지방과는 달리 복합지질은 글리세롤에 인산이나 당질 같은 지방 이외의 물질이 결합한 것으로 각각 인지질(phospholipid), 당지질(glycolipid)이라 한다.

인산이 결합한 복합지질에는 글리세로인지질(glycerophospholipid)과 스핑고인지질(sphingophospholipid)이 있다. 글리세로인지질의 대표적인 예로 난황에 존재하는 레시틴(lecithin)을 들 수 있다. 레시틴은 그림 3-24와 같이 글리세롤의 3번째 탄소 위치에 인산이 결합하고 콜린과 같은 극성기가 결합한 인지질이다. 레시틴은 두 개의 지방산이 갖고 있는 소수성의 성질과 인산기와 콜린에 의한 친수성의 성질을 동시에 지니며, 따라서 물에 잘 섞이지 않는 유지식품을 물과 잘 섞일 수 있게 도와주는 유화제로 작용한다. 스핑고인지질은 글리세롤 대신 스핑고신에 지방산과 인산이 결합한 것으로 대표적인 예로는 스핑고미엘린(sphingomyelin)이 있다.

스핑고당지질(sphingoglycolipid)은 인산 대신에 당질이 결합한 복합지질이다. 강글

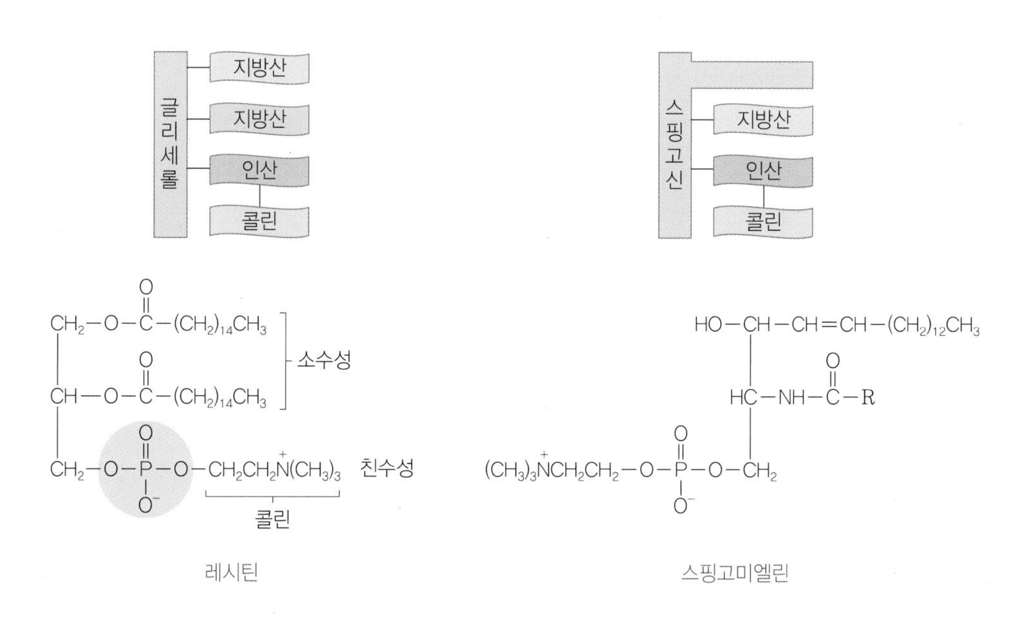

그림 3-24 레시틴과 스핑고미엘린의 구조

표 3-17 주요 식품의 콜레스테롤 함량

식품명	함량(mg/100 g)	식품명	함량(mg/100 g)
달걀	470	쇠간	246
난황	1300	버터	200
난백	1	가공치즈	80
오징어(생것)	294	우유	11
주꾸미	301	아이스크림	32
새우	130	소고기(살코기)	66

자료 : 2011 표준식품성분표 제8개정판, 농촌진흥청 국립농업과학원

리오사이드(ganglioside)는 뇌의 신경절 세포에 존재하는 스핑고당지질의 대표적인 예로 최근에는 건강 웰빙 식품 소재로서 커피 등에 첨가되고 있다.

(2) 스테롤

스테로이드 알코올, 즉 스테롤(sterol)은 고리 구조를 지닌 탄소 화합물에 극성의 알코올기(-OH)가 결합한 화합물로 동물 조직에 존재하는 콜레스테롤(cholesterol)과 식물성 스테롤인 β-시토스테롤(β-sitosterol), 스티그마스테롤(stigmasterol)이 있다. 콜레스테롤은 동물체의 세포막을 구성하는 필수 성분으로 쇠골이나 간 등의 내장육에 많이 들어 있으며, 이외에 달걀노른자, 육류나 가금류의 살코기에 함유되어 있다. 주요 식품의 콜레스테롤 함량은 표 3-17과 같다.

(3) 기타

자연계에 볼 수 있는 색깔을 나타내는 성분 중에도 지질 관련 물질이 들어 있다. 녹황색 채소의 색깔을 나타내는 카로티노이드(carotenoid)색소나 녹색을 타나내는 클로로필(chlorophyll)색소는 긴 탄화수소 사슬을 기본 구조로 하는 지질 관련 물질이다.

물에 녹지 않는 고급 1가 또는 2가 알코올과 지방산이 에스터 결합을 하여 자연계에 존재하는데 이를 왁스라 한다. 왁스는 융점이 매우 낮은 고체 상태의 지질 관련 물질로 나뭇잎이나 과일 표면을 코팅하여 준다. 이를 통해 수분이 식품으로부터 빠져나가거나 식품으로 흡수되지 않으므로 식품의 수명이 연장되고 풍미를 유지할 수 있다. 실제로

식품산업에서 카나우바왁스는 GRAS(Generally Recognized As Safe) 물질로 인정되어 사용되고 있다.

4. 단백질

단백질은 탄수화물, 지질과 함께 동식물체를 구성하는 주요 성분이며 생물체의 생명 유지에 중요한 역할을 한다. 또한 단백질은 정상인 체중의 16%를 구성하고, 생체에서 일어나는 거의 모든 생리활동에 관여하며 효소, 항체, 호르몬 등을 구성하는 화합물이다. 특히 단백질은 탄수화물, 지질과는 달리 탄소(C), 수소(H), 산소(O) 외에 질소(N)를 함유할 뿐만 아니라 황(S)을 포함하는 것도 있다. 단백질의 질소 함량은 단백질의 종류에 따라 차이가 있으나 평균 16%에 달한다. 따라서 단백질은 생물체의 주요 질소공급원이라고 할 수 있다.

단백질은 세포를 구성하는 필수적인 요소(건조물 기준으로 체세포의 약 50%)로서 대부분의 식품에 함유되어 있으나 동물성 식품에 많다. 식품으로 섭취한 단백질은 체내에서 소화효소에 의해 분해되어 아미노산으로 흡수된 다음 신체에 필요한 새로운 단백질로 다시 합성된다.

1) 단백질의 구조

단백질은 1차, 2차, 3차, 4차의 순차적인 4단계의 구조로 형성되는데, 각 단계에서 단백질의 구성과 형태가 결정된다. 1차 구조는 아미노산이 직선으로 연결된 폴리펩타이드(polypeptide)이고, 2차 구조는 폴리펩타이드가 α-나선(α-helix), β-병풍(β-pleated sheet) 모양을 형성한 것을 의미하며, 3차 구조는 2차 구조를 형성한 폴리펩타이드가 구부러져서 3차원적 입체구조를 형성한 것이고, 4차 구조는 3차 구조를 형성한 단백질이 집합체를 형성한 것이다.

단백질의 구조는 각 단백질의 생리적, 식품학적 기능성에 매우 중요한 역할을 하며 대부분의 단백질은 구조가 변형되면 고유의 기능성을 상실한다.

(1) 단백질의 1차 구조

자연계에 존재하는 단백질은 동식물의 체내에서 합성되거나 식품으로부터 공급된 20개의 아미노산(amino acid)으로 구성된다. 20개의 아미노산 중 11개는 체내에서 합성할 수 있으므로 불필수아미노산(nonessential amino acid)이라고 하고, 나머지 9개는 반드시 체외에서 공급되어야 하므로 필수아미노산(essential amino acid)이라고 한다. 아미노산은 탄소원자에 염기성인 아미노기(-NH_2)와 산성인 카복실기(-COOH), 측쇄(side chain)인 R기가 결합된 기본 공통구조를 가지며 측쇄인 R기의 종류에 따라 아미노산의 성질이나 기능이 달라진다(그림 3-25).

유전자의 염기 서열에 따라 특정 단백질을 구성하는 아미노산의 종류 및 서열이 결정되는데, 아미노산과 아미노산은 펩타이드 결합(peptide bond)으로 연결되어 단일 고분자물질인 폴리펩타이드(polypeptide)를 형성한다. 펩타이드 결합은 한 아미노산의 아미노기 질소와 다른 아미노산의 카복실기 탄소 사이의 공유결합을 의미하며 이 반응에서 물 한 분자가 제거된다(그림 3-26). 아미노산이 펩타이드 결합으로 연결된 단백질 분자를 폴리

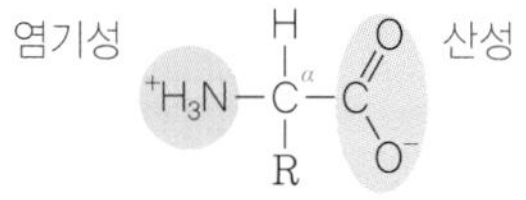

염기성 산성

아미노산

그림 3-25 아미노산 구조

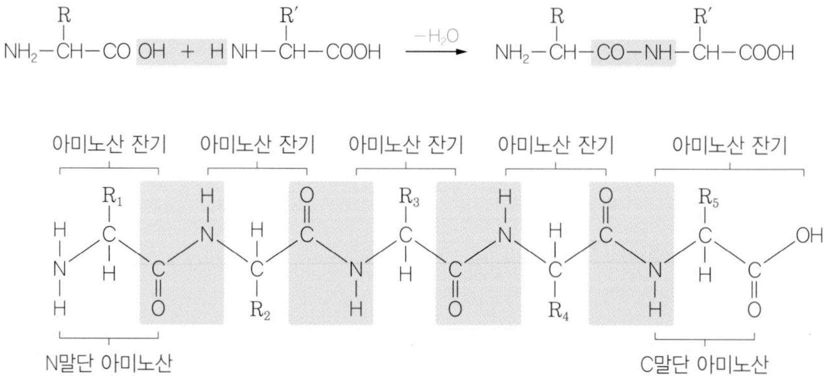

$$NH_2-CH(R)-CO\,OH + H\,NH-CH(R')-COOH \xrightarrow{-H_2O} NH_2-CH(R)-CO-NH-CH(R')-COOH$$

아미노산 잔기 아미노산 잔기 아미노산 잔기 아미노산 잔기 아미노산 잔기

N말단 아미노산 C말단 아미노산

그림 3-26 펩타이드 결합

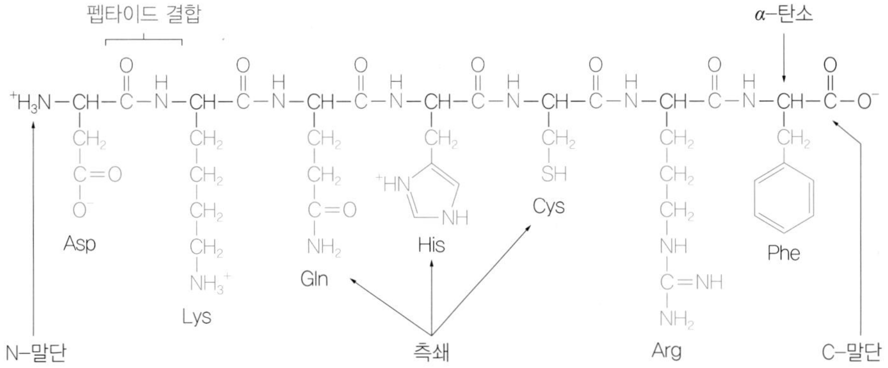

펩타이드 결합

α–탄소

$^{+}H_3N-CH-C(=O)-N(H)-CH-C(=O)-N(H)-CH-C(=O)-N(H)-CH-C(=O)-N(H)-CH-C(=O)-N(H)-CH-C(=O)-N(H)-CH-C(=O)-O^{-}$

Asp Lys Gln His Cys Arg Phe

N–말단 측쇄 C–말단

그림 3-27 단백질의 1차 구조

펩타이드라고 하며, 대부분의 단백질은 100개 이상의 아미노산으로 구성된 거대 분자이다. 이와 같이 아미노산 배열에 의한 단백질의 기본 분자 구조를 단백질의 1차 구조라고 한다(그림 3-27).

(2) 단백질의 2차 구조

단백질을 구성하는 아미노산의 종류와 연결순서에 따라 특정 단백질의 구조와 성질이 결정된다. 즉 폴리펩타이드 사슬을 구성하는 아미노산의 측쇄구조들이 상호작용하여 입체적인 2차 구조를 형성한다(그림 3-28). 2차 구조에는 α-나선구조(α-helix), β-병풍구조(β-pleated sheet), 랜덤코일 구조(random coil) 등이 있는데, 단백질의 종류에 따라 각각의 비율이 다르다. 예컨대 알부민과 글로불린 등의 구상단백질은 α-나선구조가 많고 콜라젠, 케라틴 등의 섬유상 단백질은 주로 β-병풍구조로 구성되어 조직이 치밀하고 질기다.

섬유상(fibrous) 단백질 vs 구상(globular) 단백질

단백질은 구조에 따라 섬유상 단백질과 구상 단백질로 구분한다. 섬유상 단백질은 분자가 세로 방향으로 규칙적으로 배열하여 모양이 가늘고 긴 섬유상을 형성하며, 대부분의 용매에 불용성이다. 가죽이나 뼈를 형성하는 콜라젠(collagen), 힘줄을 구성하는 엘라스틴(elastin), 손톱이나 모발에 함유된 케라틴(keratin) 등이 여기에 속한다. 구상 단백질은 폴리펩타이드 사슬이 구부러지면서 분자 형상이 전체적으로 구형을 이루는 단백질을 총칭한다. 이런 단백질들을 구성하는 아미노산의 소수기는 구형의 내부에 배치되고 친수기는 구의 표면에 노출되므로 구상 단백질은 대부분 수용성이다. 효소를 비롯하여 알부민, 글로불린, 글루텔린 등 대부분의 식품 단백질이 구상 단백질에 해당한다.

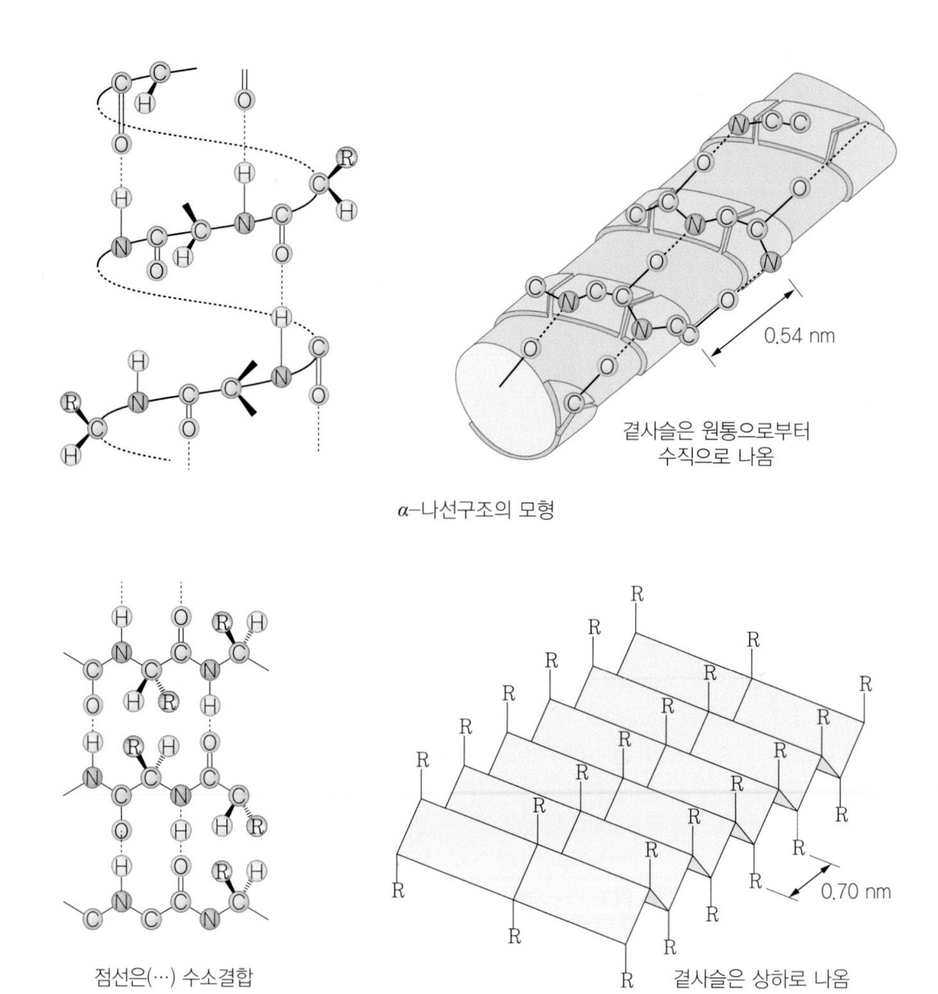

그림 3-28 단백질의 2차 구조

(3) 단백질의 3차 구조

2차 구조를 형성한 폴리펩타이드 사슬이 구부러지거나 압축되어 3차원적 입체구조를 형성하는데(그림 3-29, 30), 이 3차 구조는 단백질의 고유한 기능과 밀접하게 연관된다. 천연의 단백질이 열, 압력, 산, 알칼리, 염 등의 물리·화학적 작용을 받으면 3차 구조가 변형되고 그로 인하여 생리적 활성을 상실하거나 식품학적 기능이 변화된다.

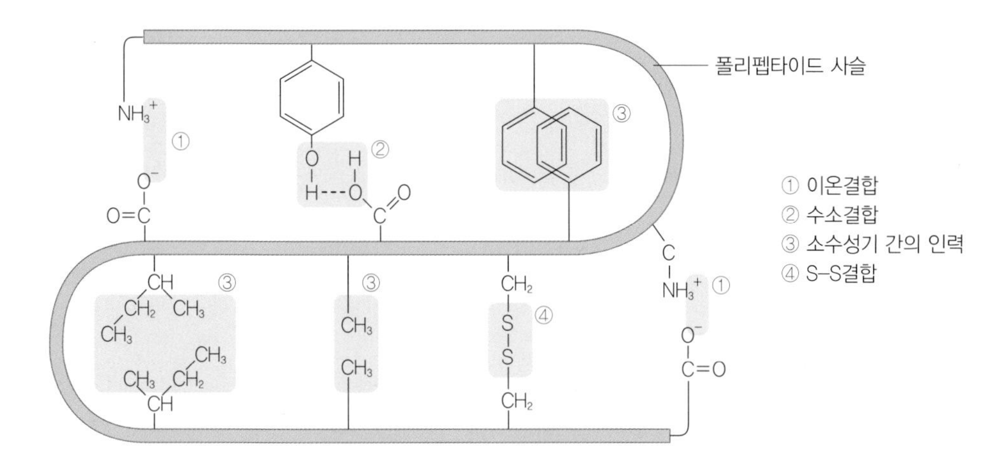

그림 3-29 단백질의 구조를 구성하고 안정화시키는 결합형태

(4) 단백질의 4차 구조

일부 단백질은 3차 구조를 형성한 여러 개의 단백질 분자가 모여 단백질 집합체를 이룬 상태로 활성을 보이는데 헤모글로빈은 4개의 소단위체(subunit)가 모여 4차 구조를 형성한 단백질이다(그림 3-30). 그 외 우유의 카세인, 육류의 콜라겐, 생선의 마이오신(myosin) 등도 4차 구조를 형성하는 단백질들이다.

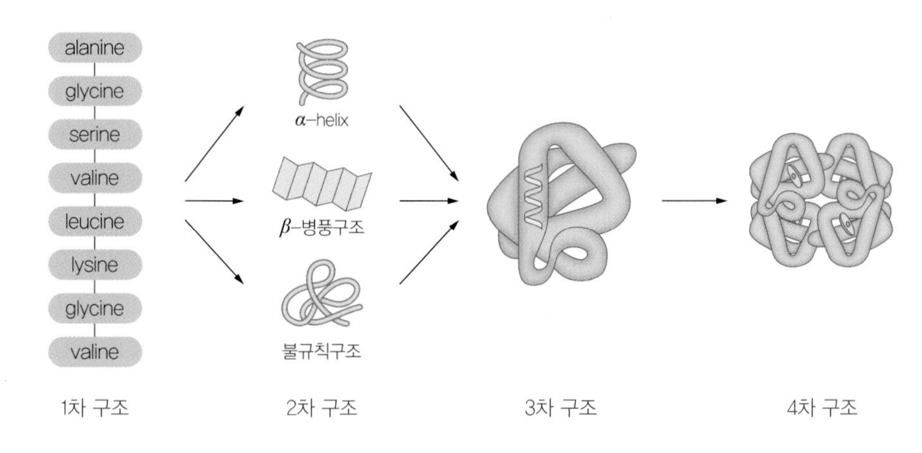

그림 3-30 단백질의 2차, 3차, 4차 구조

겸상적혈구 빈혈증(sickle cell anemia)

적혈구 속의 헤모글로빈 단백질을 구성하는 아미노산이 돌연변이되어 발생하는 유전병이다. 헤모글로빈 유전자를 정하는 염기 중 하나가 변이(GAG → GTG)되어 글루탐산이 발린으로 바뀌게 되면서 헤모글로빈의 구조와 기능이 변한 것이다. 이로 인하여 적혈구가 길게 찌그러진 낫 모양으로 변형되어 쉽게 파괴되고 악성 빈혈을 유발한다.

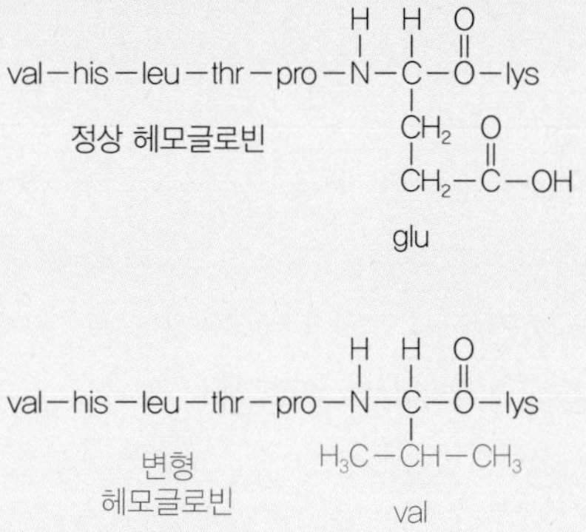

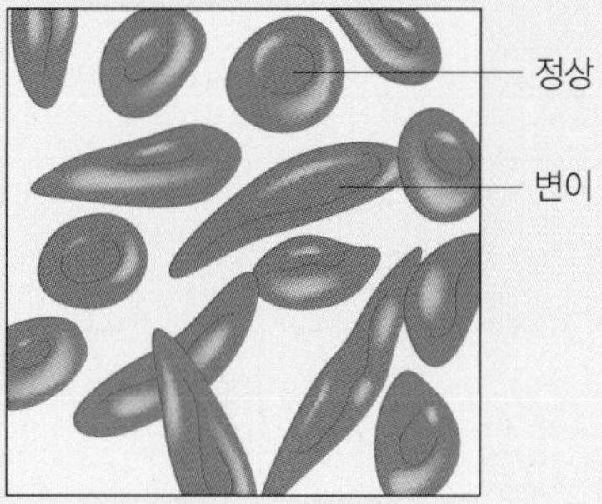

val－his－leu－thr－pro－N(H)－C(H)(glu)－C(=O)－lys

정상 헤모글로빈

glu: $CH_2-CH_2-C(=O)-OH$

val－his－leu－thr－pro－N(H)－C(H)(val)－C(=O)－lys

변형 헤모글로빈

val: $H_3C-CH-CH_3$

정상

변이

2) 단백질의 분류

단백질은 구성 성분, 성상에 따라 단순단백질(nonconjugated protein), 복합단백질(conjugated protein), 유도단백질(derived protein)로 구분한다.

(1) 단순단백질

아미노산만으로 구성되어 구조가 간단한 단백질이다. 알부민, 글로불린, 글루텔린 등이 여기에 속한다(표 3-18).

(2) 복합단백질

아미노산 외에 당질, 지질, 색소, 핵산, 인 등의 비단백성 물질을 포함하는 단백질이며, 이러한 단백질들은 대부분 생체에서 중요한 생리적 기능을 담당한다. 당단백질, 지단백질, 색소단백질, 인단백질 등이 여기에 속한다(표 3-19).

표 3-18 단순 단백질의 분류와 특성

분류	용해성					특징	종류(함유원)
	물	NaCl (0.8%)	약산 (pH 6)	약알칼리 (PH 8)	알코올 (60~80%)		
알부민 (albumin)	+	+	+	+	-	• 열응고성 • 비교적 분자량이 작음 • 동식물 중에 널리 분포	• serum albumin(혈청) • lactalbumin(유즙) • ovalbumin(난백) • myogen(근육) • legumelin(대두)
글로불린 (globulin)	-	+	+	+	-	• 열응고성 • 동식물 중에 널리 분포 • 글루탐산과 아스파트산에 많음	• serum globulin(혈청) • lactalbumin(유즙) • ovalbumin(난백) • lysozyme(난백) • myosin, actin(근육) • glycinin(대두)
글루텔린 (glutelin)	-	-	+	+	-	• 비열응고성 • 다량의 글루탐산 함유 • 곡류의 종자에 주로 존재	• oryzenin(쌀) • hordein(보리) • glutenin(밀)
프롤라민 (prolamin)	-	-	+	+	-	• 비열응고성 • 다량의 프롤린 함유 • 곡류의 종에 주로 존재	• glutenin(밀) • hordein(보리) • zein(옥수수)
히스톤 (histine)	+	+	+	-	-	• 비열응고성 • 다량의 라이신, 아르지닌, 히스티딘을 함유 • 동물의 체세포액이나 정자핵에 존재	• 흉선 히스톤 • 간장 히스톤 • 적혈구 히스톤
프로타민 (protamin)	+	+	+	-	-	• 비열응고성 • 다량의 아르지닌 함유 • 어류의 정자핵 중에 존재	• salmin(연어) • clupeine(정어리) • scombrin(고등어)
알부미노이드 (albuminoid)	-	-	-	-	-	• 비열응고성 • 인체 소화 효소에 의해 분해되지 않음 • 동물체의 보호조직 중에 존재	• collagen (피부, 연골, 결합조직) • elastin(힘줄, 결합조직) • keratin(머리카락, 손톱) • fibroin(명주실)

예컨대 달걀흰자에 들어 있는 오보뮤코이드(ovomucoid)와 오브알부민(ovalbumin) 등은 당을 함유한 당단백질이고, 노른자에 함유된 LDL(low-density lipoprotein)은 지질을 함유한 지단백질이며, 우유의 카세인(casein)은 인을 함유한 인단백질이다.

표 3-19 복합단백질의 분류와 특성

분류	특징	종류(함유원)
인단백질 (phosphoprotein)	• 인산과 결합한 단백질 • 칼슘염으로 존재하는 산성 단백질 • 묽은 알칼리 용액에 용해 • 동물성 식품에 주로 존재	• casein(유즙) • vitellin(난황) • vitellenin(난황)
지단백질 (lipoprotein)	• 지질과 단백질이 결합 • 주로 레시틴, 세팔린 등의 인지질과 결합한 단백질 • 거의 모든 동식물 세포에 존재	• lipovitellin(난황) • lipovitellenin(난황)
핵단백질 (nucleoprotein)	• 핵산과 염기성 단백질(히스톤, 프로타민 등)이 결합 • 세포핵 중에 주로 존재 • 식품의 맛과 관련 있음	• 흉선, 백혈구, 적혈구에 함유 • 어류의 정자와 식물체의 배아(germ)에 함유 • 효모, 세균에 함유
당단백질 (glycoprotein)	• 당류와 결합한 단백질 • 점성이 많음 • 조직이나 장의 윤활작용 • 동식물 세포 및 조직의 보호작용	• mucin(점액, 타액, 소화액) • mucoid(혈청, 결체조직) • ovomucoid(난백)
색소단백질 (chromoprotein)	• 색소와 결합한 단백질 • 금속단백질 • 산소운반, 호흡작용, 산화·환원작용에 관여	• hemoglobin(혈액) • myoglobin(근육) • cytochrome(체조직) • hemocyanin(연체동물의 혈액) • catalase(효소)
금속단백질 (metalloprotein)	• 금속(Fe, Cu, Zn 등)이 결합된 단백질	• ferritin(Fe 함유) • polyphenol oxidase(Cu 함유) • ascorbinase(Cu 함유) • tyrosinase(Cu 함유) • insulin(Zn 함유)

(3) 유도단백질

단백질(단순단백질, 복합단백질)이 물리·화학적 또는 효소의 작용으로 변화를 받은 것으로, 변화된 정도에 따라 제1차 유도단백질과 제2차 유도단백질로 구분한다(표 3-20).

제1차 유도단백질은 단백질이 산, 알칼리, 효소 등의 작용이나 가열에 의하여 분자의 골격은 변하지 않고 그 특성만 변한 것으로, 일명 변성 단백질(denatured protein)이라고 한다. 콜라젠을 물과 함께 장시간 끓여서 만든 젤라틴(gelatin)이나 단백질 용액에

표 3-20 유도단백질의 분류와 특성

분류		특징
1차 유도단백질	젤라틴 (gelatin)	• 콜라젠을 물과 함께 오랜 시간 끓이면 얻을 수 있음 • 뜨거운 물에는 녹지만 찬물에는 녹지 않음
	프로테안 (protean)	• 수용성 단백질이 열, 효소, 묽은 산 등의 작용으로 불용화된 단백질 • 가공식품에 많음
	메타프로테인 (metaprotein)	• 단백질이 산이나 알칼리에 의해 그 구조가 변한 것 • 열에 의해 응고되지 않음 • 묽은 산이나 묽은 알칼리 용액에 가용성 • 중성 용액에 불용
	응고단백질 (coagulated protein)	• 천연단백질이 열, 자외선, 교반, 알코올, 기타 화학작용으로 인하여 변성되어 응고된 것 • 물, 염 용액, 묽은 산, 묽은 알칼리 용액에 불용성
2차 유도단백질	1차 프로테오스 (primary proteose)	• 수용성이며 열에 의해 응고되지 않음
	2차 프로테오스 (secondary proteose)	• 1차 프로테오스보다 더 분해된 것
	펩톤 (peptone)	• 프로테오스가 더 분해된 것
	펩타이드 (peptide)	• 단백질의 가수분해가 가장 많이 진행된 것

알코올이나 산을 가하여 만든 변성 단백질들이 여기에 속한다. 제2차 유도단백질은 단백질이 가수분해되어 만들어지는 중간생성물이며 분해단백질이라고도 한다. 프로테오스(proteose), 펩톤(peptone) 및 펩타이드(peptide) 등이 여기에 속한다.

3) 단백질의 성질

단백질은 식품 고유의 색소, 풍미, 조직감 등을 형성하는 데 기여하며 완충제, 유화제, 지방대체제 등의 역할을 하기도 하고 젤과 거품을 형성하는 성질도 있다.

(1) 양성 전해질과 등전점

아미노산과 단백질은 분자 중에 염기성인 아미노기($-NH_2$)와 산성인 카복실기($-COOH$)를 동시에 가지고 있기 때문에 용액의 pH에 따라 산 또는 염기로 작용하는 양

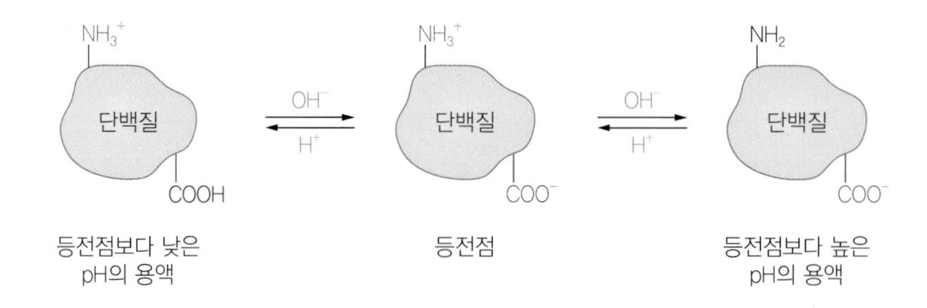

그림 3-31 양성 전해질

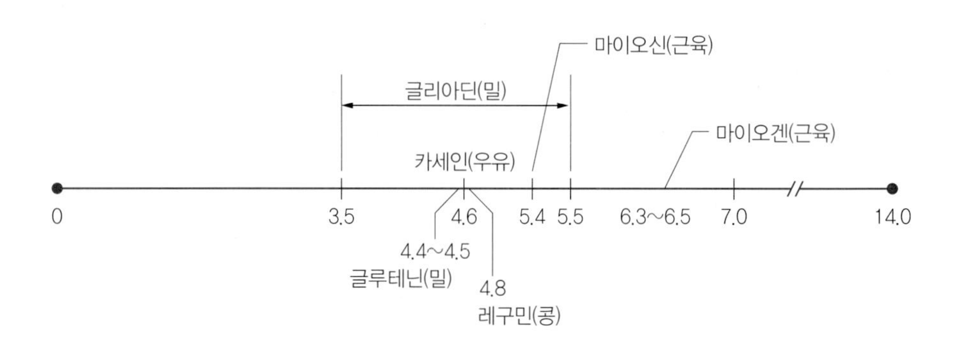

그림 3-32 여러 단백질의 등전점

성 물질(ampholyte)이다(그림 3-31). 산성 용액에서는 수소이온(H^+)을 받아들여 양이온(+)이 되고, 알칼리성 용액에서는 수소이온(H^+)을 내어주어 음이온(-)이 되므로 생체 시스템과 식품에서 pH의 급격한 변화를 막아주는 완충제(buffer)로 작용할 수 있다.

아미노산과 단백질은 산성 용액에서는 음극(-)으로, 알칼리성 용액에서는 양극(+)으로 이동한다. 단, 아미노산과 단백질의 양이온(+)과 음이온(-)의 수가 같아지면 분자 내의 양전하와 음전하가 상쇄되어 총 전하값이 0이 되므로 어느 전극으로도 이동하지 않는데, 이때 그 용액의 pH값을 등전점(isoelectric point)이라고 한다. 단백질의 등전점은 단백질을 구성하는 아미노산들의 측쇄에 따라 달라지며, 각 단백질은 고유한 등전점을 갖는다(그림 3-32).

(2) 용해성과 보수성

아미노산은 친수성인 아미노기($-NH_2$)와 카복실기(-COOH)를 가지므로 물과 같은 극성 용매와 묽은 산, 알칼리 및 염 용액에 잘 녹지만 에테르, 아세톤 등과 같은 비극성 용매에는 잘 녹지 않는다. 아미노산은 분자량이 작으므로 진용액을 형성하지만 단백질은 고분자 화합물이므로 콜로이드 용액을 형성한다. 각종 용매에 대한 단백질의 용해성(solubility)과 보수성(water-holding capacity)은 단백질을 구성하는 아미노산의 종류에 따라 달라진다. 특히 수용액에서 단백질의 용해성과 보수성은 단백질 분자들의 친수성기($-COOH$, $-NH_2$, $-NH-$, $=CO$, $-COO-$, $-OH$, $-NH_3^+$)와 물분자와의 상호작용에 따라 결정된다. 단백질의 친수성기는 물분자와 수소결합을 형성하여 수화(hydration)되어 콜로이드(colloid) 용액을 형성하며 산, 알칼리, 중성염, 알코올 등의 첨가는 단백질의 용해도에 영향을 준다. 단백질 용액에 산을 첨가하여 pH가 등전점에 도달하면 단백질 분자와 분자 사이에 반발력이 상실되어 용해도는 감소하고 침전물이 생긴다. 또한 고농도의 중성염을 단백질 용액에 첨가하면 단백질의 용해도가 감소되어 침전이 일어나는데, 이러한 현상을 염석(salting-out)이라고 하며 단백질의 분리와 정제에 이용한다. 간수($MgCl_2$, $CaSO_4$)를 사용하여 두부를 제조하는 것은 염석의 한 예라고 할 수 있다. 반면 저농도의 중성 염류 용액에서는 염과 단백질 사이의 인력에 의하여 단백질의 용해도가 증가하는 염용현상(salting-in)이 나타난다.

(3) 응고성

단백질은 열, 산, 알칼리, 효소에 의하여 응고된다. 일반적으로 단백질은 60~70℃에서 입체구조의 변형으로 인하여 용해도가 감소되어 응고한다. 반면 가열하면 용해도가 오히려 증가하는 단백질도 있는데 젤라틴과 프로타민이 여기에 속한다. 단백질 용액에 산을 첨가하여 pH가 등전점 쪽으로 이동하면 단백질이 응고하는데, 이와 같은 성질을 이용하여 요구르트를 제조한다. 알코올 첨가에 의한 우유 단백질의 침전반응은 알코올 시험이라 하여 우유의 신선도 판정에 이용된다. 또 카세인이 효소 레닌에 의하여 응고되는 성질을 이용하여 치즈를 만들기도 한다.

(4) 유화 안정성

단백질은 분자구조에 친수기와 소수기를 동시에 가지고 있으므로 기름과 물 사이의 계면(oil-water interface)에 분포하여 유화를 형성하거나 안정시키는 유화 안정제로 기능할 수 있다. 카세인 단백질은 우유의 콜로이드를 안정하게 유지하는 역할을 한다.

(5) 거품 형성력

단백질을 교반(whipping)하면 표면장력이 감소하고 단백질의 3차 구조가 풀리면서 폴리펩타이드가 주변의 공기를 둘러싸게 되어 거품(foam)을 형성한다. 이때 단백질의 소수기는 거품 쪽으로, 친수기는 식품 용액 쪽으로 배열하여 거품을 형성하고 안정하게 유지한다.

(6) 젤 형성력

단백질을 구성하는 긴 폴리펩타이드 사슬은 물과 이온결합 및 수소결합을 형성할 수 있는 친수기를 가지고 있으므로 단백질-단백질, 단백질-용액 등의 상호작용으로 그물망 같은 입체구조를 형성할 수 있다. 이와 같은 젤(gel)상 구조는 내부에 다량의 물을 함유하고 있으며 이런 원리를 이용하여 만든 식품에는 젤라틴 디저트, 두부, 고형 요구르트 등이 있다.

4) 효소

효소(enzyme)는 생물체 내에서 일어나는 여러 가지 화학반응을 조절하여 신진대사를 원활하게 하는 생체 촉매 물질이다. 효소는 생화학반응에 필요한 활성화 에너지(activation energy)를 낮추어 화학반응을 더 낮은 온도에서 빠르게 진행시킨다. 만약 효소가 없다면 생화학반응에 많은 에너지가 요구되므로 세포는 반응 후에 살아남기 힘들 것이다. 따라서 효소는 생화학반응을 촉진하여 세포가 효과적으로 그 기능을 수행하도록 돕는 강력한 천연 촉매이다.

식품의 조리·가공·저장 과정 중에 일어나는 효소의 반응을 적절하게 조절하면 식품의 질을 통제할 수 있고 새로운 식품의 개발도 가능하다.

(1) 효소의 특성

효소의 본체는 단백질이다. 효소가 복합단백질로 구성된 경우 단순단백질 부분을 아포효소(apoenzyme)라 하고 비단백질 성분을 보조인자(cofactor)라고 하며, 이들 두 부

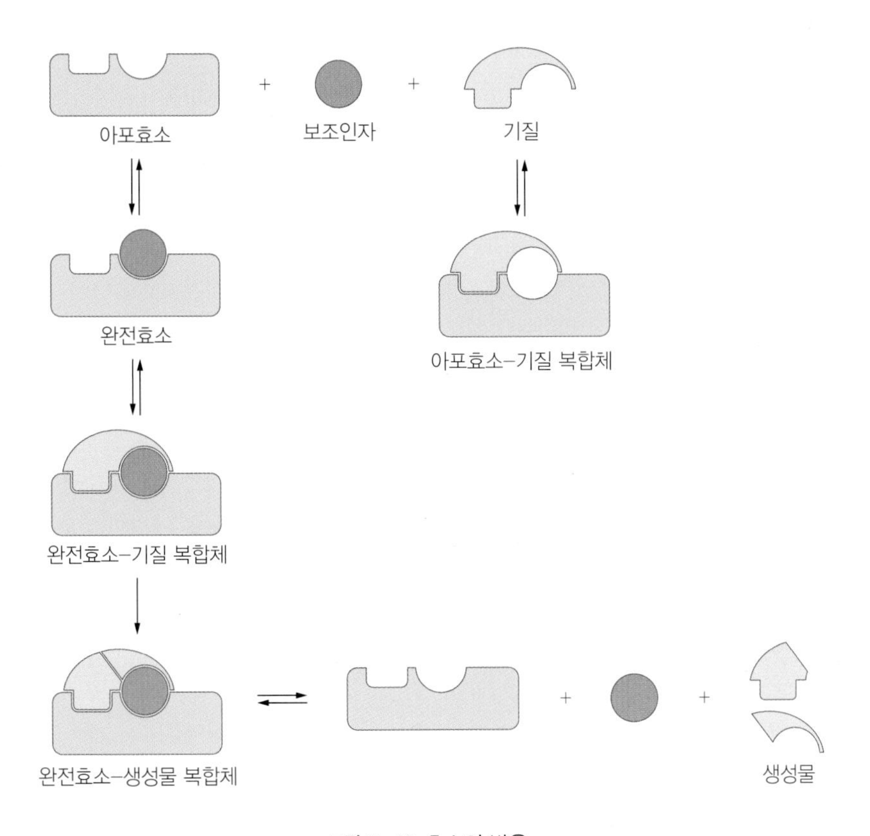

그림 3-33 효소의 반응

분이 결합된 형태를 완전효소(holoenzyme)라 한다(그림 3-33). 효소 활성에 필요한 보조인자들을 구성하는 물질은 금속이온 또는 유기물질들이며, 그 중 유기분자를 조효소(coenzyme)라고 부른다. 일부 비타민과 무기질들은 효소 복합체를 구성하는 보조인자로 작용한다.

효소는 특정한 물질의 반응에만 제한적으로 관여하는 기질 특이성을 가지고 있다. 효소가 작용하는 반응물질을 기질(substrate)이라고 하고 기질에 꼭 들어맞는 효소의 부분을 활성 부위(active site)라고 한다. 효소반응은 열쇠와 자물쇠처럼 효소와 기질의 입체 구조가 잘 들어맞을 때 비로소 반응이 일어난다.

(2) 효소반응에 영향을 주는 인자

① 온도

효소는 특정한 온도 범위에서 가장 활발하게 작용한다. 대체로 효소는 35~45℃에서 최대 활성을 보이고 그 온도 범위를 넘어서면 오히려 활성이 떨어진다. 왜냐하면 온도가 일정 범위를 넘으면 효소를 구성하는 단백질 분자의 입체 구조에 변형이 생겨 촉매 기능이 떨어지기 때문이다.

② pH

효소의 작용은 pH에 의해 크게 영향을 받는다. 대부분의 효소는 pH 4.5~8.0 범위에서 활성을 보이지만, 효소에 따라 활성을 보이는 최적 pH가 다르다(표 3-21). 예컨대 펩신은 pH 1~2, 트립신은 pH 7~8, β-아밀레이스는 pH 4.5에서 최대 활성을 갖는다. 최적 pH에서 멀어질수록 효소의 활성이 낮아지므로 효소를 이용하여 식품을 가공할 때 기질에 대한 효소활성을 안정한 pH 범위로 유지시켜 주어야 한다.

③ 수분

수분은 효소와 기질이 반응할 수 있는 매개체를 제공하여 효소반응을 용이하게 한다. 그래서 수분이 제거되면 효소와 기질은 반응하기 어려워진다. 대체로 수분함량이 낮으면 효소 활성이 제한되지만 완전히 멈추지는 않는다. 따라서 건조식품에는 효소 활성이 억제되어 있지만 완전히 불활성화된 것은 아니다.

표 3-21 몇 가지 효소들의 최적 pH값

효소	최적 pH
펩신	1.5
α-글루코시데이스	7.0
맥아 β-아밀레이스	4.5
트립신	7.8
췌장 α-아밀레이스	6.7~7.2

④ 촉진제

촉진제는 효소의 활성 부위에 결합하여 효소반응을 증가시키는 물질인데, Na^{+}, K^{+}, Ca^{2+}, Fe^{2+}, Cu^{2+} 등과 같은 금속이온들이 여기에 속한다. 식품의 갈변을 유발하는 폴리페놀 산화효소는 구리이온에 의해 반응이 촉진된다.

⑤ 저해제

효소에 결합하여 그 활성을 감소시키는 물질을 저해제라고 한다. 이런 물질들은 효소에 결합하여 효소가 기질과 결합하는 것을 방해함으로써 효소의 촉매작용을 억제한다. 저해제가 효소에 결합하는 방식은 가역적 혹은 비가역적이다. 가역적인 저해제들은 효소에 결합하여 효소와 기질과의 결합을 물리적으로 방해하거나, 효소-기질 복합체와 비공유결합을 형성하여 효소의 작용을 방해한다. 반면 비가역적인 저해제는 효소의 활성 부위를 화학적으로 변형시킴으로써 본래의 기능을 상실하게 만드는 것이다.

다양한 물질들이 효소의 저해제로 작용할 수 있는데, 효소 저해제는 신진대사를 조절하거나 항상성을 유지하는 데 중요한 역할을 하므로 약, 제초제, 살충제 등으로 이용할 수 있다.

(3) 식품의 조리·가공에 사용되는 효소(반응)

다양한 원천으로부터 획득한 효소를 식품의 조리·가공·저장 과정에 이용한다(표 3-22). 그림 3-34는 옥수수 전분으로부터 고과당 시럽(high fructose corn syrup, HFCS)을 제조하는 과정을 나타낸 것이다. 옥수수 전분을 아밀레이스로 분해하면 덱스트린을 거쳐 포도당이 되고 포도당은 이성화 효소(isomerase)의 작용으로 다시 과당으로 전환된다. 이렇게 만든 고과당 시럽은 포도당 시럽보다 단맛이 강하고 용해성도 좋다.

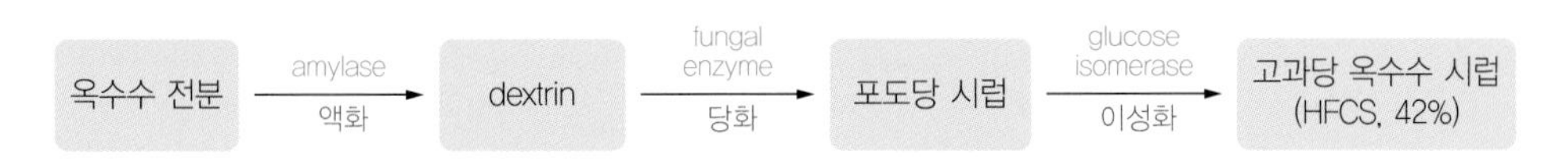

그림 3-34 HFCS(high fructose corn syrup) 제조 과정

표 3-22 식품의 조리·가공에 사용되는 효소의 종류 및 작용

종류	기질	생성물	소재	쓰임
아밀레이스 (amylase)	녹말	맥아당 덱스트린 포도당	엿기름 세균 누룩곰팡이	물엿, 빵, 포도당, 술
셀룰레이스 (cellulase)	셀룰로스	포도당	곰팡이 세균	콩 가공, 과즙의 추출 및 청징, 채소의 연화, 녹말 제조
펙티네이스 (pectinase)	펙틴	갈락투론산	과실 세균 곰팡이	과즙·포도주의 청징 및 수율 증가
글루코스 아이소머레이스 (glucose isomerase)	포도당	과당	세균	고과당 물엿 제조
락테이스 (lactase)	젖당	갈락토스 포도당	효모 세균 곰팡이	저젖당 우유 제조
인버테이스 (invertase)	설탕	포도당 과당	효모	설탕의 결정 방지, 전화당 제조
프로테이스 (protease)	단백질	폴리펩타이드 아미노산	곰팡이 세균 식물체	된장·간장 제조, 양조, 연육소
라이페이스 (lipase)	지질	글리세롤 지방산	종자 곰팡이	치즈·초콜릿 향미성분
레닌(rennin)	카세인	폴리펩타이드	송아지 위	우유 응고

더 알아보기

아미노산의 분류

구분		명칭	약자	구조	등전점	비고
중성 아미노산	지방족	글리신 (glycine)	Gly	O ‖ $H_2N-CH-C-OH$ | H	5.97	• 분자량이 가장 작은 아미노산이며 제일 먼저 발견
		알라닌 (alanine)	Ala	O ‖ $H_2N-CH-C-OH$ | CH_3	6.00	• 3대 영양소의 상호 대사작용에 관여
		발린* (valine)	Val	O ‖ $H_2N-CH-C-OH$ | $CH-CH_3$ | CH_3	5.96	• 우유단백질(casein)에 8% 정도 함유
		루신* (leucine)	Leu	O ‖ $H_2N-CH-C-OH$ | CH_2 | $CH-CH_3$ | CH_3	5.98	
		아이소루신* (isoleucine)	Ile	O ‖ $H_2N-CH-C-OH$ | $CH-CH_3$ | CH_2 | CH_3	5.94	• 효모의 작용으로 아실알코올(acylalchol)로 변하여 퓨젤유(fusel oil)의 주성분
		세린 (serine)	Ser	O ‖ $H_2N-CH-C-OH$ | CH_2 | OH	5.68	• 세리신(sericine)에 70%, 카세인, 난황 단백질에 함유
		트레오닌 (threonine)	Thr*	O ‖ $H_2N-CH-C-OH$ | $CH-OH$ | CH_3	5.64	• 혈액의 피브리노젠(fibrinogen)에 많이 함유
	방향족	페닐알라닌* (phenylalanine)	Phe	O ‖ $H_2N-CH-C-OH$ | CH_2 | (벤젠 고리)	5.48	• 환상 아미노산 • 타이로신 합성의 모체

(계속)

구분		명칭	약자	구조	등전점	비고
중성 아미노산	방향족	타이로신 (tyrosine)	Tyr	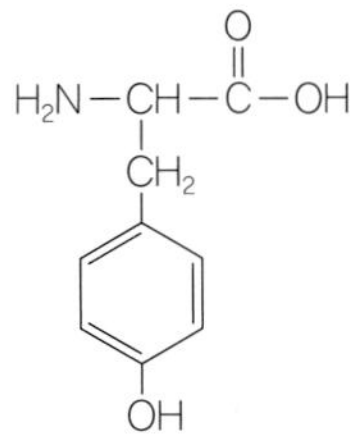 $H_2N-CH(CH_2-C_6H_4-OH)-COOH$	5.66	• 페닐알라닌의 산화로 생성 • 티로시네이스의 작용으로 갈색 색소인 멜라닌을 생성
		트립토판* (tryptophane)	Trp	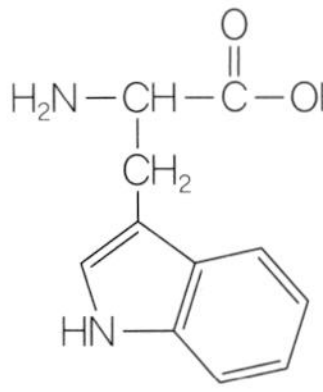 $H_2N-CH(CH_2-C_8H_5NH)-COOH$ (indole)	5.89	• 인돌 핵을 가짐 • 체내에서 나이아신으로 전환될 수 있어 결핍증상인 펠라그라 예방 • 효모, 견과류, 어류, 종자, 가금류 등에 함유
	함황족	시스테인 (cysteine)	Cys	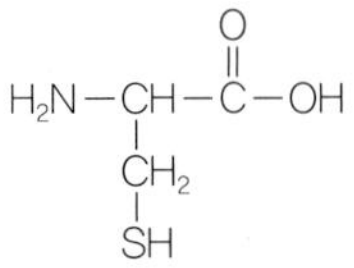 $H_2N-CH(CH_2-SH)-COOH$	5.07	• 산화·환원작용에 중요 • 메싸이오닌으로부터 생성 • -SH기가 2개 연결되어 시스틴으로 됨
		시스틴 (cystine)	Cys-Cys	$S-CH_2CH(NH_2)COOH$ $S-CH_2CH(NH_2)COOH$	5.03	• 산화·환원의 평형유지에 관여 • 손톱, 뿔, 머리카락을 구성하는 케라틴에 함유 • 메싸이오닌이나 시스테인으로부터 만들어짐
		메싸이오닌* (methionine)	Met	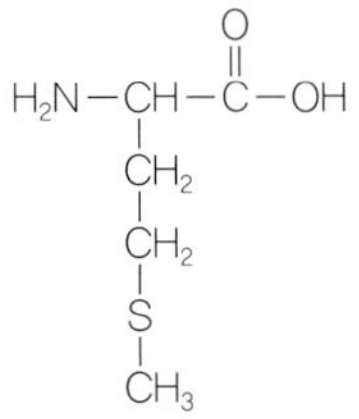 $H_2N-CH(CH_2-CH_2-S-CH_3)-COOH$	5.74	• 부족한 경우 시스틴으로 대용할 수 있음 • 간의 기능과 관계
	기타	프롤린 (proline)	Pro	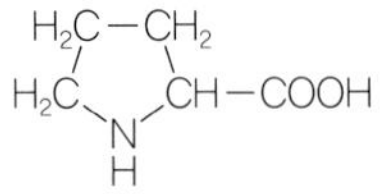 H_2C-CH_2, H_2C, $CH-COOH$, $N-H$ (pyrrolidine ring)	6.30	• 이미노기(imino group)를 가지고 있음 • 콜라젠과 같은 연골조직이나 프롤라민, 젤라틴, 카세인에 존재
		아스파라진 (asparagine)	Asn	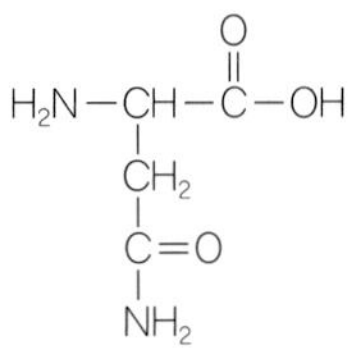 $H_2N-CH(CH_2-C(=O)-NH_2)-COOH$	5.41	• 가수분해되면 아스파트산과 NH_3가 생성 • 단맛이 있음 • 아스파라거스, 감자, 두류, 사탕무 등이 발아할 때 특히 많음

(계속)

구분		명칭	약자	구조	등전점	비고
중성 아미노산	기타	글루타민 (glutamine)	Gln	O ‖ $H_2N-CH-C-OH$ | CH_2 | CH_2 | $C=O$ | NH_2	5.65	• 식물성 식품에 존재 • 사탕무의 즙, 포유동물의 혈액에 존재
산성 아미노산		아스파트산 (aspartic acid)	Asp	O ‖ $H_2N-CH-C-OH$ | CH_2 | $C=O$ | OH	2.77	• 글로불린, 아스파라거스, 카세인에 많음
		글루탐산 (glutamic acid)	Glu	O ‖ $H_2N-CH-C-OH$ | CH_2 | CH_2 | $C=O$ | OH	3.22	• 식물성 단백질에 많음 • Na-글루탐산(MSG)은 조미료의 주성분
염기성 아미노산		라이신* (lysine)	Lys	O ‖ $H_2N-CH-C-OH$ | CH_2 | CH_2 | CH_2 | CH_2 | NH_2	9.74	• 동물성 단백질에 많고 식물성 단백질에는 부족 • 곡류를 주식으로 하는 경우 결핍 우려
		아르지닌* (arginine)	Arg	O ‖ $H_2N-CH-C-OH$ | CH_2 | CH_2 | CH_2 | NH | $C=NH$ | NH_2	10.6	• 생선단백질에 존재 • 분해효소인 아르지네이스에 의해 효소와 오르니틴이 생성
		히스티딘* (histidine)	His	O ‖ $H_2N-CH-C-OH$ | CH_2 (imidazole ring: N, NH)	7.47	• 이미다졸핵을 가진 환상 아미노산 • 혈색소와 프로타민에 많이 존재 • 부패성 세균에 의해 히스타민 생성

*필수아미노산

5. 무기질

1) 칼슘

칼슘은 체중의 1.5~2.2%를 구성하는 다량 무기질이나 체내흡수율은 매우 낮은 영양성분이다. 영유아기와 임신기 등 칼슘 필요량이 높은 시기에는 칼슘의 체내흡수율이 60% 정도로 비교적 높은 편이지만, 정상 성인은 25%에 불과하고 노년기에는 더욱 감소한다. 칼슘의 흡수율은 용해도와 밀접하게 관련되는데, pH 6 이하에서는 이온 상태(Ca^{2+})로 용해되므로 흡수가 용이하다. 따라서 칼슘은 pH가 낮은 소장 상부(duodenum)에서 주로 흡수되고, 소장을 통과하면서 pH가 점점 알칼리로 변하므로 칼슘 흡수는 감소된다.

칼슘의 용해도는 식품 중에 들어 있는 다른 성분과의 상호작용에 따라 달라진다. 과일 및 채소에 있는 수산, 곡류나 콩류에 함유되어 있는 피트산은 칼슘과 불용성 염을 형성하여 칼슘의 흡수를 방해한다. 녹엽채소에는 칼슘이 다량 함유되어 있으나 수산 함량도 많으므로 흡수율이 낮다. 우유 및 유제품은 칼슘의 가장 우수한 급원으로 칼슘 함량이 높을 뿐만 아니라 유당이 칼슘 흡수를 촉진한다. 특히 요구르트는 발효 과정에서 생성된 젖산으로 인하여 pH가 낮으므로 함유된 칼슘의 흡수가 용이하다. 코티지(cottage) 치즈와 크림치즈 등은 우유에 산을 첨가하거나 젖산 발효하여 응고물을 형성하는데, 우유의 칼슘이 유당과 결합하여 젖산칼슘(calcium lactate)을 형성하므로 생성된 치즈의 칼슘 함량이 낮다. 반면 효소 레닌(rennin)을 이용하면 칼슘이 카세인과 불용성 염(calcium caseinate)을 형성하여 함께 응고하므로 이렇게 만든 치즈에는 칼슘 함량이 높

표 3-23 식품 중의 칼슘 함량(mg/100 g)

식품	함량	식품	함량
마른멸치(중)	1,290	우유	91
뱅어(마른것)	615	요구르트(호상)	107
꼬막	83	가공치즈	503
소고기(한우, 안심)	23	달걀	52
닭고기(가슴살)	10	시금치	40
참깨	1,156	쑥	230
대두	245	브로콜리	64

다. 그 외에 뼈째 먹는 생선 등도 좋은 급원식품이며, 칼슘을 강화한 과일주스, 요구르트, 시리얼 등의 다양한 가공제품도 판매되고 있다.

칼슘이 특정 다당류와 결합하여 젤(gel)을 형성하는 성질을 이용하여 식품을 제조하기도 한다. 저메톡실펙틴(low methoxyl pectin, LMP)에 칼슘염 용액을 첨가하여 저열량 젤리나 잼을 만들 수 있고(그림 3-35), 알긴산 용액에 칼슘염 용액을 첨가하여 젤이나 젤리를 형성하기도 한다. 또한 두부를 제조할 때 응고제로 황산칼슘($CaSO_4$) 또는 염화칼슘($CaCl_2$)을 사용한다.

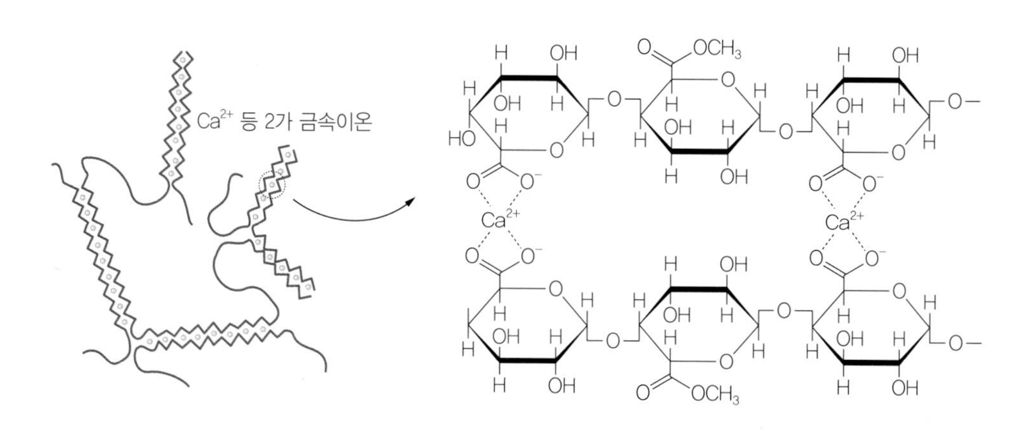

그림 3-35 저메톡실펙틴 젤 형성 구조

칼슘 보충제

일반 식이로 칼슘을 과량 섭취하기도 어렵지만 부족하기도 쉽다. 식이로 칼슘 섭취가 불충분한 사람들은 칼슘 보충제를 복용하기도 하는데, 일부 칼슘 보충제는 용해도가 낮아서 잘 흡수되지 않는다. 식초 1컵(6oz)에 칼슘 보충제를 넣고 5분마다 저으면서 녹였을 때 30분 안에 녹아야 칼슘 보충제의 체내이용률이 적정하다고 판단할 수 있다.

2) 인

인은 칼슘과 함께 뼈의 구성 성분이 되고 핵단백질, 효소, 인지질, 인단백질, 조효소의 구성 성분이 된다. 뿐만 아니라 물질대사, 에너지 대사, 근육의 수축기능, 신경자극의 전달기능, 체액의 완충작용 등에 관여하며 효소작용과 삼투압을 조절한다. 비타민 D는 인의 흡수를 촉진하고 마그네슘, 철, 칼슘 등은 인의 흡수를 방해한다. 인의 섭취량은 칼슘과의 균형이 중요한데 인의 섭취가 많아지면 칼슘의 흡수가 저하되고 대사불균형을 초래한다. 일반적으로 칼슘과 인의 섭취 비율이 1 : 1일 때 골격 형성이 가장 효율적으로 이루어진다. 인은 인산의 형태로 곡류, 어패류, 육류 등의 식품에 풍부하게 함유되어 있어 결핍증은 거의 나타나지 않는다. 곡류 및 콩류에는 칼슘에 비해 인의 함량이 훨씬 높으므로 한국인의 경우 칼슘 섭취는 부족한 반면 인의 섭취가 비교적 높은 편이다. 각종 인산염이 pH 조절제(산도 조절제), 안정제, 유화제, 팽창제 등의 식품첨가물의 형태로 가공식품에 첨가되는데, 탄산음료를 비롯한 가공식품의 섭취가 높으면 인의 과잉 섭취로 인하여 칼슘과 인의 균형이 깨져 뼈가 약화될 우려가 있다.

3) 나트륨과 염소

나트륨과 염소는 자연식품에 널리 존재하는 무기질이다. 대부분의 자연식품은 비교적 적은 양의 나트륨을 함유하지만 조개류, 육류 등 동물성 식품에는 천연적으로 나트륨이 많이 들어 있으며, 조리·가공·저장하는 과정에서 상당한 양의 소금이 첨가되므로 오이지, 김치, 장류, 젓갈류 등의 저장식품에는 나트륨 함량이 많다. 표 3-24에는 우리 식탁에 자주 오르는 상용식품과 이를 재료로 조리 가공한 음식의 나트륨 함량을 비교하여 제시하였다. 예를 들어 오이로 오이지를 담근 경우 1인분을 기준으로 오이에는 1.4 mg의 나트륨이 들어 있으나 오이지에는 577.6 mg으로 가공 과정에서 400배 이상으로 증가한다. 또한 가공치즈나 어육가공품 등 가공식품의 보존성을 향상시키기 위한 보존제, 햄이나 소시지 등 육가공품 제조시 사용되는 발색제도 나트륨을 함유하고 있어 이를 이용한 가공식품은 나트륨 함량이 높아진다. 또한 글루탐산나트륨(mono sodium glutamate, MSG)이나 이노신산나트륨(disodium inosinate) 등의 향미 증진제도 나트륨을 함유하고 있다.

식품첨가물의 성분으로서뿐 아니라 나트륨과 염소는 소금의 구성 성분으로 음식에 짠맛을 주며, 식품의 조리 과정에서 중요한 역할을 한다. 예를 들어 오이나 배추에 소금을 뿌려두면 삼투작용에 의해 물이 빠져 나와 절여진다. 또한 식빵을 만들 때 소금을 적당량 넣어 주면 발효 속도를 조절해 주어 탄성이 강한 글루텐이 형성된다.

나트륨은 체내의 정상적인 생리기능을 위해 적은 양이지만 반드시 식품을 통해 섭취해야 한다. 그러나 나트륨을 과잉으로 섭취할 경우에는 고혈압, 심뇌혈관질환 등의 성인병이나 신장질환, 위장질환, 골다공증 등의 질병을 일으킬 수 있다. 조리 가공 식품의 섭취가 늘어난 요즈음에는 나트륨 과잉 섭취가 커다란 문제가 되고 있다. 세계보건기구(WHO)에서는 하루에 2,000 mg 미만의 나트륨 섭취를 권장하고 있다. 나트륨 2,000 mg은 소금 5 g에 해당되며, 이는 1작은술 정도이다.

소금 1 작은술 = 소금 5 g = 나트륨 2000 mg

저나트륨 식품이란 원료를 배합, 조리할 때 다른 영양소 함량은 그대로 유지하고 같은 종류의 일상 식품보다 나트륨 함량을 50% 이하로 낮춘 식품을 말하는데, 대표적으로 저염 소금, 저염 간장, 저염 된장 등이 있다. 최근에는 본래의 짠맛을 느낄 수 있도록 다른 무기질을 강화하고 나트륨 함량을 기존의 제품보다 25% 정도 낮춘 저염 간장이 시판되고 있을 뿐 아니라 편이식이나 가정 대용식에서도 나트륨 함량을 낮춘 제품의 개발이 활발하게 이루어지고 있다.

표 3-24 상용식품과 조리 가공식품의 나트륨 함량

조리 가공 전 나트륨 함량			조리 가공 후 나트륨 함량		
식품명	1인분량(g)	mg/1인분	음식명	1인분량(g)	mg/1인분
백미	90	7.2	절편	130	345.8
쌀밥	210	5.6	볶음밥	210	271.1
밀가루	80	15.3	국수(마른 것)	100	219.7
			식빵	100	66
			카스테라	100	105
감자	100	21	포테이토칩	100	259
오이	70	1.4	오이지	40	577.6
무	70	30.1	깍두기	40	238.4
찰옥수수(찐 것)	100	1	시리얼	40	263.6
대두(노란콩)	20	0.6	두부	80	3.2
			두유	200	270
			진간장	5	292.9
마른 멸치	10	86.9	멸치액젓	5	285.5

자료 : 2011 표준 식품성분표 제8개정판, 농촌진흥청 국립농업과학원.

그림 3-36 시판되고 있는 저염 소금과 저염 간장

4) 칼륨

칼륨은 원자번호 19번의 원소인 알칼리 금속으로 바닷물에는 나트륨보다 훨씬 많이 녹아 있으며 생물체에서는 세포내액 중에 염화칼륨(KCl), 탄산염(K_2CO_3, $KHCO_3$), 인산염(K_2HPO_4)으로 존재한다. 칼륨 금속은 물과 반응하면 강력한 알칼리성 물질인 KOH를 생성하므로 칼륨이 많은 식품을 생리적 알칼리성 식품이라 부른다. 칼륨은 동식물성 식품에 모두 함유되어 있으나 대두, 채소류, 서류, 과일류, 해조류와 같은 식물성 식품에 높은 농도로 들어 있는데 특히 오렌지주스, 키위, 바나나, 감자, 콩에 많이 함유되어 있다.

칼륨은 나트륨처럼 인체 내에서 산알칼리 평형에 관여하며, 세포의 삼투압을 조절하고 또 근육의 수축과 신경자극 전달에 관여한다.

표 3-25 식품 중 칼륨의 함량

식품		칼륨(mg%)	식품		칼륨(mg%)
곡류	백미	115	육류	소고기	245
서류	감자	360	생선류	방어	208
두류	대두	1,360	해조류	미역	2,700
채소류	시금치	416	난류	달걀	98
과일류	사과	115	유류	우유	160

5) 철

철은 전이원소로 +2(ferrous; 제일철) 또는 +3(ferric; 제이철)의 형태로 존재한다. 제일철은 6개의 d전자를 가지고 있으며 제이철은 5개를 가지고 있다. 제일철은 물에 잘 녹으나 산소가 존재하면 물에 잘 녹지 않는 제이철로 변화한다.

철은 동식물성 식품에 널리 함유되어 있으며 특히 간, 난황, 육류, 녹색채소에 많이 함유되어 있다. 식품 중의 철의 형태는 무기 화합물와 유기 화합물로 나누어진다. 유기화합물에는 헤모글로빈(hemoglobin)과 마이오글로빈(myoglobin)을 구성하는 헴(heme)철이 있으며, 무기 화합물에는 제일철(Fe^{2+}) 화합물과 제이철(Fe^{3+}) 화합물이 있다. 철은 흡수될 때 헴철은 철 포르피린(porphyrin) 형태 그대로 흡수되며 무기태 화합물은 위액의 염산에 의해 용해된 제일철만이 흡수된다.

클로로필을 철과 함께 가열하면 클로로필의 포르피린 안에 있던 마그네슘이 철과 치환되어 선명한 갈색의 철-클로로필을 형성한다. 클로로필은 지용성으로 물에 녹지 않으므로 클로로필을 알칼리 처리하여 수용성으로 만든 다음 마그네슘을 철로 치환하면 수용성의 안정한 착색제로 이용할 수 있다. 안토잔틴도 철과 함께 가열하면 철과 결합하여 녹색을 거쳐 갈색으로 변화하며 안토사이아닌도 철과 결합하면 청색을 나타내고 타닌도 철과 결합하면 갈색이 된다. 따라서 색소가 있는 채소를 요리할 때는 용기의 선택에 신중하여야 한다. 그러나 이러한 색소의 반응을 이용하여 검은콩으로 콩장을 만들 때 무쇠로 된 솥에서 만들면 색이 더 검어지고 완두콩 통조림을 만들 때 구리를 넣어주면 완두콩의 녹색이 유지된다.

도살 후 육류의 마이오글로빈은 포르피린에 결합된 철이 제일철의 형태로 적자색을 띠고 있지만 사후경직 및 숙성 과정 중 철이 공기 중의 산소와 결합하여 옥시마이오글로빈(oxymyoglobin; $Mb \cdot O_2$)이 되어 선명한 적색이 되며, 오래 저장하면 육류의 색이 적갈색이 되는데 이때의 철은 산화한 제이철의 형태이다.

6) 요오드

자연계에 풍부한 요오드는 주로 바닷물과 토양 중에 다량 함유되어 있으며 요오드가 풍부한 바다와 토양에서 자란 식품은 요오드를 많이 함유하고 있다. 김, 미역 등의 해조류는 대표적인 요오드 함유 식품이다. 전 세계의 2/3 정도의 가구에서는 요오드가 함유된 소금을 사용하며 요오드의 보충을 위해서 요오드가 강화된 소금이 이용되기도 한다. 최근 가공식품에는 요오드 보충의 목적으로 요오드나트륨이나 요오드칼륨이 첨가되기도 한다. 식품 조리시 요오드 손실이 연구된 바는 많지 않지만 어류에 존재하는 요오드의 80%는 특히 끓이는 조리 방법과 같은 습열 조리법에서 손실되며 건열 조리법에서는 손실이 적다.

6. 비타민

비타민은 에너지원이나 신체를 구성하는 성분은 아니지만 미량으로 포유류의 영양을 지배하고 생리기능을 조절하며 완전한 물질대사가 일어나도록 하는 유기 화합물이다. 비타민은 제각각 특수한 화학구조를 가지고 있으며 체내에서의 기능 또한 다양하다. 일반적으로 체내대사에 관여하는 여러 가지 조효소의 구성 성분으로 대사를 조절하는 역할을 한다. 비타민은 체내에서 합성되지 않으므로 식품을 통해서 섭취해야 하는 필수 영양소로 미량으로 생물의 대사에 중요한 역할을 하기 때문에 그 단위는 mg이나 μg으로 표시한다.

표 3-26 비타민의 성질

특성	지용성 비타민	수용성 비타민
구성 성분	C, H, O로 구성되어 있다.	C, H, O, N 외에 종류에 따라 S 및 Co 등을 함유한다.
용해성	지방 및 지용성 용매에 용해되나 물에는 불용성이다.	물에 용해되나 지방에는 불용성이다.
대사경로	지방과 함께 흡수되며 림프계를 통해 이동한다.	당질 및 단백질과 함께 소화, 흡수되며 간으로 들어 간다.
저장성	간, 또는 지방조직에 저장된다.	필요량 이상은 배설되며 저장하지 않는다.
요구도	매일 공급할 필요는 없다.	매일 필요량만큼 요구된다.
배출경로	담즙을 통해 체외로 서서히 배출된다.	소변을 통해 빠르게 배출된다.
전구체	있다.	없다.

비타민은 현재 20여 종 이상이 알려져 있으며 용해성에 따라 지방이나 지용성 용매에 용해되는 지용성 비타민과 물에 용해되는 수용성 비타민으로 분류되며, 이들의 일반적인 성질은 표 3-26과 같이 비교할 수 있다. 지용성 비타민은 비타민 A, D, E, K가 있으며 식품의 조리 가공 중에 기름과 같이 조리하거나 섭취하면 흡수율이 높아진다. 수용성 비타민은 항각기성 물질로 알려진 비타민 B_1을 포함한 비타민 B 복합체(B_1, B_2, B_6, B_{12}, 니코틴산, 판토텐산, 엽산, 바이오틴, 코발라민)와 비타민 C가 있다. 수용성 비타민은 구조상으로 극성기를 갖고 있어 물에 잘 녹으며 체내에서 잘 축적되지 않고 쉽게 소변을 통해 배설되므로 규칙적인 공급이 필요하다.

1) 비타민 A

비타민 A는 자연계에 비타민 A형태로 존재하는 것과 비타민 A 전구체(provitamin A)의 형태로 존재하는 것이 있다. 비타민 A는 동물성 식품에 함유되어 있으며 β-이오논핵과 아이소프렌(isoprene) 사슬을 지니고 있는데 녹황색 채소에 함유된 카로티노이드 색소 중 α-카로틴, β-카로틴, γ-카로틴과 크립토잔틴(cryptoxanthin)은 이와 유사한 구조로 되어 있어 체내에서 비타민 A로 전환될 수 있다. 비타민 A는 알칼리에는 안정하지만 산에는 불안정하며, 이중결합을 가지고 있어서 공기 중의 산소나 빛에 의해서 쉽게 산화된다.

β-카로틴은 비타민 A로의 생체전환율을 감안하여 다음과 같이 레티놀당량(retinol equivalent, RE)으로 표시한다.

1 μg RE = 1 μg 레티놀(all-*trans*-retinol)
= 2 μg 합성 β-카로틴(all-*trans*-β-carotene)
= 6 μg 식이 β-카로틴(dietary all-*trans*-β-carotene)
= 12 μg 기타 식이 프로비타민 A 카로티노이드(other dietary provitamin A carotenoids)

노인, 알코올 중독자, 채소를 먹지 않는 영유아, 도시의 빈민층, 간 질환자는 비타민 A의 저장량이 적어 부족증이 나타나기 쉽다. 비타민 A 섭취가 부족하면 야맹증, 성장지

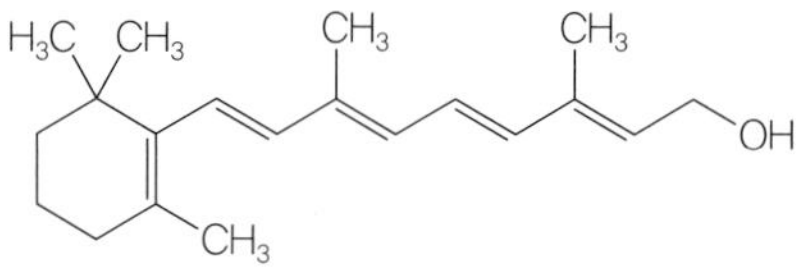

그림 3-37 비타민 A의 구조

연, 안구건조증이 초래된다. 이외에 피부가 마르고 각질화되며 호흡기, 소화기 등의 점막에서 점액분비가 잘 안 된다. 비타민 A는 간, 우유, 유제품 및 달걀에, 카로티노이드는 당근, 김, 고구마, 고추 등에 많이 함유되어 있다.

2) 비타민 D

비타민 D(calciferol)는 스테로이드 핵을 가진 화합물의 일종으로, 여러 종류가 있으나 비타민 D_2(ergocalciferol)와 비타민 D_3(cholecalciferol)가 중요한 생리적 기능을 한다. 비타민 D_2는 버섯류에 소량 들어 있으며, 표고버섯을 햇빛에 말릴 때 함량이 높아진다. 비타민 D_3는 달걀, 소의 간, 그 밖에 생선 간유, 연어, 고등어, 참치, 뱀장어 등 지방 함량이 높은 생선에 많이 들어 있다. 한 연구에서는 연어나 송어를 양식하는 경우 자연산에 비해 비타민 D 함량이 높다고 보고하고 있다. 사람은 식품을 통한 섭취 이외에 피부에서 콜레스테롤의 전구체인 7-데하이드로콜레스테롤(7-dehydrocholesterol)로부

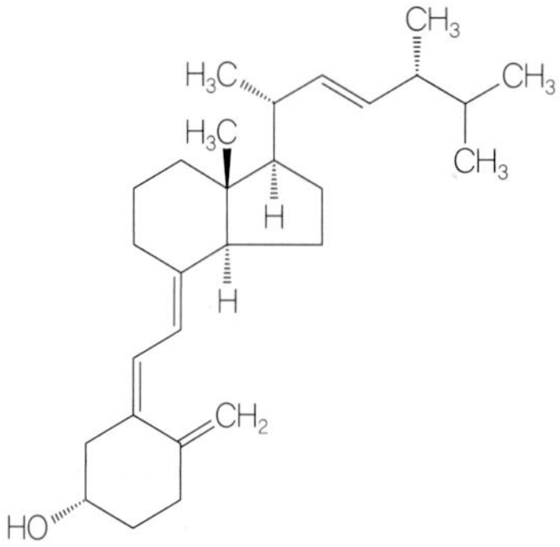

비타민 D_2-에르고칼시페롤

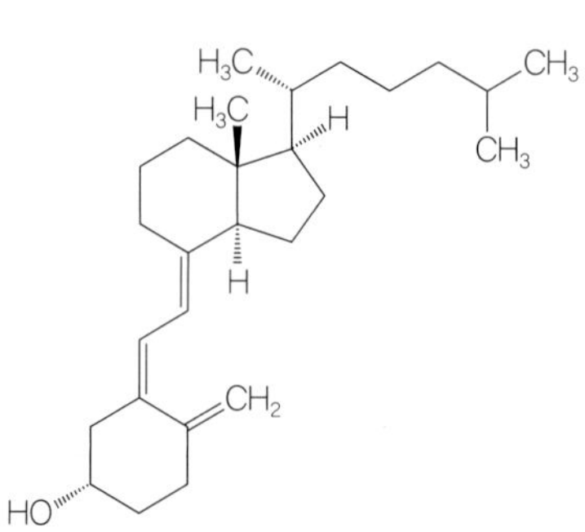

비타민 D_3-콜레칼시페롤

그림 3-38 비타민 D의 구조

터 자외선을 받아 비타민 D를 합성할 수 있다.

비타민 D는 칼슘의 흡수를 도와 골격대사에 관여한다. 그러므로 우유에 함유된 칼슘의 이용률을 높이기 위해 우유나 치즈, 요구르트 등의 유제품에는 비타민 D를 강화한 제품이 시판된다. 비타민 D는 일반적인 가공·조리 조건에서 비교적 안정하여 손실이 거의 없다. 조리 과정에서의 비타민 D 손실량을 조사한 연구에 의하면 난황, 생선, 버섯을 각각 삶고 튀기고 볶았을 때 조리 과정에 따른 비타민 D의 손실은 10% 이하인 것으로 보고되었다.

3) 비타민 E

비타민 E는 α-토코페롤과 같은 기능을 나타내는 토콜(tocols)과 토코트리에놀(tocotrienols)의 총칭이다. 비타민 E는 아이소프렌(isoprene)과 크롬만(chroman)핵이 결합한 화합물로 구조적인 차이에 따라 α, β, γ, δ형으로 구분하는데 이들 중에서 비타민 E의 효력은 α-토코페롤이 가장 크다.

토코페롤(tocopherols)은 식품에 함유되어 있으면서 비타민 E 기능을 가지고 있는 주된 화합물로 토콜에서 유도되었으며 하나 또는 그 이상의 메틸기(methyl group)를 가지고 있다. 열, 산소, 광선에 비교적 안정하지만 열에 가장 강하고 또 강한 항산화작용을 하는 지용성 물질이다. 불포화지방산이나 비타민 A와 같은 이중결합이 있는 물질이 산화되는 것을 방지하고 스스로는 산화하는데 특별히 자동산화 초기단계에서 유리 라디칼의 생성을 억제하여 자동산화 시작 시기를 연장시킨다. 따라서 불포화지방산과 함께 존재하면 쉽게 파괴되는 비타민으로 천연 항산화제라 불리며 항산화 활성은 δ-토코페롤이 가장 크다. 비타민 E의 또 다른 기능은 철의 흡수를 도와주는 것이다.

비타민 E는 곡류의 배아에 다량 들어 있으며, 땅콩, 대두 그리고 참깨와 같은 기름 종자처럼 불포화지방산이 다량 함유된 식물성 식품에 많이 들어 있어서 이들 식물성 식

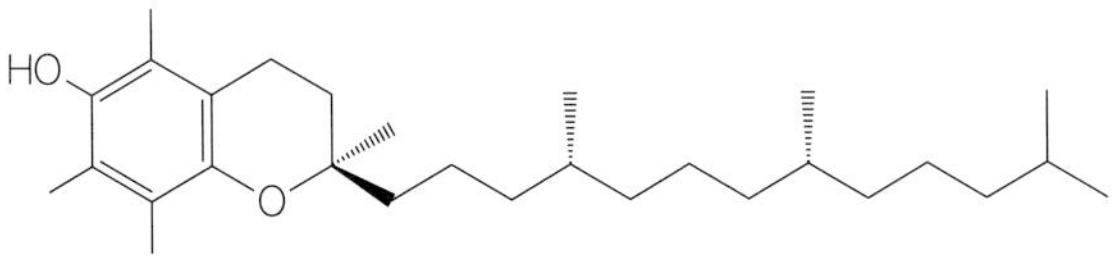

그림 3-39 비타민 E의 구조

품들이 가지고 있는 불포화지방산의 산패를 방지하고 있다. 그 밖의 육류, 난류, 채소류 등에도 소량 함유되어 있다.

4) 비타민 B_1

비타민 B_1(thiamine)은 천연식품 중에 유리 상태로 혹은 단백질과 결합하거나 조효소인 TPP(thiamine pyrophosphate)형태로 존재하며 에너지 대사에 관여하는 비타민이다. 피리미딘 핵과 티아졸이 메틸렌 탄소에 의해 결합되어 있다. 티아민은 광선의 영향을 받지 않고 산에 안정하지만 중성이나 알칼리에서 조리하거나 장시간 가열하면 쉽게 파괴된다. 티아민은 수용성이므로 조리 과정 중 식품의 세척시 또는 가열시, 냉동한 식품을 해동할 때 티아민의 손실은 피할 수 없다. 티아민은 곡류의 배아와 겨층에 풍부하게 들어 있으므로 백미를 주식으로 하는 경우에는 티아민 결핍증이 생길 수 있다(백미 0.14 mg/100 g, 현미 0.33 mg/100 g). 동물성 식품에는 돼지고기, 육류의 간과 내장에 많이 함유되어 있고 난황, 어류 등에도 들어 있다. 대합, 모시조개 등의 패류, 담수어 등에는 티아미네이스(thiaminase, aneurinase)라는 티아민을 분해시키는 효소가 함유되어 있다. 이 효소는 식품의 조직이 파괴되면 활성화되어 티아민을 분해하지만 열에 의해 불활성화하므로 익혀서 먹으면 문제가 되지 않는다. 티아민은 마늘의 알리신(allicin)과 결합하여 알리티아민(allithiamine)이 된다. 알리티아민의 형태로 존재하는 티아민은 흡수가 잘 되므로 티아민이 함유된 식품을 먹을 때 마늘을 함께 섭취하면 티아민의 이용률이 높아진다.

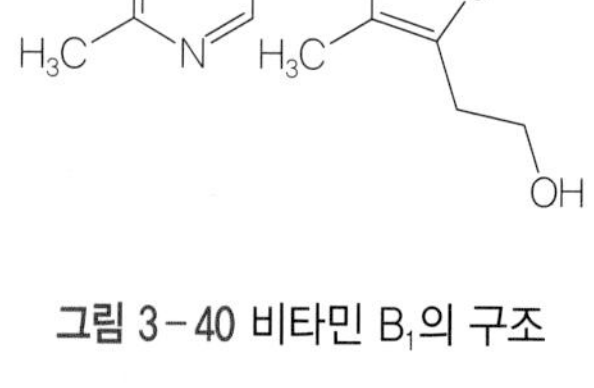

NH_2 N N^+ S H_3C N H_3C OH

그림 3-40 비타민 B_1의 구조

5) 비타민 B_2

비타민 B_2(riboflavin)는 식품 내에서 FAD(flavin adenine dinucleotide), FMN(flavin mononucleotide)형태로 단백질과 결합하여 존재하며 생체 내에서 산화환원작용에 관여한다. 아이소알록사진(isoalloxazine) 고리에 당알코올인 D-리비톨이 결합되어 있는 구조를 갖고 있다. 미황색 형광물질로 수용성이지만 용해되기 어려워 수용액에서 독특한 형광 녹황색을 띤다. 리보플라빈은 일반적인 조리·가공조건과 열과 산에 비교적 안정하나 알칼리와 자외선에 예민하여 쉽게 파괴된다. 리보플라빈은 2시간 정도 광선에 노출되면 50~70%가 파괴되므로 리보플라빈의 좋은 급원인 우유는 종이 등으로 포장하여 반드시 냉장고에 보관해야 한다. 리보플라빈은 동식물조직에 널리 분포하며 우유, 쇠간, 육류, 생선 및 달걀 등의 동물성 식품에 다량 함유되어 있다. 리보플라빈이 결핍되면 신체의 다양한 부위에서 장애가 나타나는데 구순구각염, 설염 등의 피부장애와 성장지연이 나타난다.

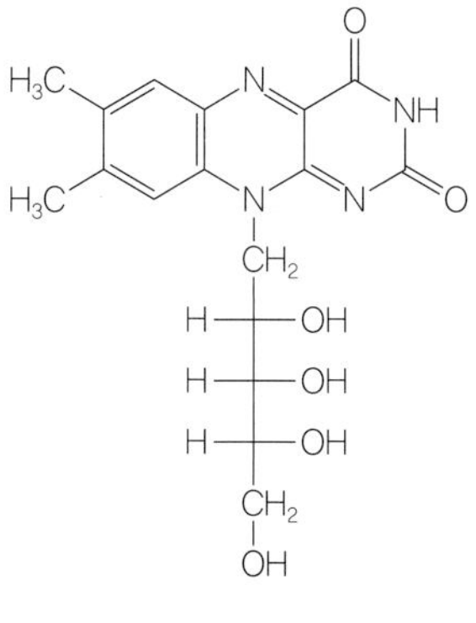

그림 3-41 비타민 B_2의 구조

6) 비타민 C

비타민 C(ascorbic acid)는 6개의 탄소로 이루어진 간단한 유기물질로 단당류의 구조와 비슷하다. 비타민 C는 사람이나 원숭이, 기니피그 등을 제외하고는 대부분의 동식물에서 포도당과 다른 단당류로부터 생합성된다. 비타민 C는 생체 내에서 여러 효소반응의 조효소로 작용한다. 수용성 환경에서 비타민 C는 자신이 쉽게 산화되어 다른 물질의 산화를 방지하는 항산화 기능을 지니므로 세포 내에서 생성되는 활성산소를 제거하여 세포를 보호해 주는 역할을 한다. 또한 피부, 골격, 혈관의 결합조직 단백질인 콜라젠 합성에 관여한다.

식품 중에 환원형(L-ascorbic acid)과 산화형(dehydro-ascorbic acid)으로 존재하며 이 두 물질은 상호 전환된다. 산화형은 환원형에 비해 그 효력이 75% 정도 되며 더 산화되어 2,3-다이케토글루콘산(2,3-diketo L-gluconic acid)이 되면 비타민 C의 효력이 없어진다. 비타민 C는 매우 불안정하여 수용액에서는 쉽게 산화되고 공기 중에서 가열하거나 광선, 알칼리, 미량의 구리와 철과 같은 금속이 있을 때는 파괴가 촉진된다. 식물의 조직 중에 비타민 C의 산화효소인 아스코브산 옥시데이스(ascorbic oxidase)가 존재하는데 이 효소는 생체조직 내에서는 그 작용이 억제되지만 일단 조직이 파괴되면 곧 작용하여 비타민 C를 산화·분해하게 된다. 특히 이 효소는 호박, 오이, 당근 등에 많이 존재하므로 무생채를 만들 때 당근을 사용하면 비타민 C가 파괴될 수 있다. 그러므로 짧은 시간 데치는 조리법이나 통째로 삶은 후 껍질을 벗기는 것이 좋다. 비타민 C는 신선한 채소 및 과일, 특히 감귤류·딸기·감자 등에 많이 함유되어 있다. 식품 구입시 멍이 들지 않은 신선한 것을 선택하고 낮은 온도에 보관한다.

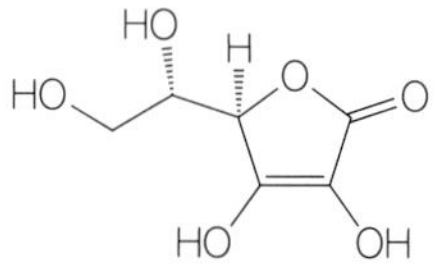

HO
H
HO
O
O
HO
OH

그림 3-42 환원형의 구조

chapter 4

식품의 기호 성분

1. 색소

색소는 식품의 물리적 특성을 나타내는 성분 중 하나로 식품에 대한 수용도와 기호도에 영향을 미치는 중요한 요소이다. 식품의 저장·조리·가공 과정 중에 색소의 변화가 일어나기 쉬워 식품의 품질 관리에 있어 색소의 안정성이 중요시된다.

1) 발색 원리

색소는 광선이 색소에 도달한 후 특정 파장의 빛은 흡수하고 나머지는 반사하게 되는데, 반사되는 빛이 보는 이의 망막과 시신경을 통해 시각 중추에 전달되어 색을 인식하게 되는 것이다. 색소원설에 의하면 식품 내 발색단($>C=O$, $-N=N-$, $-NO_2$, $>C=C<$, $-NO$ 등)이 존재하면 색을 나타내게 되는데 이러한 발색단을 가지는 물질을 색소원(chromogen)이라고 한다. 색소원은 한 가지 발색단만으로도 색을 내기도 하나, 여러 가지 발색단이 어울려 색을 내거나 조색단($-OH$, $-NH_2$)이 무색의 색소원에 결합하여 색을 내기도 한다.

2) 분류

식품의 색소는 출처에 따라 식물성 색소와 동물성 색소로 구분할 수 있고, 이들을 다시 용해성에 따라 지용성 색소와 수용성 색소로 구분할 수 있다(표 4-1).

식물성 식품의 색소 중 지용성 색소로는 클로로필(chlorophyll)과 카로티노이드(carotenoid)가 있고, 수용성 색소로는 플라보노이드(flavonoid) 색소 중 안토사이아닌(anthocyanin), 안토잔틴(anthoxanthin)이 있다. 채소나 과일에 널리 존재하는 플라보노이드계 색소 중 하나인 타닌(tannin)은 수용성 물질이지만 채소나 과일의 숙성과 함께 불용성 물질을 형성하기도 한다. 동물성 식품의 색소는 헤모글로빈(hemoglobin), 마이오글로빈(mioglobin), 카로티노이드 등이 있으며 모두 지용성이다.

화학구조에 따라서는 벤조피란(benzopyran) 유도체, 아이소프레노이드(isoprenoid) 유도체, 테트라피롤(tetrapyrrole) 화합물 등으로 분류할 수 있는데 이들은 모두 여러 개의 공액이중결합(conjugated double bonds)을 가진다는 공통점이 있다.

표 4-1 색소의 분류

분류	용해성	종류		구조	함유식품
식물성	지용성	클로로필		테트라피롤 화합물	녹색 채소, 과일(엽록체 속에 존재)
		카로티노이드		아이소프레노이드 유도체	황색 또는 주황색 채소, 과일
	수용성	플라보노이드계	안토사이아닌	벤조피란 유도체	적색 또는 자색 채소, 과일
			안토잔틴		무색, 백색 또는 담황색의 채소, 과일
			타닌		무색 또는 백색의 채소, 과일(갈변 원인 물질)
			베타레인	인돌 유도체	비트
동물성	지용성	카로티노이드		아이소프레노이드 유도체	난황, 갑각류(식물 먹이에서 유래)
	불용성	헤모글로빈		테트라피롤 화합물	육류의 혈액
		마이오글로빈			육류의 근육조직
		헤모사이아닌		갑각류, 연체동물(새우, 게, 오징어, 조개)	

3) 식물성 식품의 색소

(1) 클로로필

클로로필은 녹색식물의 엽록체에 널리 존재하는 녹색의 지용성 색소로 피롤(pyrrole) 핵 4개가 메틴기(-CH=)에 의해 서로 연결되어 형성된 포르피린(porphyrin) 고리의 중심에 마그네슘이 결합된 형태를 가지는 테트라피롤 화합물이다(그림 4-1). 피톨(phytol, $C_{20}H_{39}OH$)이 피롤핵 중 하나와 에스터 결합을 이루고 있고, 메탄올이 바로 다음 피롤핵과 결합하고 있다. 피톨이 분자량이 큰 탄화수소인 관계로 클로로필은 물에 녹기 어려운 특징을 가지게 되나, 저장이나 조리, 가공 과정 중 피톨이 떨어지는 경우 수용성으로 변한다. 클로로필은 산, 알칼리, 효소, 금속 등의 영향을 받아 저장이나 조리, 가공 중 변색되기 쉽다.

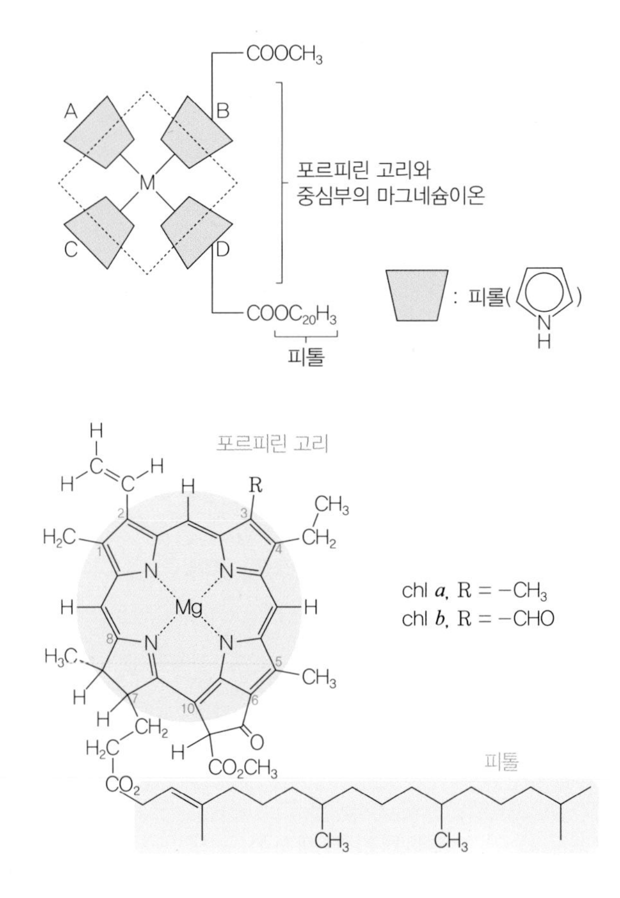

그림 4-1 클로로필의 구조

(2) 카로티노이드

카로티노이드는 황색 또는 적색을 나타내는 지용성 색소 군으로 식물체 내에서 합성되어 클로로필과 함께 엽록체 내에 존재한다. 당근, 고구마, 호박 등의 채소나 감귤류, 살구 등의 과일에 다량 함유되어 있고, 동물성 식품에 존재하는 카로티노이드는 대부분 먹이를 통해 체내에 축적된 것이다.

카로티노이드는 아이소프렌(CH_2=C(CH_3)-CH=CH_2) 8개가 결합된 구조를 가지고 있고, 기본구조의 양 끝에 이오논(ionone)핵을 가지고 있다. 이오논핵의 종류에 따라 다양한 형태의 카로티노이드가 존재하게 되고, 자연계에 존재하는 카로티노이드는 대부분 트랜스형이다(그림 4-2). 슈도이오논핵을 가지는 경우 색이 짙은 경향을 띠고, β-이오논핵을 가지는 경우 체내에서 비타민 A로 전환될 수 있어서(provitamin A) 영양적

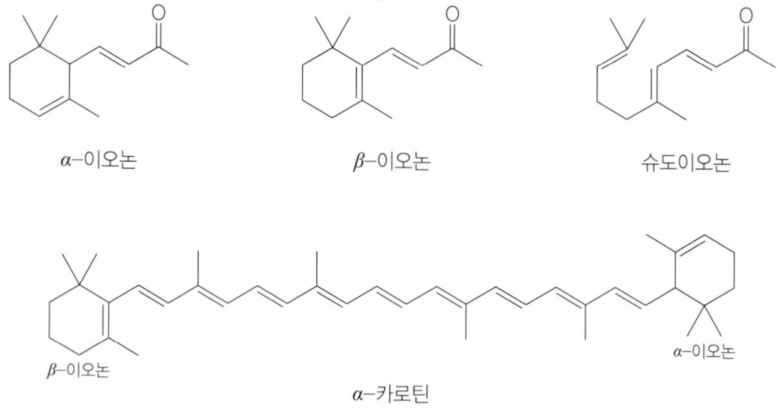

α-이오논　　β-이오논　　슈도이오논

β-이오논　　α-이오논

α-카로틴

그림 4-2 카로티노이드의 구조

의미도 크다.

카로티노이드는 구조에 따라 크게 탄화수소로만 이루어진 카로틴(carotene)과 카로틴의 산화유도체인 잔토필(xanthophyll)로 나뉘게 된다. 대표적인 카로티노이드의 종류와 특징은 그림 4-3에 제시하였다.

① 카로틴

카로틴은 탄화수소로만 이루어진 구조로, α-카로틴, β-카로틴, γ-카로틴, 라이코펜(lycopene) 등이 있다. 이 중 β-이오논(ionone)을 가진 α-카로틴, β-카로틴, γ-카로틴은 체내에서 비타민 A로 전환될 수 있는 프로비타민 A(provitamin A)역할을 한다. 라이코펜은 슈도이오논(pseudoionone)만을 가져 비타민 A로 전환될 수 없다.

② 잔토필

잔토필은 카로틴의 산화유도체로 하이드록시기, 알데하이드기, 케톤기 등 다양한 치환기를 가질 수 있다. 대표적인 잔토필은 크립토잔틴(cryptoxanthin), 루테인(lutein) 등이 있고, 그 중 크립토잔틴은 β-이오논을 가져 체내에서 비타민 A로 전환될 수 있다. 동물성 식품 중 게, 새우, 연어 등에 함유된 아스타잔틴(astaxanthin)도 잔토필의 한 종류이다.

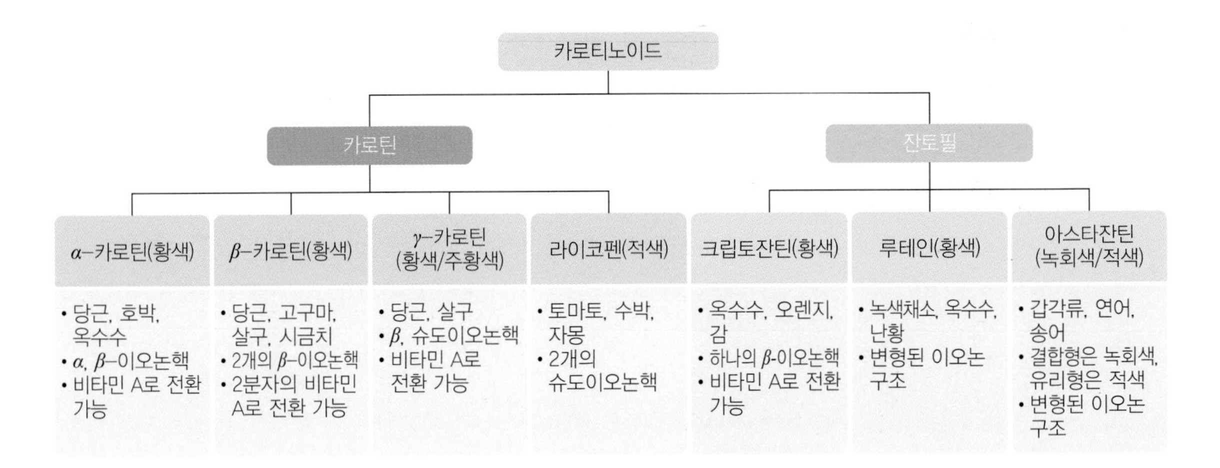

그림 4-3 카로티노이드의 종류와 특징

(3) 플라보노이드

플라보노이드는 안토잔틴, 안토사이아닌, 타닌 등 두 개의 벤젠핵과 연결 고리로 구성되는 기본 구조(그림 4-4)를 갖는 식물성 색소를 통칭하나 때에 따라 안토잔틴만을 의미하는 좁은 의미로 쓰이기도 한다. 기본적으로 C_6-C_3-C_6의 탄소 골격을 가지고 치환기에 따라 다양한 색을 나타낸다. 이들은 식물 세포의 액포 중에 존재하며 배당체로 존재하는 경우도 많다.

① 안토잔틴

안토잔틴은 무색, 백색 또는 담황색 채소나 과일에 널리 분포하는 색소 성분으로 알칼리에서 황색이나 갈색을 띤다. 안토잔틴은 치환기에 따라 플라본(flavone), 플라보놀(flavonol), 플라바논(flavanone), 플라바노놀(falvanonol), 아이소플라본(isoflavone) 등으로 구분된다. 안토잔틴은 식물체 내에서 유리된 상태로 존재하는 경우는 드물고 대부분 당과 결합된 배당체 형태로 존재한다. 대표적인 안토잔틴은 메밀에 함유된 루틴, 감귤류 껍질 속의 헤스페리딘과 나린진, 대두에 함유된 아이소플라본인 다이드진과 제니스틴 등이 있다(표 4-2).

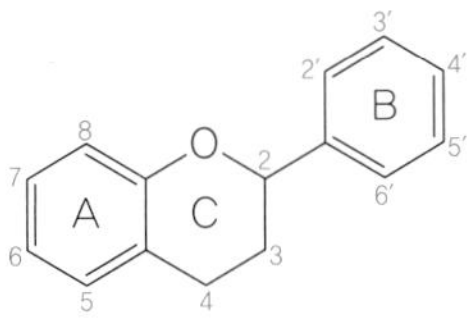

그림 4-4 플라보노이드의 기본 구조

표 4-2 안토잔틴의 종류와 함유식품

분류	종류(배당체)	비당 부분(aglycon)	함유식품
플라본	아피인(apiin)	아피제닌(apigenin)	파슬리, 셀러리
플라보놀	퀘시트린(quercitrin)	퀘세틴(quercetin)	양파껍질, 국화꽃
	루틴(rutin)	퀘세틴(quercetin)	메밀
플라바논	헤스페리딘(hesperidin)	헤스페레틴(hesperetin)	감귤류 껍질(자몽, 레몬, 오렌지, 감귤 등)
	나린진(naringin)	나린제닌(naringenin)	
아이소플라본	다이드진(daidzin)	다이드제인(daidzein)	대두, 대두가공식품(두부, 장류 등)
	제니스틴(genistin)	제니스테인(genistein)	

② 안토사이아닌

안토사이아닌은 자연계에 널리 존재하는 수용성 색소로 채소나 과일의 적색이나 자색을 나타내고 흑미, 검은콩 등의 흑자색을 나타내기도 한다. 조리·가공 조건에 따라 변색되기 쉬우며 특히 pH에 민감하다.

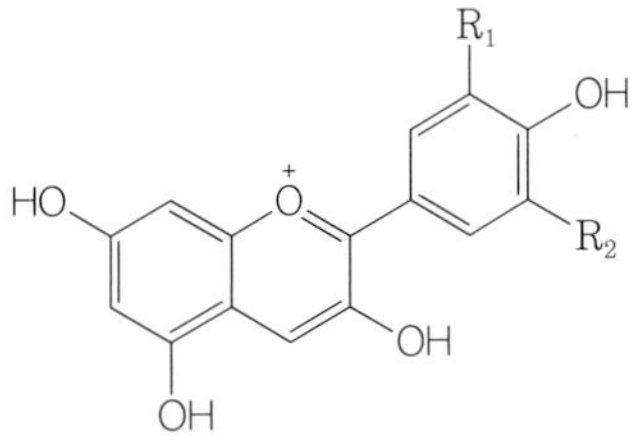

그림 4-5 안토사이아니딘의 기본 구조

안토사이아닌은 대부분의 경우 당과 비당 부분인 안토사이아니딘(anthocyanidin)이 글리코사이드(glycoside) 결합을 한 배당체 형태로 존재하고, 드물게는 당과 떨어져 독립된 비당 부분으로 존재하는 경우도 있다. 치환기에 따라 다양한 종류와 특성을 가지는데 하이드록시기(-OH)의 수가 많을수록 청색이 강하고 메톡실기($-OCH_3$)의 수가 많을수록 적색이 강한 경향을 보인다. 안토사이아니딘의 기본 구조는 그림 4-5와 같고, 대표적인 안토사이아닌의 종류는 표 4-3에 나타내었다.

표 4-3 안토사이아닌의 종류와 함유식품

종류	R_1	R_2	색	함유식품
펠라고니딘(pelargonidin)	H	H	적색	딸기, 블루베리, 크랜베리, 강낭콩
사이아니딘(cyanidin)	OH	H	자색	까막까치밥(블랙커런트), 라즈베리, 자색옥수수
델피니딘(delphinidin)	OH	OH	청색	까막까치밥(블랙커런트), 가지
페투니딘(petunidin)	OCH_3	OH	자색	적포도 껍질, 적포도주
말비딘(malvidin)	OCH_3	OCH_3	적자색	

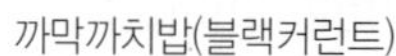

까막까치밥(블랙커런트)

자색옥수수

그림 4-6 안토사이아닌 함유식품

③ 타닌

타닌은 채소나 미숙 과일 등 식물체에 널리 존재하는 무색의 갈변 원인 물질로 떫은맛이나 쓴맛을 내기도 한다. 다양한 구조의 물질을 포함하게 되므로 화학적 특성에 따른 명확한 정의는 없고, 기능적 특성을 따라 '알칼로이드나 단백질을 침전시키는 수용성 고분자 폴리페놀화합물'로 정의될 수 있다.

그림 4-7 카테킨의 구조

대표적인 타닌은 카테킨(catechin), 류코안토사이아니딘(leucoanthocyanidin), 클로로젠산(chlorogenic acid) 등이 있다. 카테킨(그림 4-7)은 과일류, 차, 연뿌리 등에 존재하며 산화효소인 폴리페놀옥시데이스(polyphenol oxidase)에 의해 갈변하기 쉬운 특성을 가지는데, 차잎의 카테킨이 발효 중 테아플래빈(theaflavin)과 테아루비긴(thearubigin)을 형성하여 홍차의 고운 적색을 나타내기도 한다. 류코안토사이아니딘은 과일류, 차류, 두류 등에 존재하며 강산에서 가열하면 안토사이아니딘을 형성한다. 클로로젠산은 과일과 커피에 많이 함유되어 있는 타닌류이다.

④ 베타레인

베타레인(betalain)은 꽃잎이나 비트(beet)와 같은 식물에서 황색 또는 적색을 나타내는 수용성 색소로 대표적인 베타레인의 구조는 그림 4-8과 같다. 베타레인은 크게 베타사이아닌(betacyanin)과 베타잔틴(betaxanthin)으로 분류된다. 베타사이아닌은 적자색 색소로 베타니딘(betanidin)과 그 배당체인 베타닌(betanin)이 이에 속하고, 베타잔

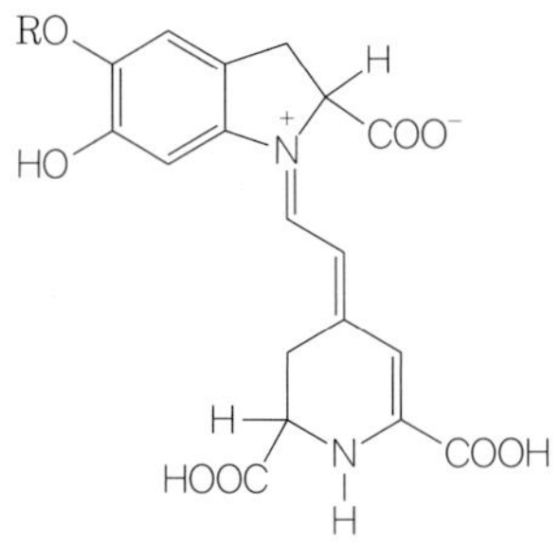

그림 4-8 베타레인(베타닌)의 구조

그림 4-9 베타레인을 함유한 비트의 뿌리와 잎

틴은 황색 또는 주황색을 나타내며 벌가잔틴(vulgaxanthin)이 이에 속한다. 물과 함께 조리시 손실되기 쉽고, 산성에서는 밝은 적색, 염기성에서는 황색을 띠게 된다.

4) 동물성 식품의 색소

(1) 마이오글로빈과 헤모글로빈

마이오글로빈(myoglobin)과 헤모글로빈(hemoglobin)은 동물성 식품의 근육과 혈액에 존재하는 붉은 색소로 서로 유사한 구조와 특성을 가진다. 헤모글로빈은 혈액에 존재하여 동물의 도살 직후 제거되어 식품에 존재하는 양이 적은 반면 마이오글로빈은 주로 근육에 존재하여 육류와 육가공품의 품질에 큰 영향을 준다.

마이오글로빈은 단백질인 글로빈에 헴(heme)이 비단백질 부분(prosthetic group)으로 결합된 복합단백질로 적자색을 띠는 근육 색소이다. 클로로필과 같이 테트라피롤 화합물로서 중심부에 철이온이 결합되어 헴 구조를 형성하고, 헴의 철이온이 글로빈 분자 내 히스티딘의 이미다졸 고리의 질소 원자와 결합되어 있다(그림 4-10). 헴 중심부의 철이온에는 산소가 결합할 수 있어서 조직 내에서 산소 저장체로서의 역할을 한다.

헤모글로빈은 적색 혈색소로 마이오글로빈과 유사한 구조를 가진 구성 단위 4개가 쌍을 이루어 단백질의 4차 구조를 이루고 있다. 따라서 산소 4분자와 결합할 수 있고 체내 산소 운반체로 작용한다. 혈액 제거시 함께 제거되므로 식품 내 색소로서의 의미는 적다.

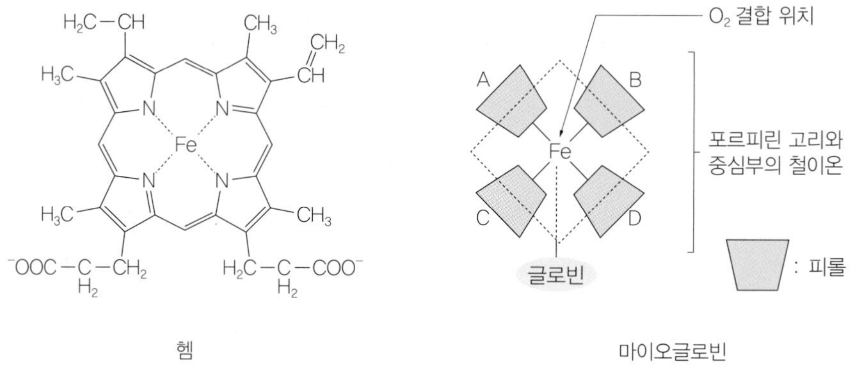

O_2 결합 위치

포르피린 고리와
중심부의 철이온

글로빈

: 피롤

헴

마이오글로빈

그림 4-10 헴과 마이오글로빈의 구조

(2) 카로티노이드

동물성 식품 중에도 카로티노이드가 존재하나 이들 대부분은 동물체내에서 합성된 것이 아니라 동물이 카로티노이드가 함유된 식물성 식품을 섭취하여 조직에 축적된 것이다. 비록 먹이사슬에서 유래한 성분이기는 하나 카로티노이드의 함량은 동물성 식품의 색과 품질에 영향을 준다.

육류의 황색 지방에는 β-카로틴 함량이 높고, 난황의 황색은 루테인, 제아잔틴, 크립토잔틴 등으로 인한 것이다. 유지방에도 카로티노이드가 존재하여 버터나 치즈 등 유제품의 색을 나타내게 된다. 계절이나 지방에 따라 유제품의 색이 달라지는 것은 소의 먹이 내 카로티노이드 함량이 다르기 때문이다.

새우, 게, 연어 등의 색은 잔토필인 아스타잔틴에 의한 것인데, 아스타잔틴이 단백질과 약하게 결합하여 회록색을 나타내고 있다가 가열시 단백질이 변성, 분리되어 유리형인 적색의 아스타잔틴으로 변화되고, 유리형이 산화되면 적색의 아스타신(astacin)이 된다. 그 밖에 조개류의 근육에도 카로틴과 루테인 등이 함유되어 적색을 나타낸다.

(3) 헤모사이아닌

헤모사이아닌(hemocyanin)은 구리이온을 포함하는 청색 단백질로 갑각류나 연체동물의 혈색소이다. 고등동물에서의 헤모글로빈과 같이 산소와 가역적으로 결합하여 산소운반에 관여하며 산소와 결합되지 않은 상태에서 무색이지만 산소와 결합시 청색을 나타낸다. 조개류, 오징어, 새우, 게 등의 혈장 중에 존재하며 연한 청색을 나타낸다.

5) 식품의 조리·가공에 이용되는 천연색소 성분

(1) 크로신

크로신(crocin)은 카로티노이드계 색소의 배당체로 치자와 사프란(saffron)의 황색 성분이다. 카로티노이드계이긴 하나, 포도당 두 분자가 β-1,6 결합을 한 이당류인 겐티오비오스가 이오논 자리에 결합되어 있어서 수용성을 나타내고 내광성도 있어서 식품에서의 가치가 크고 가공식품 제조시 많이 이용되고 있다. 일부 동물실험에서 과량 투여시 독성이 나타나기도 했으나 통상적인 섭취 수준에서는 인체에 안전한 색소로 알려져 있다.

그림 4-11 크로신의 구조

치자

사프란

그림 4-12 크로신 함유식품

사진 자료 : 저자 촬영

(2) 카민산

카민산은 중남미 선인장에서 서식하는 벌레인 코치닐(cochineal)의 붉은색을 나타내는 성분이다. 코치닐 추출 색소는 가공식품이나 화장품 등에서 합성착색료를 대신할 수 있는 천연색소로 널리 사용되어 왔다. 하지만 최근에는 코치닐이 벌레의 일종이라는 것이 알려지고 알레르기 유발 가능성도 제기되면서 채식주의자나 어린이가 섭취하기에는 적합하지 않다는 여론이 높아졌고, 그에 따라 어린이 기호식품에서의 사용이 다소 줄어들고 있다.

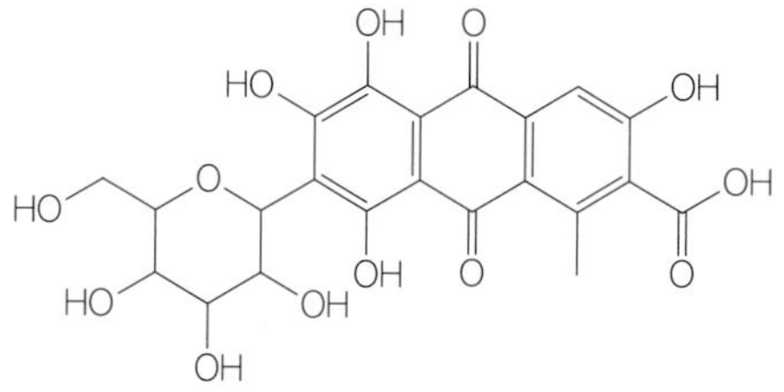

그림 4-13 카민산의 구조

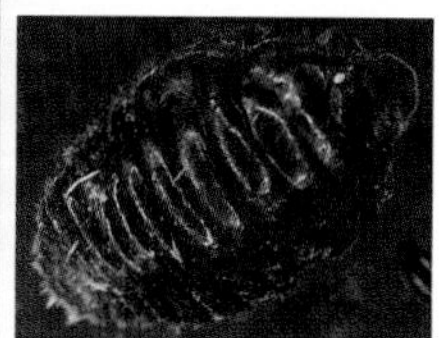

그림 4-14 코치닐 선인장과 코치닐 벌레

(3) 커큐민

커큐민(curcumin)은 커리에 사용되는 향신료인 심황(turmeric)의 황색을 나타내는 주요 성분으로 폴리페놀화합물이다. 커큐민의 항산화·항염증 작용 등으로 인해 심황은 건강식품으로 널리 알려져 있고 약재로 사용되기도 한다. 커큐민은 특유의 밝은 노란빛으로 인해 천연 식품첨가제로 이용되고 있다.

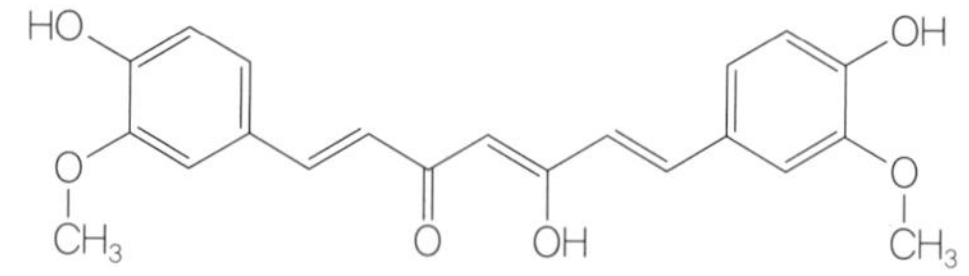

그림 4-15 커큐민의 구조

그 밖에 카로틴, 자색고구마추출색소, 비트추출색소, 홍국색소, 치자청색소 등 다양한 천연색소가 식품가공에 이용되고 있다.

심황 근경

커큐민 파우더

그림 4-16 커큐민 함유식품

그림 4-17 어린이 기호식품에 사용된 천연색소

사진 자료 : 저자 촬영

캐러멜 색소

캐러멜은 설탕의 가열 과정 중 캐러멜화 반응시 생성되는데 독특한 향과 함께 약간의 쓴맛을 가진다. 짙은 갈색을 띠어 착색료로 사용되며 액상 또는 분말 형태로 맥주, 위스키, 콜라 등 제조시 첨가된다. 천연첨가물로 분류되기는 하나, 제조공정에 따라 캐러멜 반응을 촉진하기 위해 투입되는 산이나 염기, 또는 기타 화합물들이 고온에서 탄수화물과 반응하면서 생성되는 독성물질로 인해 안전성 논란이 제기되고 있다. 식품에 첨가시 허용치 기준은 국가별로 차이가 있고, 최근 이러한 물질들을 저감화하는 기술개발에 대한 연구도 활발히 이루어지고 있다. 안전성에 대한 논란이 있기는 하나 식품의 기호도 증진에 큰 영향을 미치기 때문에 식품산업에서 다양하게 이용되고 있다.

2. 맛

식품의 맛(taste)은 냄새(odor)와 함께 향미(flavor)를 형성하여 식품에 대한 기호에 영향을 미친다. 일반적으로 맛은 단맛, 짠맛, 신맛, 쓴맛 등 4원미와 맛난맛(umami) 만을 의미하기도 하나, 이러한 기본 맛 이외에도 통각과 온도감각에 의한 매운맛, 점막의 수렴감으로 인한 떫은맛, 그 밖에 교질맛, 금속맛, 알칼리맛, 아린맛 등이 복합적으로 작용하여 식품의 맛을 나타낸다.

맛의 분류

헤닝(Henning)은 단맛, 신맛, 쓴맛, 짠맛을 4가지 기본 맛으로 정의하고 이들 4원미의 배합에 의해 다양한 맛이 나타날 수 있다고 보았다. 하지만 최근에는 맛난맛도 기본 맛으로 인정하게 되었고, 그 밖에 통감, 온도감각, 수렴감 등 기타 감각들이 작용하여 매운맛, 떫은맛, 아린맛, 금속맛, 알칼리맛, 교질맛 등의 다양한 맛감각을 나타내기도 한다.

1) 맛의 지각 원리

모든 기본 맛 성분은 친수기를 가진다. 이러한 수용성 성분이 혀의 미뢰 내 미각 세포에 결합하면 특정 단백질과 반응하여 표면 이온 투과성이 변화하여 전기적 탈분극이 일어나고 이것이 미각 신경에 전달된다.

맛을 감지하기 위해서는 맛 성분이 일정 농도 이상이 되어야 하는데, 맛을 감지할 수 있는 최저 농도를 역치(threshold)라고 한다. 역치는 개인적 특성에 의해 결정되는 주관적인 수치이고, 혀 부위에 따라서도 각종 맛에 대한 감수성이 달라질 수 있다.

2) 기본 맛

(1) 단맛

단맛 성분은 분자 내에 $-OH$나 $-NH_2$를 감미기로 가지는 경우가 많다. 단맛을 가지는 화합물로는 당류, 당알코올, 아미노산, 펩타이드, 일부 방향족 화합물, 황화합물 등이 있다.

단맛의 강도는 당류의 경우 설탕의 감미도를 100으로 하여 그에 대한 상대적 감미도를 표시하는 것이 일반적이나, 최근 사카린, 아스파탐 등의 합성감미료나 스테비오사이드와 같은 고감미 천연감미료의 사용이 증가하면서 설탕의 기준치를 1로 하여 상대적 감미도를 나타내기도 한다(표 4-4). 환원당의 경우 온도에 따라 α, β형 이성질체가 상호 전환이 되어 감미도가 달라지게 되는데, 천연 당류 중 단맛이 가장 큰 과당의 경우 β형의 감미도가 높고 저온에서 β형이 증가하게 되어 저온에서 더 강한 감미도를 나타낸다. 설탕은 비환원당으로 이성질체가 존재하지 않아 감미 변화가 적으므로 감미 표준물질로 이용된다.

그 밖에 단맛 성분으로 당알코올류는 상쾌한 감미를 가지고, 국화과 스테비아잎에서 추출한 스테비오사이드는 설탕의 300배에 이르는 감미도를 가진다. 무나 양파 등에서 매운맛을 나타내는 함황화합물도 가열 등 조리 과정 중에 메틸머캅탄, 프로필머캅탄 등을 형성하여 단맛을 나타낸다.

케이크나 단팥죽 등 단맛이 강한 식품에 소량의 소금을 넣으면 단맛이 더욱 강하게 느껴지는 경우가 있는데, 이는 맛의 대비현상 때문인 것으로 서로 다른 맛 성분이 혼합되었을 때 주된 맛 성분이 더욱 강하게 느껴지게 되는 현상이다.

(2) 짠맛

짠맛은 소금(NaCl) 등의 중성염이 해리하여 생긴 이온에 의해 나타나는 맛으로 음이온은 주로 짠맛 자체의 특성을 나타내고, 양이온은 짠맛의 강도를 결정하거나 부가적인 맛을 준다. 일반적으로 분자량이 큰 경우 짠맛 이외에 쓴맛도 나타내게 되는데 Na^+는

표 4-4 단맛 성분의 상대적 감미도

종류	감미도	종류	감미도
설탕	1.0	자일리톨	0.8~1.0
과당	1.0~1.7	소비톨	0.4~0.7
전화당	1.2	사카린	200~700
포도당	0.5~0.7	아스파탐	130~200
맥아당	0.3~0.6	스테비오사이드	200~300
유당	0.2~0.6	메틸머캅탄, 프로필머캅탄	60~70

쓴맛이 매우 적어 염화나트륨이 식염으로 널리 이용된다. 최근 나트륨 섭취의 문제가 제기되면서 염화칼륨(KCl), 염화암모늄(NH_4Cl) 등이 대체제로 사용되기도 하지만 염화나트륨과 같은 순수한 맛을 내지는 못한다.

여러 가지 소금

현재 국내에서 유통되고 있는 식탁용 소금은 KS규격에 따라 크게 천일염과 정제염으로 나누어지고 정제염은 기계염과 가공염으로 분류되고 있다. 천일염은 염전에 해수를 유입하여 수분을 증발시켜 염의 결정을 얻은 것으로 국내산 천일염은 수입염보다 염도가 낮고 Ca, Mg, K 등 천연 미네랄 성분이 풍부해 기능적인 면에서 우수하다는 연구 보고가 있다. 정제염 중 기계염은 해수를 이온교환막을 통해 NaCl을 추출하여 기계적으로 대량생산이 가능하게 한 것으로 대부분 NaCl로 구성되어 있다. 대표적인 가공염에는 천일염을 세라믹 반응로에서 800℃ 이상 고온으로 2번 구워 불순물과 간수를 제거한 구운 소금과 1300℃ 이상 고온으로 3번 구워낸 소금이 있다. 천일염에는 쓴맛과 떫은맛을 내는 간수가 포함되어 있으나 최근에는 천일염을 물세척하여 해수의 오염원과 간수를 제거한 후 원심분리한 제(除)간수천일염이 시판되고 있다. 그 밖에 각종 허브류, 조미료 등을 첨가한 소금들도 시판되고 있다.

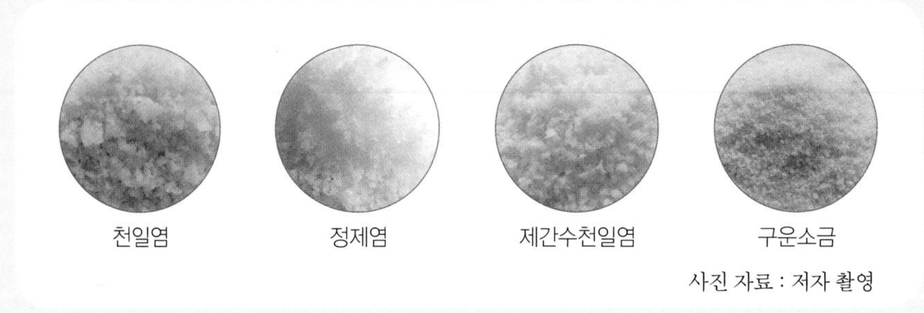
천일염 정제염 제간수천일염 구운소금

사진 자료 : 저자 촬영

(3) 신맛

신맛은 수용액에서 해리된 수소이온이 수용체에 결합하여 감지되는 맛으로, 신맛 성분은 산의 특성을 가지고, 수용액에서 해리 가능한 수소를 하나 이상 가지고 있다. 수용액의 pH에 따라 신맛의 강도가 결정되는 것은 아니고 분자량, 극성 등 분자적 특성이 더 큰 영향을 미치는 것으로 추측되고 있다. 유기산과 무기산의 경우 같은 농도에서 강산인 무기산의 신맛이 강하나, 동일 pH에서는 유기산의 신맛이 더 강하게 느껴진다. 이는 무기산은 해리도가 높아 수소이온 농도는 높으나 한꺼번에 해리된 수소이온이 혀에 접촉시 중화되는 반면 유기산은 해리도가 낮아 일시적인 수소이온 농도는 낮으나 지속

표 4-5 식품 중의 신맛 성분

종류	함유식품
아세트산(acetic acid)	식초, 김치
젖산(lactic acid)	발효유, 김치
숙신산(succinic acid)	사과, 딸기
말산(malic acid)	사과, 감귤류
시트르산(citric acid)	감귤류
타타르산(tartaric acid)	포도
아스코브산(ascorbic acid)	과일, 채소류

적으로 수소이온을 해리시키면서 신맛을 계속 느낄 수 있게 하기 때문이다.

한편 무기산의 경우 해리된 음이온은 쓴맛이나 떫은맛을 주기도 하고, 유기산에서 해리된 음이온은 맛난맛을 부여하기도 한다. 대표적인 신맛 성분으로는 아세트산(acetic acid), 젖산(lactic acid), 숙신산(succinic acid), 말산(malic acid), 시트르산(citric acid), 타타르산(tartaric acid), 아스코브산(ascorbic acid) 등이 있다(표 4-5).

신맛은 식품에서 적절히 사용되면 기호도를 높이는 데 도움이 되나, 레몬 등 유기산을 다량 함유한 식품이나 발효 과정 중 산이 과량 생성된 경우 신맛이 강하게 느껴져 기호도가 오히려 낮아진다. 이런 경우 적당량의 설탕을 첨가하면 신맛을 억제하여 기호도를 높일 수 있다. 또한 짠맛을 가지는 음식에 신맛을 첨가하면 신맛이 짠맛과 대비되면서 짠맛이 더욱 강화되는 경우가 있는데, 이러한 맛의 대비현상을 이용하면 보다 낮은 염도에서 충분한 짠맛을 느끼게 할 수 있으므로 저나트륨 식단에 활용하면 좋다.

(4) 쓴맛

쓴맛은 식품 섭취시 불쾌감을 주기도 하지만 커피나 초콜릿과 같이 약한 쓴맛이 다른 맛과 조화되면 식품에 대한 기호도를 높이기도 한다. 쓴맛에 대한 역치는 다른 맛의 역치에 비해 낮아서 가장 예민하게 느낄 수 있으며 개인차가 매우 크다.

쓴맛 성분으로 대표적인 것은 알칼로이드(alkaloid)인 퀴닌(quinine), 테오브로민(theobromine), 카페인(caffeine) 등이 있다. 그 밖에 배당체, 무기염류, 단백질 분해물 등이 쓴맛을 나타내기도 한다(표 4-6).

표 4-6 식품 중의 쓴맛 성분

종류	함유식품	비고
퀴닌(quinine)	키나 껍질	알칼로이드, 쓴맛의 표준물질
테오브로민(theobromine)	코코아, 차	알칼로이드
카페인(caffeine)	커피, 차	알칼로이드
나린진(naringin)	감귤류 껍질	배당체, 일부 구조는 쓴맛이 없음
퀘세틴(quercetin)	양파 껍질	루틴의 비당 부분
리모넨(limonene)	감귤류 껍질	테르펜류, 착즙 후 쓴맛 강화
페닐알라닌, 루신, 트립토판	단백질 분해물	아미노산류
염화마그네슘, 염화칼슘	간수	무기염류
큐커비타신(cucurbitacin)	오이 꼭지	
이포메아마론(ipomeamarone)	고구마 흑반병	
휴물론(humulone)	맥주	

식품에서 쓴맛은 기호도를 낮게 하는 경우가 많은데, 단맛을 이용하여 쓴맛을 일부 억제할 수 있다. 커피에 설탕을 섞거나 인삼추출액에 대추 등 단맛의 재료를 첨가하면 쓴맛이 억제되어 기호도가 높아질 수 있다.

(5) 맛난맛

맛난맛 성분은 식품의 향미를 증진시키는 데 많이 활용되는 성분으로 특이적인 수용체가 발견되면서 4원미와 더불어 기본 맛으로 받아들여지고 있다. 대표적인 맛난맛 성분은 글루탐산나트륨염(monosodium L-glutamate, MSG)과 핵산계 맛난맛 성분인 5′-리보뉴클레오타이드류(5′-ribonucleotides)가 있다(그림 4-17). 이 중 구아노신 5′-모노포스페이트(guanosine 5′-monophosphate, 5′-GMP)는 표고버섯 등 버섯류에 함유되어 있고, 이노신 5′-모노포스페이트(inosine 5′-monophosphate, 5′-IMP)는 육류와 어류의 숙성 과정에서 생성되어 해당 식품 중에 함유되어 있다. 그 밖에 아미노산, 아미노산 유도체, 펩타이드류 등이 식품 중에서 맛난맛을 내는 성분들이다(표 4-7).

글루탐산나트륨과 핵산계조미료를 함께 사용하면 맛난맛이 더욱 강하게 느껴지는 경우가 있는데, 이처럼 같은 종류의 서로 다른 맛 성분을 섞으면 따로 사용할 때보다 더 맛이 강화되는 경우가 있는데 이런 현상을 맛의 상승현상이라고 한다. 멸치육수에 다시

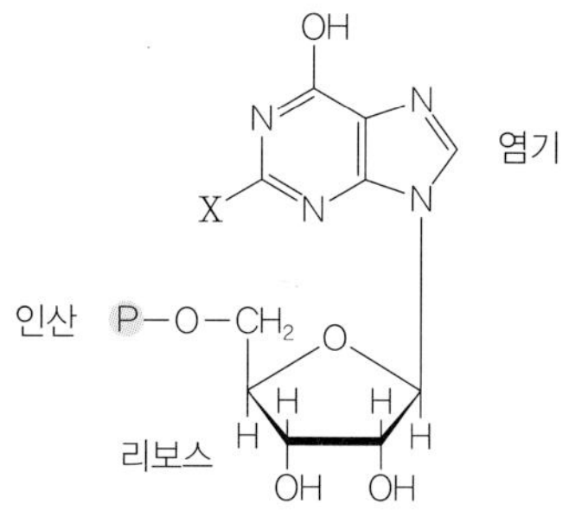

구아노신 5′-모노포스페이트(guanosine 5′-monophosphate, 5′-GMP), X=NH_2
이노신 5′-모노포스페이트(inosine 5′-monophosphate, 5′-IMP), X=H
잔토신 5′-모노포스페이트(xanthosine 5′-monophosphate, 5′-XMP), X = OH

그림 4-17 핵산계 맛난맛 성분의 구조

표 4-7 식품 중의 맛난맛 성분

종류	함유식품
글리신(glycine)	겨울철 조개류, 갑각류
베타인(betaine)	여름철 조개류, 갑각류
타우린(taurine)	오징어, 문어
MSG(monosodium glutamate)	동식물성 단백질 식품
TMAO(trimethylamine oxide)	어류
핵산계 맛난맛 성분	육류, 어류, 버섯류

마를 함께 넣거나 해물파스타를 만들 때 치킨스톡을 쓰는 것도 이러한 상승효과를 노린 것으로 여러 가지 식재료를 이용하면 국물의 감칠맛이 증가하게 된다.

3) 기타 맛

(1) 매운맛

매운맛은 식품 중 특정 성분이 구강세포를 직접 자극하거나 휘발된 후 비강을 자극하여 느끼게 되는 일종의 통각으로 식품의 기호도에 영향을 준다.

매운맛 성분으로는 고추의 알칼로이드 성분인 캡사이시노이드류가 대표적인데, 매운맛 성분으로 잘 알려진 캡사이신(capsicin)이 그 중 하나이다. 겨자의 시니그린

(sinigrin), 마늘의 알리신(allicin), 파, 양파, 부추 속의 각종 황화알릴류 등 함황화합물은 매운맛 성분이면서 휘발성이 강해 냄새 성분으로 분류되기도 한다. 그 밖에 후추의 차비신(chavicine), 생강의 진저론(zingerone), 진저롤(gingerol), 쇼가올(shogaol) 등도 매운맛을 나타내는 성분들이다.

(2) 떫은맛

떫은맛은 혀 표면의 점막 단백질이 폴리페놀류 등에 의해 일시적으로 변성되어 느껴지는 수렴성 촉감이다. 떫은맛이 강할 경우 불쾌감을 주기도 하나 차, 와인 등의 떫은맛은 풍미를 향상시키기도 한다.

대표적인 떫은맛 성분은 폴리페놀 물질인 타닌류로 감의 시부올(shibuol), 밤의 엘라지산(ellagic acid), 커피의 클로로젠산, 차의 카테킨류 등이 있다.

커리와 마살라

향신료가 풍부한 인도에서는 요리에 다양한 향신료가 사용된다. 요리에 따라 여러 가지 향신료를 미리 혼합하여 만들어 두고 필요할 때마다 사용하게 되는데, 이를 '마살라(masala)'라고 부른다. 우리가 사용하는 '커리(curry)'라는 용어는 이 마살라를 요구르트, 토마토 등과 함께 끓인 소스나 스튜를 일컫는 카밀어(남인도, 북동스리랑카인들의 언어)인 '카리(kari)'에서 유래된 것이다. 우리가 흔히 접하고 있는 커리는 서양인들의 입맛에 맞게 향신료를 배합한 마살라를 만들고 여기에 다양한 부재료를 배합한 것이다.

마살라에 사용되는 향신료로 가장 널리 알려진 것이 심황(turmeric)이다. 심황은 맵고 쓴맛을 내는 뿌리 형태의 향신료로 심황 속 커큐민(curcumin)이 커리의 노란빛을 나타내는 주요 성분이다. 그 밖에 고수, 정향, 월계수잎, 너트멕, 사프란, 펜넬, 딜, 후추, 계핏가루, 겨자, 생강, 마늘, 칠리페퍼 등 다양한 향신료가 마살라 제조에 이용되기도 한다.

심황분말

여러 가지 커리

(3) 아린맛

아린맛은 쓴맛과 떫은맛이 섞인 듯한 맛으로 불쾌감을 주어 식품에 대한 기호도를 떨어뜨린다. 죽순, 토란, 우엉 등의 호모겐티스산(homogentisic acid)이 대표적인 아린맛 성분이고, 조리 전 물에 담가두면 아린맛이 상당히 제거된다.

3. 냄새

식품의 냄새(odor)는 식품 속 휘발성 성분들이 후각 신경을 자극하여 감지되는 감각으로 사람이 느끼는 감각 중 가장 예민하여 역치가 매우 낮다. 따라서 식품의 부패나 변질시 변화된 냄새를 통해 쉽게 감지할 수 있다. 반면 같은 냄새를 오랫동안 맡으면 점차 그 냄새를 못 느끼게 되는데, 이는 후각신경의 피로 때문이다.

냄새의 분류

냄새의 분류 방법은 헤닝(Henning)의 분류와 아무어(Amoore)의 분류가 대표적인데, 헤닝은 꽃 냄새, 과일 냄새, 수지 냄새, 매운 냄새, 썩은 냄새, 탄 냄새 등 6가지로 분류하였고, 아무어는 꽃 냄새, 박하 냄새, 사향노루 냄새, 에테르 냄새, 매운 냄새, 썩은 냄새, 장뇌 냄새 등 7가지로 분류하였다.

1) 식물성 식품의 냄새 성분

(1) 휘발성 함황화합물

식물성 식품 속의 휘발성 함황화합물들은 강하고 자극적인 냄새를 형성하는 성분들이다. 식물체 내에서는 냄새 성분의 전구체 형태로 존재하여 강한 냄새를 나타내지 않다가 조직이 파괴될 때 효소의 작용에 의해 매운맛과 냄새를 나타내는 성분으로 변화된다.

함황화합물을 가지는 식물성 식품은 크게 두 부류로 구분할 수 있는데, 양파, 마늘, 부추, 파 등 백합과 식물들과 겨자, 고추냉이, 배추 등 겨자과 식물들이다. 백합과 식물들의 경우 알리이네이스(alliinase)에 의해 전구체 물질이 냄새 성분으로 변화되는데 대표적인 예로는 알리인(alliin)이 마늘을 썰거나 다질 때 알리이네이스의 작용에 의해 매운 냄새 성분인 알리신(allicin)으로 변화되는 것이다.

겨자과 식물들은 미로시네이스(myrosinase)에 의해 자극적인 냄새를 형성하는데 겨자 속의 글루코시놀레이트(glucosinolate)의 일종인 시니그린(sinigrin)은 종자의 조직이 파괴되면 미로시네이스에 의해 알릴 아이소싸이오사이아네이트(allyl isothiocyanate, mustard oil)를 생성하여 자극적 냄새를 나타낸다.

겨자와 와사비

겨자과의 식물들 중 향신료로 많이 이용되는 겨자와 와사비는 향과 맛이 비슷하고 주로 조리 또는 가공된 형태로 많이 접하기 때문에 가공 전 식품에 대해 정확히 이해하고 있지 못하는 경우가 많다. 겨자는 영어로 머스터드(mustard)라고 하며, 겨자 식물체의 씨 부분을 갈거나 가공하여 사용하는데 동서양 조리에 널리 이용된다. 원래 겨자씨는 옅은 황색을 띠고 시중에 판매되는 진한 노란색의 머스터드소스는 색소를 첨가한 것이다. 와사비(wasabi)는 일식에 주로 사용되는 향신료로 식물체의 뿌리 부분을 갈거나 가공하여 사용하는 것이다. 흔히 말하는 고추냉이의 한 종류이기는 하나 서양고추냉이인 홀스래디시(horseradish)는 거의 백색에 가까운 데 비해 와사비는 연녹색을 띤다. 최근 와사비 공급 부족으로 홀스래디시에 색소를 섞어 와사비를 만들기도 한다. 가공된 와사비의 짙은 녹색 역시 색소에 의한 것이고, 생와사비는 옅은 녹색을 띤다. 이들 향신료들은 공통적으로 함황화합물인 시니그린을 함유하고 있어 갈아서 사용하면 알릴 아이소싸이오사이아네이트를 형성하여 톡 쏘는 매운향을 주므로 비린내나 육류 냄새 제거에 많이 이용된다.

겨자씨　겨자분말　다양한 겨자소스

홀스래디시 뿌리　와사비 뿌리

(2) 지방산에서 유도된 냄새

식물체 내의 지방산에 효소가 작용하여 생성된 휘발성 성분도 식물성 식품의 냄새에 큰 영향을 준다. 불포화지방산의 경우 리폭시제네이스(lipoxygenase)에 의한 효소적 산화가 활발히 일어나는데, 이 과정에서 생성된 알데하이드류, 케톤류, 알코올류 등이 숙성 과일이나 손상된 식물체 조직의 특징적인 냄새를 나타낸다. 날콩을 갈았을 때 생성되는 비린내와 같이 이취(off-flavor)를 형성하기도 한다.

또한 지방산의 β 산화에 의해 생성되는 유기산, 에스터류, 락톤류 등 휘발성 물질이 배, 복숭아, 살구 등 과일류의 냄새를 나타내기도 한다.

(3) 분지아미노산에서 유도된 냄새

분지아미노산에서 유도된 냄새 성분의 대표적 예는 메톡시알킬피라진(methoxy alkyl pyrazine)과 에스터이다. 메톡시알킬피라진은 채소 풋내의 원인 성분으로 피망, 생감자, 완두콩 등의 독특한 냄새를 나타내는 성분이다. 식물체내에서 또는 미생물에 의해서 생합성되며 루신(leucine) 등 분지아미노산이 메톡시알킬피라진의 전구체가 된다.

분지아미노산은 숙성 과일의 냄새 성분의 전구체로서도 중요하다. 분지아미노산은 각종 효소적 반응을 통해 알데하이드, 알코올, 유기산, 에스터 등을 형성하는데, 이 중 에스터가 냄새 형성에 가장 큰 역할을 한다. 바나나와 사과가 숙성되었을 때 나는 냄새가 대표적인 예이다.

(4) 휘발성 테르펜

휘발성 테르펜(volatile terpenoid)은 식물체에 널리 존재하여 정유나 향수 산업에 많이 이용되는 물질로 일반식은 $(C_5H_8)n$ $(n \geq 2)$로 나타낸다. 오렌지, 레몬 등에 함유된 리모넨(limonene), 시트랄(citral), 박하의 향기 성분인 멘톨(menthol), 맥주의 원료인 홉의 휴물렌(humulene) 등이 대표적이다.

2) 동물성 식품의 냄새 성분

동물성 식품 중 육류나 어류는 신선한 상태에서는 냄새가 강하지 않으나 선도 저하와 함께 불쾌취를 형성한다. 이러한 냄새는 대부분 아민 계통의 성분이 선도 저하와 함께 변화되어 생성된 물질에 의한 것이다. 대표적인 냄새 성분은 해수어의 비린내 성분인 트리메틸아민, 담수어의 비린내 성분인 피페리딘(piperidine), 그 밖에 육류나 어류의 선도가 상당히 저하되거나 부패될 때 생성되는 암모니아, 메틸머캅탄, 인돌, 스카톨(skatole), 황화수소 등이 있다.

우유도 신선한 우유에서는 냄새가 거의 나지 않으나 지방산이 가수분해되어 생성되는 뷰티르산, 아세토인(acetoin), 다이아세틸(diacetyl) 등 지방산 계통의 물질들로 인해 선도가 떨어진 우유, 치즈, 버터 등의 냄새가 나타나게 된다.

커피의 향(aroma)

커피는 원두의 원산지와 종류에 따라 저마다 고유한 향을 가지고 있다. 뿐만 아니라 로스팅 과정에서 커피의 성분들이 메일라드 반응 등 화학변화를 일으키면서 더욱 다양한 풍미를 가지게 된다. 커피의 향을 표현하는 용어는 과일향, 허브향, 너트향 등 기본적인 용어에서부터 캐러멜향, 시리얼향, 고무향, 흙향 등 매우 다양하고, 후각으로 느끼는 커피의 향에는 약 1,000가지의 향기 성분이 들어 있다. 대표적인 향기 성분으로는 각종 휘발성 유기산, 다이아세틸, 피라진류, 푸르푸랄류 등이 있다. 하지만 인스턴트커피 제조 시에는 커피원두로부터 커피액을 추출하고 건조하는 과정에서 향기 성분의 손실이 일어나기 쉽다. 따라서 커피 제조업체들은 고유의 향을 보존하기 위해서 저온추출, 동결건조 등 다양한 방법을 통해 커피의 향기 성분 보존을 위해 노력한다. 최근에는 커피추출액을 동결건조한 커피 파우더에 매우 곱게 분쇄한 원두를 소량 첨가하여 원두의 향을 느낄 수 있도록 개발한 제품들도 출시되어 소비자들로부터 호응을 얻고 있다.

커피 생두
(coffee green beans)

라이트로스트 원두
(light roasted coffee beans)

다크로스트 원두
(dark roasted coffee beans)

사진 자료 : 저자 촬영

chapter 5

식품의 유해 성분

유해 성분이라 함은 생물체에 유해한 효과를 나타내는 생체 외 물질을 의미하는 것으로, 식품과 관련되는 유해 성분은 크게 식품 내 자연적으로 존재하는 자연독, 미생물에 의해 생성되는 독성분, 조리·가공 중 생성되는 유해 성분, 기타 유해 성분 등으로 구분할 수 있다.

1. 자연독

식품 내 자연적으로 존재하는 자연독은 동식물의 조직세포에서 생성되는 독소들로, 해충이나 병원성 미생물에 대한 방어작용을 하기도 한다. 주로 과일이나 채소 등 식물체에 존재하는 경우가 많으나, 일부 동물성 식품에도 유독 성분이 존재한다. 이러한 독소로 인한 피해를 막기 위해서는 독소를 함유하는 부위를 제거하고 섭취하거나 독소가 증가되는 계절에는 섭취를 자제해야 한다. 대표적인 자연독은 표 5-1과 같다.

표 5-1 자연독의 종류와 함유식품

분류	종류	함유식품
식물성 식품	아마톡신류(amatoxins), 무스카린(muscarine)	광대버섯 등 독버섯
	솔라닌(solanine)	싹튼 감자
	고시폴(gossypol)	면실(목화씨)
	아미그달린(amygdalin) 등 사이안배당체(cyanogenic glycoside)	풋매실, 풋복숭아 등
	시큐톡신(cicutoxin)	독미나리
	리신(ricin), 리시닌(ricinine)	피마자씨
	트립신 저해물질(trypsin inhibitor)	두류
동물성 식품	테트로도톡신(tetrodotoxin)	복어
	시구아톡신(ciguatoxin)	열대, 아열대 유독 어류
	삭시톡신(saxitoxin)	가리비, 홍합, 섭조개 등
	베네루핀(venerupin)	바지락, 모시조개 등

2. 미생물 생성 독성분

식품이 부패되거나 미생물에 의해 식품이 오염된 경우 이들이 발생하는 독소가 체내 유입되면 유해작용이 나타난다. 이들 독소는 가열이나 pH에 대한 안정성이 다양한 양상을 보여 고온이나 산, 알칼리 환경에서도 활성을 잃지 않는 경우가 있다.

특히 식품의 부패시에는 미생물의 증식 또는 그 대사작용으로 인해 식품 성분이 변화되고 그에 따라 식품의 형태, 색, 향미, 조직감 등이 변하거나 유해물질이 생성되어 정상적인 섭취가 불가능하게 되기도 한다. 식품이 부패하면 형태, 색, 향미, 조직감 등에 있어 변화가 나타나는데 곰팡이가 번식하면 적색, 흑색, 녹색 등 다양한 색깔의 곰팡이가 육안으로 볼 수 있게 되고, 육류 등에는 세균이 점액층을 생성하기도 한다.

미생물이 생성하는 유독 성분들은 크게 곰팡이독소와 세균성독소로 나눌 수 있다. 먼저 곰팡이독소(mycotoxin)는 곰팡이에 의하여 생산되는 대사산물로 진균독이라고도 한다. 주로 *Aspergillus*속, *Penicillium*속, *Fusarium*속 등에 의해 발생하고 곡류, 두류 등 농산물이 원인 식품이 되는 경우가 많다. 곰팡이 자실체는 열에 약하나 곰팡이독소는 일반적으로 열에 안정하여 조리·가공 과정 중에도 쉽게 파괴되지 않는다. 대표적인 곰팡이독소는 땅콩 등 견과류에 자주 발생하는 아플라톡신(aflatoxin), 황색으로 변질된 쌀에 함유된 황변미독(yellow rice toxin), 맥각균에 오염된 보리, 호밀 등에 발생하는 맥각독(ergot alkaloids) 등이 있다.

세균성독소(bacterial toxin)는 식품의 보관 온도와 습도에 따라 세균이 번식하여 생성될 수 있고 이들 식품을 섭취할 경우 독소형 식중독이 유발되기도 한다. 대표적인 세균성독소는 *Clostridium botulinum*이 생산하는 신경독(neurotoxin)으로 치사율이 높으며 식육가공품, 통조림, 병조림 등의 가공처리가 불완전할 경우 발생하기 쉽다. 80℃에서 20~30분, 100℃에서 1~2분 가열시 불활성화된다. 그 밖에 황색포도상구균, 웰치균, 세레우스균 등 각종 식중독균이 생성하는 장관독(enterotoxin)과 장관출혈성 대장균이 생성하는 베로톡신(verotoxin) 등도 식품에 발생할 수 있는 세균성독소이다.

3. 조리·가공 중 생성되는 유해 성분

식품의 성분과 조리·가공 조건에 따라 각종 새로운 물질이 생성되는데, 그 중 독성을 가지는 물질들이 생성되기도 한다. 특히 높은 온도에서 굽거나 튀기는 가열처리 과정에서 식품 성분과 반응하여 생성되는 아크릴아마이드, 벤조피렌 등의 유해성이 문제가 되면서 이들 성분의 저감화에 관심이 모아지고 있다. 대표적인 식품 조리·가공 중 생성되는 유해 성분들은 표 5-2와 같다.

표 5-2 조리·가공 중 생성되는 유해 성분

분류	종류	원인물질	함유식품	유해성(국제암연구소 분류등급)
고온가열 생성물	아크릴아마이드	탄수화물	프렌치프라이, 시리얼, 빵	발암추정물질(G 2A)
	벤조피렌	유기물	훈연식품, 직화구이식품	발암성 물질(G 1)
	헤테로사이클릭 아민	근육조직 속 아미노산, 크레아틴	고온가열 육류나 생선류	발암가능물질(G 2B)
발효부산물	에틸카바메이트	요소, 사이안화합물	발효식품	발암추정물질(G 2A)
	바이오제닉아민	단백질, 유리아미노산	부패생선, 발효식품	오심, 호흡곤란, 두통, 설사, 경련, 혈압상승, 두드러기 등
가공식품의 유해성분	나이트로사민	아질산염 (질산칼륨, 아질산나트륨)	육가공품 (발색제)	발암추정물질(G 2A)
	퓨란	유기물	밀봉가열식품	발암가능물질(G 2B)
유지 조리·가공 생성물	산화유지	유지	고온가열 유지식품	설사, 동맥경화
	아크롤레인			눈, 피부 자극
	트랜스지방		경화유지	심장병, 당뇨병 위험 증가

1) 아크릴아마이드

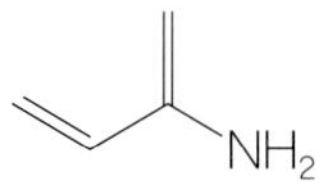

아크릴아마이드(acrylamide)는 감자, 시리얼 등 전분이 많은 식품을 160℃ 이상의 고온에서 가열조리할 때 생성되는 물질이다. 세계보건기구 산하 국제암연구소(IARC,

NH_2

그림 5-1 아크릴아마이드의 구조

international agency for research on cancer)와 한국노동환경건강연구소는 아크릴아마이드를 인체발암추정물질로 규정하고 있으나, 조리 및 가공시 온도와 시간 등에 따라 생성량이 달라지기 때문에 특정식품에 대한 섭취량 권고가 어렵고 관리기준도 설정되어 있지 않다. 인체발암물질로 규정된 유해 성분에 비해 독성은 비교적 낮지만 노출 가능성이 훨씬 높아 이에 대한 주의가 필요하다. 국내에서는 식품업계에서 자율적 관리를 통해 아크릴아마이드 저감화를 위해 노력하고 있고, 식품의약품안전처에서는 일반인을 대상으로 한 저감화 홍보용 리플릿 발간 등의 노력을 기울이고 있다(www.foodnata.go.kr). 식품 중 아크릴아마이드를 줄이기 위해서는 120℃ 이하에서 습열조리하는 것이 좋고, 건열조리를 할 경우 튀길 때는 175℃, 오븐에 굽는 경우 190℃를 넘지 않도록 한다.

국제암연구소(IARC) 분류 기준

Group 1
- 인체발암성 물질(Carcinogenic to humans)
- 인체발암성에 대한 충분한 근거자료가 있는 경우

Group 2A
- 인체발암추정물질(Probably carcinogenic to humans)
- 인체발암성에 대한 자료는 제한적이지만 발암성에 대한 동물실험 결과가 충분한 경우

Group 2B
- 인체발암가능물질(Poddibly carcinogenic to humans)
- 인체발암성에 대한 자료가 제한적이고 동물실험 결과도 충분하지 않은 경우

Group 3
- 인체발암물질로 분류할 수 없는 물질
- 발암성에 대한 인체나 동물실험 자료가 불충분한 경우

2) 벤조피렌

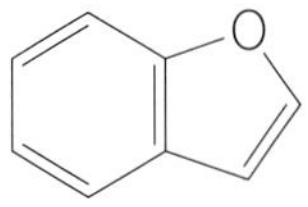

벤조피렌(benzopyren)은 다환성 방향족 탄화수소(PAH, polycyclic aromatic hydrocarbon)의 일종으로 탄수화물, 단백질, 지방 등 유기물이 불완전연소될 때 생성되기 쉽다. 국제암연구소(IARC)와 한국노동환경건강연구소는 벤조피렌

그림 5-2 벤조피렌의 구조

을 인체발암성 물질로 규정하고 있다. 단기간 다량 노출시에는 적혈구가 파괴되어 빈혈을 일으키고 면역력이 저하되는 것으로 알려지고 있다. 불꽃이 직접 식품에 접촉할 때 생성되기 쉬워 훈연식품, 직화구이식품 등에 많이 함유되어 있고, 농산물, 어패류 등 조리·가공하지 않은 식품이 자동차배출가스, 담배연기 등에 포함된 벤조피렌에 오염되어 있는 경우도 있다. 벤조피렌 섭취를 줄이는 방법으로는 석쇠를 이용한 직화구이보다는 불판을 사용하는 것이 좋고, 가급적 찌기, 삶기 등 습열조리를 하는 것이 좋다. 또한 훈제식품 섭취를 줄이고, 검게 탄 부분을 제거하고 섭취하도록 하며, 직화구이시 생성되는 연기를 마시지 않도록 한다.

3) 퓨란

퓨란(furan)은 식품의 가열 중 식품 성분의 열분해로 생성되는 물질로 무색의 휘발성 액체이다. 강한 휘발성으로 인해 조리 후 식품에는 잔존량이 높지 않으나, 밀폐용기에 담겨진 열처리 가공식품에서 많이 발견된다. 아직까지 인체가 어느 정도 양의 퓨란에 도출되어 있는지, 또한 장기간 저농도의 퓨란에 노출되었을 때의 위험성 등에 대한 정확한 정보는 없으나 국제암연구소(IARC)에서는 동물실험 결과를 토대로 발암유발가능물질로 분류하고 있다. 퓨란의 섭취를 줄이기 위해서는 밀봉 포장된 가공식품의 섭취를 가급적 줄이거나 섭취 전에 잠시 뚜껑을 열어 퓨란을 휘발시키는 것이 좋다.

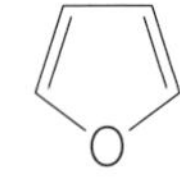

그림 5-3 퓨란의 구조

4) 나이트로사민

식품에서 발견되는 나이트로사민(nitrosamine)은 주로 육류나 어패류 등 단백질 함량이 높은 식품에 함유된 2차 아민화합물이 아질산염과 반응하여 생성된다. 동물에서 암을 유발하는 것으로 알려져 있으나 인체에 대한 발암성 연구는 충분하지 않고, 국제암연구소(IARC)에서는 나이트로사민을 발암추정물질로 분류하고 있다. 산성 환경이나 고온 등 특정 조건이 나이트로사민의 생성을 촉진시키는 것으로 알려져 있는데, 육가공제품의

R^1 – N – R^2, N – N=O

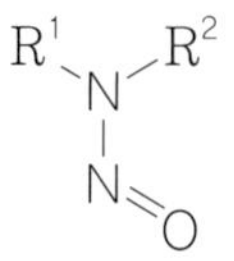

그림 5-4 나이트로사민의 구조

경우 발색과 보존을 위해 질산염이나 아질산염이 첨가되는 경우가 대부분이므로 나이트로사민 생성 가능성이 매우 높다. 비타민 C나 비타민 E와 같은 항산화제가 나이트로사민 생성을 억제하는 것으로 알려져 있으므로 이러한 항산화제가 많이 함유되어 있는 채소, 과일, 식물성유지 등을 많이 섭취하는 것이 도움이 되고, 식품 제조·가공시 항산화제를 혼합하는 것도 나이트로사민 섭취를 줄일 수 있는 방법이다.

5) 바이오제닉 아민

바이오제닉 아민(biogenic amines)은 단백질 함유식품을 저장, 발효, 숙성하는 과정에서 미생물의 작용으로 생성되는 물질로 체내 분해효소가 제대로 작용하지 않거나 과잉 섭취한 경우 오심, 호흡곤란, 두통, 설사, 경련, 혈압상승, 두드러기 등의 독성 증세가 나타날 수 있다. 알레르기 유발 물질로 널리 알려진 히스타민(histamine)도 바이오제닉 아민의 일종으로 부패한 어류에서 함량이 높게 나타난다. 또한 발효 과정 중에 부패미생물의 작용으로 바이오제닉 아민이 생성되기 쉬워 치즈, 대두발효식품, 발효육제품, 포도주, 맥주, 젓갈류 등 발효식품에서 흔히 발견된다. 일단 형성된 후에는 제거하기 어려우므로 조리·가공 과정에서 함량을 감소시키는 것이 중요한데, 부패미생물의 오염을 차단하거나 온도, pH, 염농도 등을 이용해 이들의 생장을 억제할 수 있다.

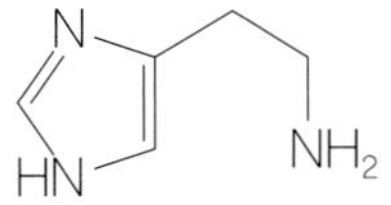

그림 5-5 히스타민의 구조

6) 헤테로사이클릭아민

헤테로사이클릭아민(HCAs, hetero cyclic amine)은 화학적으로는 하나 이상의 헤테로사이클릭 고리와 아민기를 가지는 물질을 통칭하는 용어로 구조에 따라 생리적으로 다양한 역할을 하게 되는데, 비타민의 하나인 나이아신(niacin)도 이러한 구조를 가지는 물질 중 하나이다. 하지만 일부 헤테로사이클릭아민은 인체 독성을 나타내어 국제암연구소(IARC)에서 발암가능물질로 분류하고 있고, 현재까지 17가지의 헤테로사이클릭아민이 조리·가공 중 생성되는 유해 성분으로 규명되었다. 헤테로사이클릭아민은 식품을 고온에서 가열할 때 아미노산과 크레아틴이 식품 중 당과 반응하여 생성되게 되므로 근육조직이 포함된 육류, 가금류, 생선류 가공시 많이 생성되는 것으로 알려져 있고 근육조직이 포함되어 있지 않은 우유, 달걀, 두부, 간 등에서는 거의 발견되지 않았다. 100℃ 이하에서 조리할 경우 거의 생성되지 않지만 125℃ 이상에서 조리할 경우 온도가 높아질수록 생성량이 급격히 증가된다. 따라서 육류나 생선류 조리시 고온에서 튀기거나 굽는 것보다 끓이기, 찌기 등의 조리 방법을 선택하는 것이 좋고, 고온에서 조리시 짧은 시간에 조리를 끝내는 것이 바람직하다.

7) 에틸카바메이트

에틸카바메이트(ethyl carbamate)는 식품의 발효 중에 에탄올이 요소(urea), 사이안화합물 등과 반응하여 자연적으로 생성되는 물질로 국제암연구소에서 발암추정물질로 분류하고 있다. 주류 등 알코올 발효식품에 많이 함유되어 있고, 특히 종자가 있는 과일을 원료로 한 와인, 매실주 등의 주류에서 함량이 높으므로 과일로 술을 담글 때는 씨를 제거하고 담그는 것이 좋다. 또한 높은 온도에서 생성량이 높아지는 것으로 보고되었으므로 주류의 저장, 운송 중 온도가 높아지지 않도록 주의해야 한다.

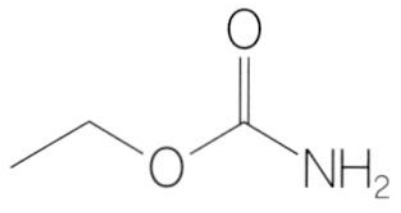

O
O
NH_2

그림 5-6 에틸카바메이트의 구조

그 밖에 유지의 산화 또는 경화 과정 중에 생성되는 산화유지, 아크롤레인, 트랜스지방 등도 조리·가공 중 생성되는 유해물질로 잘 알려져 있고, 이외에도 다양한 성분들에 대한 독성 연구가 계속 진행 중이다.

4. 기타 유해 성분

기타 유해 성분은 인공적으로 생산되어 식품의 생산, 가공, 유통 과정 중 혼입되는 유해 성분으로 크게 식품 용기 및 포장 재료로부터 오는 물질과 환경오염성 유해물질로 구분할 수 있다. 식품 용기나 포장 재료로부터 식품으로 이행될 수 있는 유독 성분은 부적절한 유약처리로 인해 도자기에서 용출되는 중금속, 캔 용기 용출 중금속, 플라스틱 용기나 포장으로부터 오는 염화비닐이나 가소제 등이 있고, 환경오염성 유해물질로는 다이옥신, 제초제 등이 있다. 그 밖에 가축 사육에 이용되는 항생제, 성장호르몬 등도 인공적으로 제조되어 식품 섭취시 체내로 유입될 수 있는 유해 성분들이다.

식품위해요소란?

식품 내 유해 성분과 유사한 용어로 '식품위해요소'라는 용어가 많이 사용되고 있다. 이 용어는 최근 중요성이 높아지고 있는 식품위해요소중점관리기준(HACCP)의 대상이 되는 요소들을 지칭하는 용어로, 유해 성분 외에도 유리, 금속 등 각종 이물질로 인한 위해 등 더 넓은 범위의 위해요소를 포함하고 있으며 식품 제조·가공 공정에서 나타날 수 있는 안전문제와 관련된 모든 요소를 포함한다고 볼 수 있다. 「식품위해요소중점관리기준」(식품의약품안전청고시 제2002-33호)에 따르면 '위해요소'라 함은 「식품위생법」 제4조(위해식품 등의 판매 등 금지)의 규정에서 정하고 있는 인체의 건강을 해할 우려가 있는 생물학적, 화학적 또는 물리적 인자나 조건을 말한다. 그러나 외부에서 유입된 이물질이나 소비자의 위생에 직접적인 영향을 미치지 않는 변패 등은 위해로 간주하지 않는다. 위해요소 발생의 원인으로는 환경오염, 원료오염, 원료취급 부주의, 공정상의 결함, 작업환경이나 시설의 미흡, 비위생적 행동, 교차오염 등 다양하다.

위해요소의 구분은 크게 생물학적 위해요소, 화학적 위해요소, 물리적 위해요소로 구분하게 된다. 생물학적 위해요소로는 각종 세균, 바이러스, 기생충 등이 있고, 화학적 위해요소에는 천연독소, 호르몬제, 잔류농약, 환경호르몬, 중금속, 미승인 식품첨가물, 기타 가공·저장 중 발생하는 화학물질, 방사능 등이 포함된다. 물리적 위해요소는 식품 중에 혼입되는 유리, 금속 등 각종 이물질이나 해충 등을 의미한다. 각 위해요소의 원인물질과 예방법은 5장 더 알아보기(pp.141~146)에 제시하였다.

식품의 부패와 유해 성분의 생성

식품의 부패란 미생물이 식품 내 단백질을 분해하면서 아민, 암모니아 등을 생성하여 악취가 나고 유독물질이 생성되는 현상을 의미하고 더 넓게는 미생물에 의해 진행되는 바람직하지 않은 식품의 변질 전체를 포함하게 된다. 결과적으로 미생물의 증식 또는 그 대사작용으로 인해 식품 성분이 변화되고 그에 따라 식품의 형태, 색, 향미, 조직감 등이 변하거나 유해물질이 생성되어 정상적인 섭취가 불가능하게 되기도 한다.

① **식품 부패의 원인** : 식품의 부패는 식품 내외의 환경 변화에 의한 결과로 나타나게 되는데, 주된 원인은 미생물의 성장, 생화학적 변질, 물리적 손상 등이 있고 그 밖에 압력, 냉동, 건조 등에 의한 물리적 변화, 효소작용, 각종 오염 등 여러 가지 복합적인 원인들이 함께 작용하게 된다.

② **식품 부패와 미생물** : 식품의 부패에 관여하는 미생물로는 세균, 효모, 곰팡이 등이 있다. 병원성 미생물이 자체의 유해 작용과 함께 부패에 관여하기도 하나, 비병원성 미생물이라 해도 부패의 원인균으로 작용 가능하므로 이들 미생물에 대한 적절한 관리가 필요하다. 미생물의 증식에 영향을 미치는 요인들로는 식품의 영양소 함량, 수분활성도, pH, 온도, 산화환원전위, 식품 자체의 미생물 침투 방어 능력과 천연 항생물질 보유 여부 등이 있다.

③ **부패한 식품의 변화** : 식품이 부패하면 형태, 색, 향미, 조직감 등에 있어 변화가 나타난다. 먼저 미생물 자체 또는 대사산물에 의한 외관 변화가 나타날 수 있는데, 곰팡이가 번식하면 적색,

흑색, 녹색 등 다양한 색깔의 곰팡이를 육안으로 볼 수 있게 되고, 육류 등에는 세균이 점액층을 생성하기도 한다. 또한 미생물의 성장으로 식품 고유의 조직감을 상실할 수 있는데, 과일이나 채소의 펙틴이 미생물이 생성하는 펙틴 분해 효소에 의해 분해되어 조직이 물러지기도 한다. 그 밖에 미생물들이 단백질과 아미노산을 분해하여 아민, 암모니아, 황화수소 등의 물질을 생성하여 악취가 나기도 한다.

④ **식품의 부패 방지** : 식품의 부패를 방지할 수 있는 방법으로는 온도와 습도를 조절하거나 자외선·적외선·방사선 등을 이용하여 식품에 물리적 변화를 주는 방법, 소금·설탕·산·방부제 등 화학물질을 첨가하여 식품을 첨가하는 방법, 부패균의 증식을 억제할 수 있는 다른 미생물을 발육시키는 방법 등이 있다. 일반적으로 이러한 방법들을 혼합 적용하여 식품 부패를 억제하고 있고, 이를 활용한 다양한 식품 가공·저장 기술들이 개발되어 이용되고 있다.

더 알아보기

위해요소별 원인물질과 예방법 (자료 : 식품의약품안전처 식품나라 www.foodnara.go.kr)

1. 생물학적 위해의 원인물질과 예방법

분류	원인물질	특징과 초기증상(잠복기간)	원인식품	예방
세균(포자 형성)	바실러스	• 포자를 형성하는 균으로 가열하여도 생존 가능 ① 설사형: 클로스트리디움 식중독과 유사 (8~15시간) ② 구토형: 황색포도상구균 식중독과 유사 (1~5시간)	• 자연계에 널리 분포하여 토양, 곡류, 채소류에 존재 ① 설사형: 식육, 수프 등 ② 구토형: 볶음밥, 파스타류	• 곡류, 채소는 세척하여 사용 • 조리된 음식은 장시간 실온방치 금지 • 냉장보관 • 음식물이 남지 않도록 적정량만 조리 급식
	클로스트리디움 퍼프린젠스 (웰치균)	• 포자를 형성하는 균으로 가열하여도 생존 가능 • 산소가 없는 환경에서도 생장 가능 • 설사, 복통, 통상적으로 가벼운 증상 후 회복됨 (8~12시간)	• 동물 분변, 토양 등에 존재 • 대형 용기에서 조리된 수프, 국, 카레 등을 방치할 경우	• 대형 용기에서 조리된 국 등은 신속히 제공 • 국 등이 식은 경우 잘 섞으면서 재가열하여 제공 • 보관시 재가열한 후 냉장보관
	보툴리늄	• 포자를 형성하는 균으로 가열하여도 생존 가능 • 산소가 없는 환경에서 생장 • 운동 신경을 마비시키는 치명적인 독소를 생성하여 사망유발 • 현기증, 두통, 신경 장애, 호흡곤란(8~36시간)	• 병·통조림, 레토르트 제조과정에서 멸균불량	• 병·통조림, 레토르트 제조과정에서 멸균처리 철저(120℃, 4분 이상) • 신뢰할 수 있는 회사제품 사용 • 의심되는 제품은 폐기
세균(비포자 형성)	캠필로박터	• 산소가 적은 환경(5%)에서 증식 • 30℃ 이상에서 증식 활발 • 소량으로 식중독 유발 • 복통, 설사, 발열, 구토, 근육통 (2~3일)	• 가축, 애완동물 등 • 닭고기와 관련된 식품 • 도축·도계 과정에서 오염된 생육 • 소독되지 않은 물	• 생육을 만진 경우 손을 깨끗하게 씻고 소독하여 2차 오염방지(개인 위생관리 철저) • 생육과 조리된 식품은 구분하여 보관 • 74℃, 1분 이상 가열조리 • 가급적 수돗물 사용
	병원성 대장균 O157	• 소량(10~100마리)으로 식중독 유발 • 베로독소를 생산하여 식중독 유발 • 심한 경우 용혈성요독증(HUS)으로 사망(12~72시간) • 설사, 복통, 발열, 구토	• 환자나 동물의 분변에 직·간접적으로 오염된 식품 • 오염된 칼·도마 등에 의해 다져진 음식물	• 조리기구(칼·도마)를 구분 사용하여 2차 오염방지 • 생육과 조리된 음식물 구분 보관 • 다진 고기류는 중심부까지 74℃, 1분 이상 가열조리
	리스테리아	• 저온(5℃)에서 생장 가능 • 임산부에게 조산 또는 사산 유발 가능 • 발열, 근육통, 오심, 설사(9~48시간; 위장관성, 2~6주; 침습성)	• 살균 안 된 우유나 연성치즈, 생육(닭고기, 소고기), 생선류(훈제연어 포함)	• 살균 안 된 우유 섭취 금지 • 냉장 보관온도(5℃ 이하) 관리 철저 • 식육, 생선류는 충분히 가열조리 • 임산부는 연성치즈, 훈제 또는 익히지 않은 해산물 섭취 자제

(계속)

분류	원인물질	특징과 초기증상(잠복기간)	원인식품	예방
세균(비포자 형성)	살모넬라	• 토양이나 물에서 장기간 생존가능 • 건조한 상태에서도 생존 • 복통, 설사, 구토, 발열(8~48시간, 균종에 따라 다양)	• 사람 · 가축 분변, 곤충 등에 널리 분포 • 달걀, 식육류와 그 가공품 • 분변에 직·간접적으로 오염된 식품	• 달걀, 생육은 5℃ 이하로 저온에서 보관 • 조리에 사용된 기구 등은 세척·소독하여 2차 오염방지 • 육류의 생식을 자제하고, 74℃, 1분 이상 가열조리
	여시니아	• 저온(4℃)에서도 생장 가능 • 열에 약함 • 복통, 설사, 발열, 기타 다양함(평균 2~5일)	• 동물의 분변에 직·간접적으로 오염된 우물·약수물이나 돈육에 존재 • 살모넬라와 유사한 경로로 감염	• 돈육 취급 시 조리기구와 손을 깨끗이 세척·소독 • 칼, 도마 등은 채소류와 구분 사용하여 2차 오염방지 • 가열 조리온도 준수 철저 • 가급적 수돗물 사용
	황색 포도상구균	• 독소를 생성하여 식중독유발 • 독소가 생성되면 가열(100℃)하여도 파괴되지 않음 • 건조한 상태에서도 생존 • 구토, 복통, 설사, 오심(1~5시간)	• 사람 또는 동물의 피부, 점막에 널리 분포 • 화농성 질환자가 취급·준비한 음식물	• 개인위생관리 철저(손씻기) • 화농성 질환자의 음식물 조리나 취급 금지 • 음식물 취급시 위생장갑 사용 • 위생복, 위생모자 착용 및 청결 유지
	장염 비브리오	• 해수온도 15℃ 이상에서 증식 • 2~5%의 염도에서 잘 자라고, 열에 약함 • 주로 6~10월 사이에 급증 • 복통, 설사, 발열, 구토 (평균 12시간)	• 여름철 연안에서 채취한 어패류 및 생선회 등 • 오염된 어패류를 취급한 칼, 도마 등 기구류	• 어패류는 수돗물로 잘 씻기 • 횟감용 칼, 도마는 구분하여 사용 • 오염된 조리기구는 10분간 세척·소독하여 2차 오염 방지
	(소)브루셀라	• 가축에 의해 인체감염, 특히 소 • 소량(10~100마리)으로 질병유발 • 공기로 잘 전염됨 • 발열, 관절통, 감기와 유사 증상	• 유제품이나 육류 • 직접적인 가축과의 접촉	• 살균 안 된 우유나 유제품 섭취 금지 • 감염된 가축과 접촉 금지 • 수의사·실험실 근무자는 보호장비 착용, 작업 후 소독 철저
바이러스	노로 바이러스	• 사람 장관에서만 증식 • 자연환경에서 장기간 생존가능, 항바이러스제나 백신 없음 • 오심, 구토, 설사, 복통, 두통 (24~ 48시간)	• 사람의 분변에 오염된 물이나 식품 • 노로바이러스에 감염된 사람에 의한 2차 감염 • 겨울철에 많이 발생	• 오염된 해역에서 생산된 굴 등 패류 생식 자제 • 어패류는 가급적 가열 후 섭취 (85℃, 1분 이상) • 개인 위생관리 철저 • 채소류 전처리시 수돗물 사용 • 지하수 사용 시설은 주변 오염원(화장실 등)관리 철저
	A형 간염 바이러스	• 고열, 메스꺼움, 구토, 복통, 피로, 황달(10~50일)	• 감염된 사람이 접촉한 식품 • 물, 딸기, 연체동물	• 권장온도에서 조리 • 모든 갑각류는 익혀 먹음 • 개인위생관리 철저

(계속)

분류	원인물질	특징과 초기증상(잠복기간)	원인식품	예방
바이러스	로타 바이러스	• 불현성 감염, 전염성 높음 • 설사(특히 유아, 어린이), 구토, 발열(1~3일)	• 감염된 작업자가 만진 식품 • 하수오물, 오염된 물 • 오염된 샐러드 재료, 생수산물	• 개인 위생관리 철저(손씻기) • 식품의 적절한 조리와 보관 • 변기청소 철저
	아데노 바이러스	• 주로 설사, 발열, 구토와 상기도염증 수반, 간혹 만성 설사증, 영양실조 또는 면역부전 등으로 사망(7일)	• 사람으로부터 전염 • 주로 호흡기 분비물·눈 분비물을 통해 전염(인두결막염·유행성각결막염 등 유발)	• 식품제조 및 생산, 보관업 종사자들의 위생관리 철저 • 식품의 적절한 조리와 보관 • 수영장의 염소 소독을 철저 • γ-글로불린으로 예방
기생충	아나사키스 감염증	• 위·장벽에 침입 소화관벽 염증, 메스꺼움, 구토, 복통(2~8시간)	• 생것·덜 익힌 수산물(돔, 베도라치, 광어) • 바닥에 서식하는 생선	• 생선을 완전히 익힘 • -20℃ 이하에서 24시간 냉동
	크립토스 포리디움	• 소량(10~100마리)으로 식중독 유발 • 식욕부진, 구토, 설사, 발열(1주)	• 대변 경구감염 • 오염된 물 혹은 음식물, 랩스베리, 생채소	• 철저한 위생관리 • 감염된 사람은 식품 취급금지 • 음료수는 1분간 끓임
	광동 주혈선충	• 쥐의 배설물을 섭취한 민물패류에 의한 감염 • 발열, 두통, 오심, 구토(1~30일)	• 우렁이, 다슬기, 달팽이, 고동 • 유충에 오염된 채소나 물	• 맑은 물에 3시간 이상 담가 불순물 제거 후 3~5분 조리 • 동남아지역에서 덜 익힌 우렁이 요리에 주의
	톡소 플라스마	• 고양이에 의해 전 세계의 33%가 톡소플라스마에 감염 • 임신 초기 태반 감염으로 사산·유산 및 조산, 두통, 관절통, 심하면 신경증상, 약시, 실명	• 육류의 생식이나 불완전 조리 • 애완동물의 배설물 • 감염된 닭의 달걀	• 고기는 반드시 익혀 먹음 • 특히 임산부는 애완동물과의 접촉을 피함

2. 화학적 위해의 원인물질과 예방법

분류	원인물질	특징	예방
천연독소	곰팡이독	곰팡이가 생산하는 Mycotoxin으로 강력한 발암물질 포함. 쌀, 보리 등의 곡류를 비롯한 콩류, 땅콩, 면실, 사과주스	곡류와 견과류는 건조보관, 식품의 습기차단
	맥각	호밀, 보리 등의 알칼로이드와 아민의 맥각 성분	• 급성 : 구토, 복통, 설사, 두통, 무기력, 지각이상으로 사망, 임산부는 유산이나 조산 • 만성 : 사지의 근육수축과 정신장애, 코끝, 귀에 심한 통증
	조개독	홍합, 피조개, 바지락, 진주담치, 굴, 등의 패류에 의해 입술, 혀, 팔, 안면마비에 이어 목, 팔 등의 전신마비, 심하면 호흡마비로 사망	2~6월 패독 경보 시 패류 채취와 섭취 금지, 패독발생지역의 패류로 제조, 가공 또는 조리한 음식 섭취금지
	복어독	종류와 부위에 따라 독성이 다르나 일반적으로 산란 시, 알, 간, 난소 및 껍질 등에 독성분 함유, 30분~4시간 이내 입술 저림, 구토, 호흡마비, 의식불명 등의 단계별 중독증상, 8시간 후 회복	120℃에서 1시간 이상 가열해도 불활성화 되지 않음. 독성이 많은 부분을 섭취하지 아니하도록 주의. 전문조리자가 조리하는 전문점 등에서 섭취
	버섯독	식용버섯으로 잘못 알고 섭취한 약 30종의 독버섯이 원인으로 버섯의 종류에 따라 위장형, 콜레라형 및 뇌증상 등 다양	• 아래의 유독 버섯 주의 - 색이 아름답고 선명한 것 - 악취가 나는 것 - 쓴맛, 신맛을 가진 것 - 유즙 분비, 점성의 액 나옴, 공기 중에서 변색되는 것 - 버섯을 끓였을 때 나오는 증기에 은수저를 갖다대어 흑변이 되는 것
	감자독	솔라닌이라는 감자싹이 원인으로 구토, 복통, 설사, 의식장애 및 중추 신경계 기능저하로 인한 사망	• 사과 한두 개를 넣어 감자 보관 • 양파와 함께 보관 금지 • 물에 담그거나 오래 끓인 후 섭취
동물의약품		동물에 취급된 합성호르몬, 합성항균제, 성장조절제 및 항생제나 그 잔유물이 식품에 전달	호르몬과 성장 조절제를 식품생산에 금지, 항생제 및 기타 약품의 잔류허용기준준수와 사용을 엄격히 통제
잔류농약		살충제, 제초제, 살균제, 생장조절제, 나무 방부제, 벽돌공사의 살 생물제, 새 및 동물 기피제, 식품저장 보호제, 쥐약, 방녹 도료, 산업체/가정의 위생제품	• 채소, 과일은 깨끗한 물에 5분 정도 담근 후 흐르는 물로 30초 세정 • 사과는 수세 후 껍질 벗긴 후 섭취 • 데쳐 먹는 채소류는 2분간 데침 • 식육은 지방을, 닭고기와 생선은 껍질과 지방 제거
세제		도구나 파이프 계열 및 장비에 남아 식품을 직접 오염시키거나 청소시 분사되어 식품에 전달	가능하면 비독성 세제 사용, 적절한 청소 정치와 관리를 통해 문제를 예방, 직원교육과 청소 후 장비 검사

(계속)

분류	특징	예방
내분비계 장애물질 (환경호르몬)	산업용 화학물질(원료), 농약류, 유기중금속류, 다이옥신류, PCBs, Phthalate, 식물성 에스트로젠(phytoestrogen) 등 호르몬유사물질, DES (diethylstilbest-rol) 등 의약품 합성 에스트로젠류, 포장재	취급에 유의, 포장재의 최대 허용 이행제한치를 엄격히 규제 혹은 금지, 내분비장애물질의 지속적 관리, 특히 다이옥신의 경우 쓰레기 배출을 최소화하고 폐비닐 등의 임의소각 금지
중금속	공장폐수, 폐건전지, 폐가전제품 토양과 수질을 통해 식품에 오염 환경오염 • 카드뮴중독 : 이타이이타이병 • 비소중독 : 혼수상태, 무력증, 구역질 • 납중독, 수은중독 : 성장둔화, 청각장애	• 식품조리용 기구사용, 장난감 세척, 분리수거 및 안전관리 • 어린이가 페인트 칠한 물건을 입에 넣지 않도록 주의시킴 • 폐건전지, 배터리, 고장난 수은 온도계 등을 분리수거
Allergen	알레르기를 유발하는 모든 항원 물질, 섭취량과 사람의 감수성, 민감도에 따라 다양 • 피부 : 두드러기, 발진, 가려움 • 입 : 입술과 혀의 가려움, 부품 • 소화관 : 구토, 설사 • 호흡기 : 호흡곤란, 씨근거림	식품가공업자는 알레르기 성분과 제품 성분을 라벨에 표시, 장비의 관리 및 효과적인 청소
(아)질산염 및 N-nitro 화합물	질산염은 환경에서 자연적 발생, 농산물에 존재, 비료의 성분으로 토양이나 물에 존재, 식품 보존료로 많이 이용	유아의 메트헤모글로빈혈증과 발암성이 있으므로 온장고에 캔커피를 계속 가열하지 않음, 법적 기준과 안전수준 엄수, 교차오염 방지
아크릴아마이드	아미노산 중 아스파라진이 원인 물질로 빵, 케이크, 감자칩 등 탄수화물이 포함된 제품과 화학반응을 일으켜 아크릴아마이드 생성. 가정, 산업, 외식업에서 식용되는 제빵 제품뿐 아니라 감자칩, 비스킷, 스낵 등에서 1 ppm(기준 1 ppm(mg/kg) 이하) 이상 검출	원료변경, 튀김온도를 낮추거나 튀김시간을 줄임. 일반 가정에서 식품요리시 120℃ 이하 온도에서 삶거나 끓여 섭취할 것. 아스파라진 분해효소인 아스파라지네이스를 제빵 제품에 사용 예정
퓨란	가열조리를 거치는 아미노산, 탄수화물, 불포화지방산 또는 비타민 C 성분의 대부분 식품에서 생성가능. 휘발성 높아 완제품에 남아 있지 않지만 병조림·통조림 같이 밀봉상태로 가열포장되는 경우 퓨란 잔존 우려	병조림·통조림 식품이나 밀폐 용기에 포장된 식품은 개봉 즉시 섭취하지 않고 잠시 두었다가 섭취, 트랜스지방이나 포화지방산의 함유가 적고 식이섬유 함량이 높은 곡류, 과일, 채소 섭취
HCAs (Hetero cyclic Amines)	삼겹살, 불갈비, 불고기, 프라이드치킨 등의 육류 및 어류의 조리 과정에서 주로 생성되는 동물발암물질 • 우유, 달걀, 두부 및 간 같은 조직보다는 근육질이 풍부한 고기 • 오븐구이, 구이(baking)보다는 튀김, 구이(broiling), barbecuing • 패스트푸드점보다는 가정이나 non-fast-food-restaurant 조리식품에서 많이 생성	조리시간이 길수록 많이 생성되므로 well-done보다는 medium으로 조리, 우선 전자레인지로 2분간 데워 생성된 육즙을 버리고 조리하면 전구물질이 제거되어 HCAs의 생성을 90% 정도 감소 가능
에틸 카바메이트 (Ethyl carbamare, 우레탄)	diethyldicarbonate와 발효생성물인 암모니아가 반응하여 생성. 다양한 발효식품(요구르트, 치즈, 식초, 간장, 김치, 포도주, 위스키 등)에서 검출. 발암성이 있지만 우려할 수준의 양이 검출되지 않음	적은 양의 요소(urea)를 생산하는 효모 사용권장, 숙성 및 저장·보관시 가급적 온도를 낮추는 등의 제조방법 개선, 포도 재배시 질소(요소)비료 사용 최소화 등

3. 물리적 위해의 원인물질과 예방법

분류	원인물질	예방
유리	원재료, 용기, 조명등, 실험기구, 공정장비	승인된 공급자 사용, 종업원 교육, 조명등을 플라스틱 포장으로 쌀 것, 유리를 식품 취급구역에서 금지
금속	원재료, 사무용품(압핀, 클립), 장비, 청소장비, 육고기 내의 납 탄환	승인된 공급자 사용, 종업원 교육, 식품 취급구역에서 금속 금지, 예방 정비, 금속탐지기
돌, 잔가지, 나뭇잎	원재료, 식품구역 주위의 환경	승인된 공급자 사용, 식품구역 청결유지, 창문에 방충망, 문을 닫을 것
목재	원재료, 포장(예 : 나무상자, 팔레트)	승인된 공급자 사용, 나무상자 및 팔레트 사용 회피, 나무상자 및 팔레트를 식품 취급구역에서 금지
해충	원재료, 식품구역 주위의 환경, 더러운 공장	승인된 공급자 사용, 식품구역 청결유지, 창문에 방충망, 문을 닫을 것, 축축한 것을 정기적으로 청소, 식품용기를 닫을 것, 식품을 엎질렀을 때에 즉시 청소, 공장을 정기적으로 청소
보석, 장신구, 머리카락	사람	종업원에게 표준위생규범 교육, 장신구 착용 금지

chapter 6

식품의 물성

식품의 품질은 영양적인 가치와 함께 기호성에 의해 좌우된다. 식품의 기호성은 색, 맛, 냄새와 같은 성분의 화학적 특성에서 유래하는 것 이외에도 입안에서 느껴지는 촉감 같이 식품 분자 간의 결합 상태, 조직의 구조 등 물리적 특성에 의해서도 크게 영향을 받는다. 식품에 따라 물리적인 특성이 더 중요시되기도 하는데 묵, 두부, 젤리 같은 젤상 식품뿐만 아니라, 떡류, 면류, 빵 등이 이에 해당된다. 식품을 구성하는 여러 성분은 고체, 기체, 액체상으로 존재하면서 각각 특징적인 조직구조를 가지므로 그 물리적인 특성도 다양하다. 이와 같은 물리적 특성은 식품의 경도, 점도, 탄성, 점탄성 등으로 표현되며 식품의 조직구조가 갖고 있는 감각 특성을 텍스처라 하고 물질의 변형과 유동에 관한 성질을 리올리지라고 한다.

1. 식품 콜로이드

액체상의 식품은 액체에 녹거나 분산되어 있는 입자의 크기에 따라 진용액과 콜로이드 용액, 현탁액으로 분류할 수 있다(그림 6-1). 진용액은 설탕이나 소금 같은 작은 분자나 이온이 물에 용해되어 형성되는 소금 용액, 설탕 용액이 대표적인 예이다. 용액의 유형 중에서 입자의 크기가 1 nm 이하로 가장 작고 안정된 상태의 용액이다. 반면 현탁액은 입자의 크기가 100 nm 이상으로 커서 물에 용해되지 않으며 분산 상태를 이루기도 어려워 매우 불안정한 용액이다. 용액을 계속 저어주면 잘 분산되지만 그대로 두면 분산질이 떠오르거나 중력에 의해 가라앉아 침전하게 된다. 현탁액은 지방이나 생전분을 물과 섞었을 때 형성된다. 콜로이드 용액은 입자의 크기가 진용액보다 크고 현탁액보다는 작아 용해되거나 침전되지 않고 분산 상태로 존재하는 용액이다. 우유나 젤라틴 같은 단백질 용액, 호화된 전분 용액 등이 대표적인 콜로이드 용액이다. 콜로이드 용액은 이와 같이 분산되어 존재하기 때문에 용매, 용질, 용액이라는 용어 대신에 분산매(연속상, dispersing medium), 분산질(분산상, dispersed phase), 분산계(dispersion system)라는 표현을 사용한다.

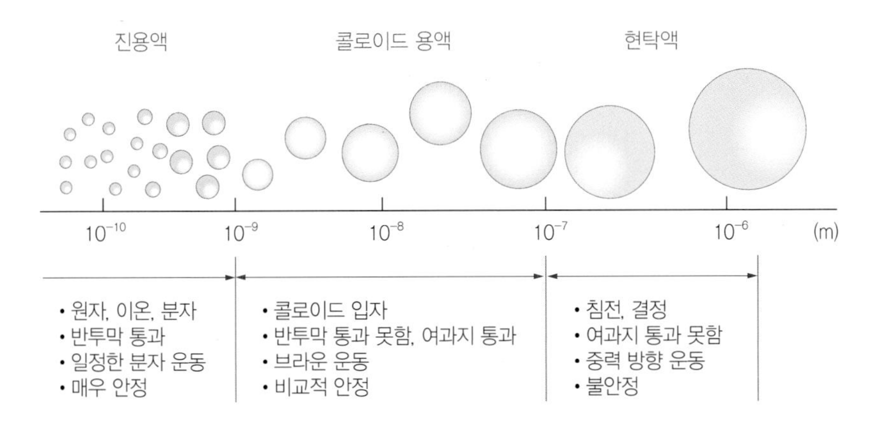

그림 6-1 입자의 크기에 따른 용액의 분류와 그 특성

1) 식품 분산계의 분류

식품은 물과 함께 여러 성분들이 혼합된 불균일한 분산 상태로 존재한다. 분산매와 분산질은 고체, 액체, 기체의 세 가지 상태로 존재하기 때문에 분산 상태는 8개의 조합이 가능하다. 식품에서 볼 수 있는 분산계는 분산질과 분산매의 구성 상태에 따라 표 6-1과 같이 분류된다.

표 6-1 식품 분산계의 분류

분산매	분산상	분산계	식품 예
액체	기체	거품(foam)	탄산음료, 맥주 거품, 난백 거품, 생크림 거품
	액체	유화(emulsion)	우유, 마요네즈
	고체	졸(sol)	곰국, 한천 용액, 호화전분 용액
		현탁액(suspension)	된장국, 전분 용액
고체	기체	스폰지상	머랭, 식빵, 카스테라, 아이스크림
	액체	유화	버터, 마가린
		젤(gel)	족편, 두부, 달걀찜, 묵, 잼

액체인 분산매에 고체 분자가 분산되어 있는 것을 졸이라 하며, 유화란 고체나 액체의 분산매에 액체가, 그리고 거품은 액체에 기체가 분산된 콜로이드 상태이다.

식품과 관계가 깊은 콜로이드는 분산매가 액체인 것이 대부분이고 여기에 기체, 액체, 고체가 분산질로 분산되어 있는 예가 많다. 콜로이드는 분산질과 분산매의 친화성에 따라 친액성 콜로이드(lyophilic colloid)와 소액성 콜로이드(lyophobic colloid)로 분류하며, 분산매가 물일 때에는 각각 친수 콜로이드(hydrophilic colloid), 소수 콜로이드(hydrophobic colloid)라고 한다. 친수 콜로이드에서는 분산상인 콜로이드 입자가 물과의 친화성이 커서 물분자가 이를 둘러싸고 있으므로 콜로이드 입자끼리 접촉하여 엉기거나 침전되지 않고 안정한 상태를 유지하고 있다. 그 예로는 호화된 전분액이나 젤라틴 용액이 있다.

소수 콜로이드는 분산매인 물과 분산상 사이에 친화성이 적지만 그림 6-2에서와 같이 콜로이드 입자가 표면에 전하를 띠어 물의 양이온과 정전기적 상호작용에 의해 분산상태를 유지하고 있다. 따라서 소수 콜로이드는 소량의 전해질 첨가에 의해서도 입자끼리 점차 응집·침전하여 분리될 수 있다. 그러나 여기에 친수 콜로이드를 넣어주면 이

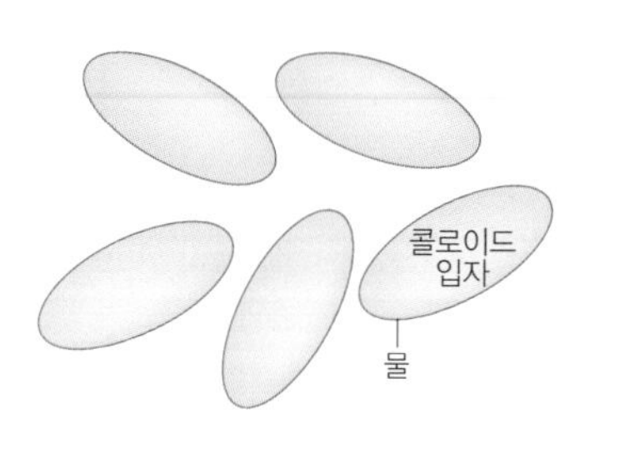

친수 콜로이드(hydrophilic colloid)

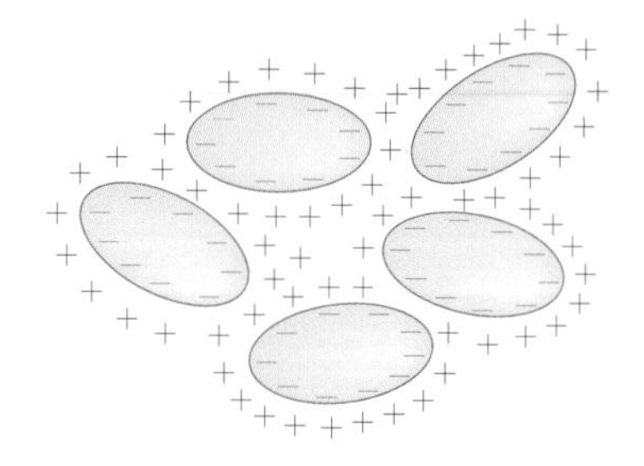

소수 콜로이드(hydrophobic colloid)

그림 6-2 친수 콜로이드와 소수 콜로이드

보호 콜로이드의 예

아이스크림 제조시에 젤라틴이나 전분, 덱스트린 등을 섞는 것은 우유 단백질의 응결을 방지하고 얼음 결정이 커지는 것을 방지하는 보호 콜로이드 역할 때문이다. 또한 토마토 크림수프를 만들 때 미리 밀가루를 잘 섞어 익힌 다음 산이 들어 있는 토마토즙을 넣으면 소수성인 카세인 입자의 응결을 막을 수 있다. 즉 밀가루의 호화된 전분과 글루텐이 보호 콜로이드 역할을 하는 것이다.

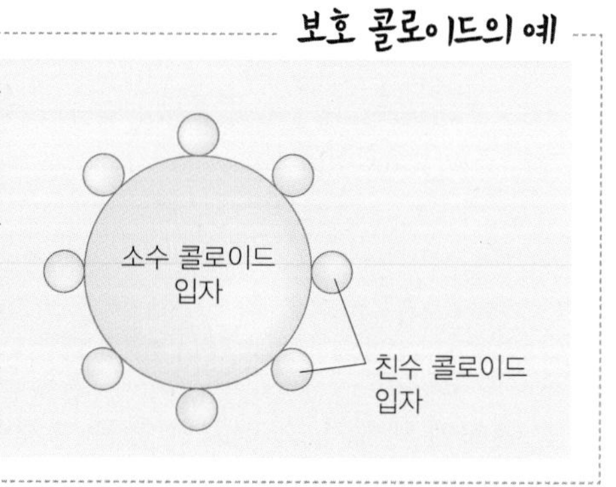

콜로이드 입자가 소수 콜로이드 입자를 둘러싸서 안정성이 높아진다. 이와 같이 소수 콜로이드가 쉽게 응집되거나 침전되지 않도록 보호해 주기 위해 첨가하는 친수 콜로이드를 보호 콜로이드(protective colloid)라 한다.

(1) 졸과 젤

졸(sol)은 고체나 액체의 콜로이드 입자가 액체인 분산매에 분산되어 유동성을 가지는 상태이다. 전분 호화액, 한천, 크림수프, 난백, 곰국과 젤라틴 용액 등이 졸에 속한다. 졸이 분산매의 농도, 온도, pH의 변화 또는 전해질의 작용에 의해 유동성을 잃고 반고체화된 상태를 젤(gel)이라 한다. 묵, 풀, 푸딩, 커스터드, 알찜, 양갱, 두부, 치즈, 족편, 젤라틴 젤리 등이 그 예이다. 졸이 젤로 변하면 그림 6-3과 같이 비연속적이었던 분산질이 계속적으로 연결되어 3차원의 망상구조가 형성되고 그 안에 연속적인 상태였던 수분이 갇히게 된다. 친수성의 분산질은 다량의 수분을 흡착하고 있기 때문에 젤의 조직을 잘라도 물이 흘러나오지 않는다. 그러나 젤라틴 젤처럼 졸과 젤 간에 서로 가역적인 반응을 일으키는 경우가 있다. 추운 겨울 낮은 온도에서 곰국이 굳어 엉겼다가 다시 덥히면 용액의 상태가 되는 것을 볼 수 있는데 이는 젤라틴 젤의 가역성을 보여주는 좋은 예이다. 두부나 알찜 등은 한번 젤이 형성되면 졸 형태로 되돌아가지 않는 비가역적인 젤이다.

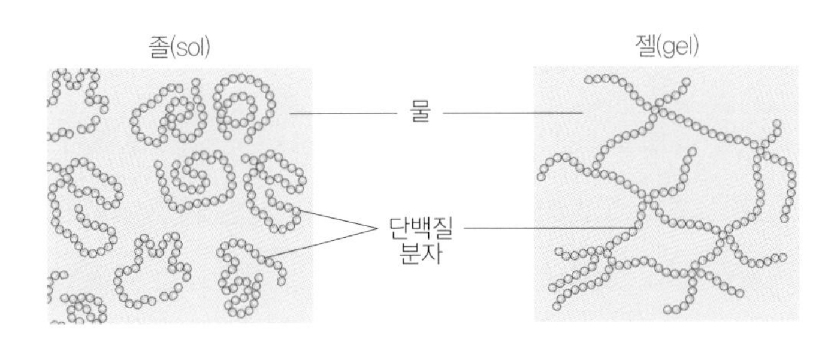

그림 6-3 졸과 젤

(2) 유화

분산매와 분산질이 모두 액체로 액체 내에 다른 액체가 분산된 콜로이드 상태를 유화라고 한다. 물과 기름을 섞으면 기름은 물보다 가벼우므로 물 위에 뜬다. 여기에 친수성기와 친유성기를 동시에 갖고 있는 물질, 즉 유화제를 넣고 잘 저어주면 두 물질이 잘 섞인 분산 상태를 이룬다. 마요네즈를 만들 때 난황을 사용하는 것은 레시틴, 단백질과 같은 유화제가 풍부하기 때문이다. 유화액은 분산매인 물속에 분산질인 기름이 퍼져 있는 수중유적형(oil in water, O/W형)과 분산매인 기름 속에 물이 분산되어 있는 유중수적형(water in oil, W/O형)이 있다. 수중유적형의 예로 균질우유, 마요네즈, 생크림, 크림수프 및 여러 가지 소스가 있으며 유중수적형으로는 버터와 마가린 등이 있다.

유화제의 H.L.B.(Hydrophile - Lipophile Balance)

H.L.B.는 유화제의 친수기(hydrophilic group)와 소수기(lipophilic group, hydrophobic group)의 비율로 유화성을 나타내며 0~20까지의 수치로 표현된다.

- 10 이하 : 소수성이 강하고 W/O형 유화에 적합하다.
- 10~20 : 친수성이 강하고 O/W형 유화에 적합하다.

합성유화제 중 어떤 H.L.B. 유화제를 혼합하여 사용하는가에 따라 각각의 식품에 적합한 물성을 만들 수 있다. 예를 들어 커피에 넣는 크리머는 빠르게 물에 용해되어야 하므로 H.L.B. 8~10의 유화제가 적합하다.

(3) 거품

거품은 액체나 고체인 분산매에 기체가 고르게 분산되어 있는 콜로이드 용액이다. 크림, 난백, 젤라틴 등이 조리에 많이 이용되는 거품이며, 조리된 음식의 부피를 크게 하여 다공성의 조직감을 주고 촉감을 좋게 한다. 난백을 교반하면 액체인 난백에 기체인 공기가 분산되어 거품이 형성되는데 교반시에 변성된 난백 단백질이 분산된 공기를 둘러싸 막을 형성함으로써 안정한 상태가 된다. 맥주의 거품은 단백질, 펩타이드 및 호프의 성분 등이 기체와 액체의 계면에 흡착되어 있어 안정한 반면 사이다는 이러한 역할을 해줄 기포제가 없기 때문에 쉽게 거품이 꺼져버린다. 식품에서는 거품이 바람직한 경우도 있지만 두부 제조시에는 바람직하지 않으므로 기름과 같은 소포제를 사용하여 거품 생성을 방지하기도 한다.

2) 콜로이드 용액의 성질

콜로이드 용액은 콜로이드 입자의 크기에 따라 반투성, 브라운 운동, 흡착성, 틴달 현상 등의 특성이 있고 콜로이드 입자가 가지고 있는 전하에 의해 염석 및 응석의 성질을 나타낸다.

(1) 반투성

콜로이드를 이루는 입자의 크기로 인해 반투막을 통과하지 못한다. 이 성질을 이용하여 혼합물을 정제하는 투석을 할 수 있다.

(2) 브라운 운동

액체나 기체 내의 미립자가 불규칙적인 운동을 계속하는 브라운 운동을 함으로써 콜로이드 입자는 모든 방향으로 움직이고 분자들끼리 충돌하여 침전하지 않고 안정을 유지 할 수 있다.

(3) 틴달 현상

콜로이드 용액에 강한 빛을 비추면 콜로이드 입자가 빛을 산란시켜 빛이 지나는 통로가 보이는 틴달 현상이 있다. 용액 중의 분자나 이온에 의한 빛의 산란은 매우 작기 때문에 보통 용액과 콜로이드 용액의 구별이 가능해진다.

(4) 흡착성

콜로이드 용액을 형성하는 분산질은 분산질 이외의 용액 내에 존재하는 모든 이물질을 흡착하는 성질이 있다. 분산질은 미세하게 쪼개져 콜로이드 상태를 유지하고 있기 때문에 콜로이드 입자의 용적에 비해 분산매에 접하고 있는 표면적이 매우 크다. 그러므로 콜로이드 입자는 표면장력을 형성하여 흡착하려는 성질이 생기는데 콜로이드 용액의 이러한 성질은 조리 과정에서 흔히 이용된다. 예를 들어 국물 음식을 조리할 때 달걀을 풀어 넣으면 달걀이 응고되면서 국물 내의 이물질과 소금 입자를 흡착하여 탁했던 국물이 맑아지고 짠맛이 덜해진다.

(5) 침전

친수성 콜로이드 용액에 다량의 전해질을 넣으면 전해질에 의해 콜로이드 입자가 침전하게 된다. 친수성의 콜로이드 용액은 입자를 둘러싸고 있는 물분자에 의해 안정한 상태를 유지하고 있지만 다량의 전해질이 물분자와 결합하고 반대 전하를 중화시킴으로써 전하를 잃고 불안정해진 입자끼리 결합하여 침전하게 된다. 한편, 소수성 콜로이드 용액에서는 같은 전하를 지녀 서로 반발하는 힘이 있어 안정한 상태를 유지하나 다른 전하의 전해질을 가하면 중화되어 바로 결합, 침전하게 된다. 이러한 성질을 이용하여 두부나 치즈 등을 제조할 수 있다.

2. 식품의 텍스처

식품의 텍스처는 기계적 촉각, 경우에 따라서는 시각과 청각의 감각기관에 의해서도 감지할 수 있는 식품의 모든 물성학적 및 구조적 특성으로 정의할 수 있다. 더 구체적으로는 식품을 섭취하였을 때 구강 내에서 느끼는 감각으로 식품의 단단함, 점성, 탄성, 부착성, 응집성 등을 말한다. 식품의 텍스처는 식품 조직의 구조, 식품 분자 간의 결합 상태와 같은 물리적 요소에 영향을 받는다.

식품의 텍스처는 주관적인 측정 방법인 관능적인 방법과 객관적인 기계적 측정 결과를 종합하여 평가할 수 있다. 텍스처를 객관적으로 평가하는 기본적 특성은 압축(compression), 압출(extrusion), 침투(punction), 층밀림(shearing), 절단(cutting), 인장강도(tensile strength) 등으로 텍스트로미터(Textrometer), 리오미터(Rheometer) 등의 기기를 이용해서 측정한다. 텍스트로미터는 사람이 음식을 씹는 동작과 유사하게 만들어진 기기로 식품의 텍스처를 수치로 나타내어 종합적으로 평가할 수 있는데 텍스트로미터에 의해 나타나는 일반적인 텍스처 프로파일 분석(texture profile analysis, TPA)은 그림 6-4와 같으며, TPA에 사용되는 파라미터는 다음과 같다.

- 1차적 요소(primary parameter) : 견고성(hardness), 응집성(cohesiveness), 탄성(springiness), 부착성(adhesiveness)
- 2차적 요소(secondary parameter) : 파쇄성(fractuability), 씹힘성(chewiness), 검성(gumminess)

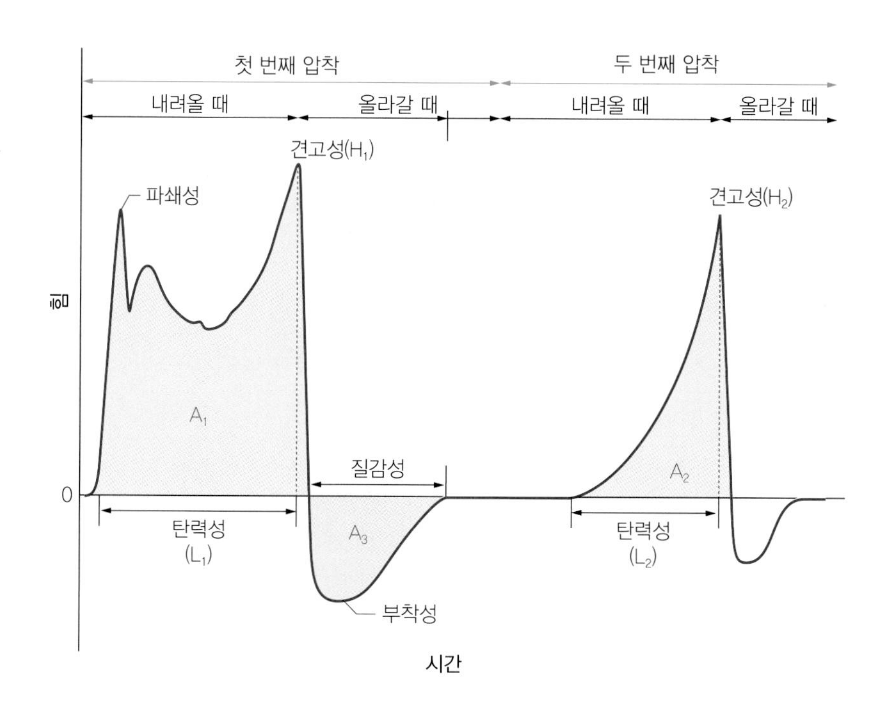

그림 6-4 텍스처 프로파일 분석 곡선

표 6-2 TPA에 의한 텍스처 특성의 정의와 분석 방법

특성	정의	분석 방법
견고성(hardness)	식품을 변형시키는 데 필요한 힘	첫 번째 압착시 나타나는 최대 피크(H_1)
응집성(cohesiveness)	원래 식품의 형태를 유지하려는 힘	첫 번째와 두 번째 압착시의 면적 비율 (A_2/A_1)
탄성(springiness)	변형된 식품이 원래 상태로 회복하려는 힘	첫 번째 그래프 시작점에서 피크까지의 시간/ 두 번째 그래프 시작점에서 피크까지의 시간 (L_2/L_1)
부착성(adhesiveness)	식품에서 탐침을 떼어내는 데 필요한 힘	처음 압착시에 나타나는 음의 면적(A_3)
파쇄성(fractuability)	식품을 파쇄하는 데 필요한 힘	처음 압착 곡선에서 유의적인 파쇄가 일어날 때의 힘
검성(gumminess)	반고체 식품을 삼킬 수 있는 상태로 만드는 데 필요한 힘	견고성 × 응집성
씹힘성(chewiness)	고체 식품을 삼킬 수 있는 상태로 만드는 데 필요한 힘	검성 × 탄성

3. 식품의 리올리지

리올리지(rheology)는 물질의 변형과 유동에 관한 과학이다. 그리스어로 흐름을 의미하는 리오스(rheos)에서 유래된 용어로 물질에 일정한 힘을 가할 때 생기는 변형이나 유동성을 해석함으로써 물질의 구조나 상태를 이해하는 학문 분야이다. 식품의 형태는 액체, 고체 또는 반고체 상태 등 여러 가지 형태를 가지고 있으며 이들이 나타내는 역학적 성질에 있어서도 액체가 나타내는 점성에서부터 고체가 나타내는 탄성, 이 두 가지의 성질이 어우러진 점탄성까지 다양하다.

식품의 리올로지 분야에서는 점성, 탄성, 소성, 점탄성 등의 역학적 특성을 주로 다루며 이러한 특성을 객관적으로 측정할 수 있는 기기들이 다양하게 개발되어 식품의 리올로지 측정이 용이해졌다.

1) 점성

점도(viscosity)는 액체에 힘을 가했을 때 그 힘에 대한 액체 흐름의 저항력을 말한다. 예를 들어 물을 휘저을 때와 물엿을 휘저을 때 같은 속도를 유지하기 위해서는 물엿 쪽에 더 많은 힘이 필요하게 된다. 이와 같이 용액에 의해 생기는 저항력을 점성이라고 한다. 물, 우유, 식초 등은 그릇에 따를 때 쉽게 흘러내리지만 꿀, 시럽 등은 잘 흘러내리지 않는 것처럼 액체 식품은 구성 성분과 농도에 따라 각기 점성이 다르다. 또한 온도와 압력 등에 따라서도 영향을 받는데, 굳은 꿀이나 물엿을 데우면 잘 흐르는 것처럼 온도가 높으면 점성이 감소하고 압력이 높으면 증가한다.

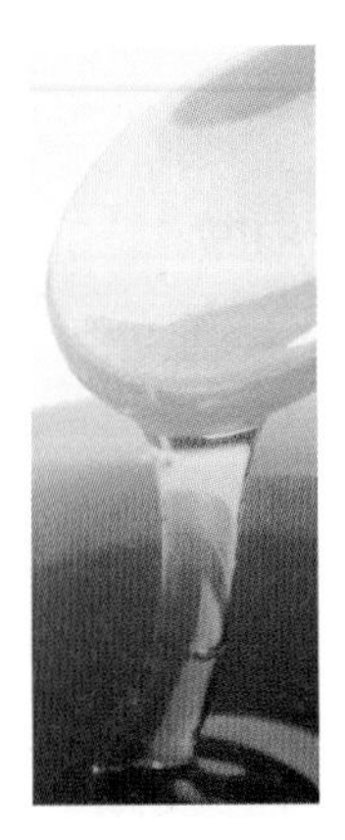

그림 6-5 식품의 점성과 탄성

2) 탄성

고체에 힘을 가했을 때 변형이 생기고 그 힘을 제거하면 다시 원상태로 되돌아가는 성질을 탄성(elasticity)이라 한다. 고무줄이나 용수철을 손으로 늘였다가 놓으면 원상태로 돌아가는 것이 탄성의 대표적 예이다. 식품계에서 이상적인 탄성체는 없으나 탄성의 특성을 볼 수 있는 것으로 곤약이 있으며 묵, 젤라틴 젤, 한천 젤 등도 약하지만 탄성의 특성을 보인다. 이러한 식품의 탄성을 기계적인 방법으로 측정하여 탄성과 관능검사와의 관계 등을 알아볼 수 있다.

3) 소성

소성(plasticity)은 외부 힘의 작용을 받아 변형된 후 그 힘을 제거해도 원상태로 돌아가지 않는 성질이다. 소성이 큰 식품으로 실온의 버터, 마가린과 쇼트닝, 충분히 거품 낸 생크림 등을 예로 들 수 있는데 이들은 스푼으로 쉽게 뜰 수 있을 뿐 아니라 그 형태를 지속적으로 유지한다. 소성은 유지의 펴짐성(spreadability)에 영향을 준다. 예를 들어 냉장고에서 방금 꺼낸 버터는 빵에 잘 발라지지 않지만 피넛버터나 마가린은 쉽게 바를 수 있는데 이는 마가린이나 피넛버터는 버터에 비해 소성이 크기 때문이다. 쿠키나 페이스트리, 이외의 제과 제빵 제품을 만들 때에는 쇼트닝 같은 소성이 큰 식물성 경화유를 많이 사용한다.

거품 낸 생크림처럼 외부에서 작은 힘이 작용할 때는 탄성을 나타내나 큰 힘을 작용시키면 소성을 나타내는 경우도 있다. 이와 같은 경우 탄성에서 소성으로 변화하는 한계점의 힘을 항복치(yield strength)라 하고 이때의 소성을 빙햄(Bingham)소성이라고 한다.

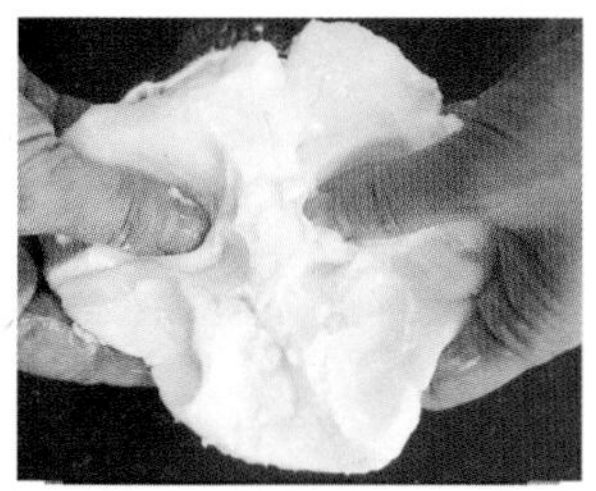

마가린의 소성

휘핑크림의 소성

그림 6-6 식품의 소성

자료 : 저자 촬영

4) 점탄성

외부에서 힘을 작용시킬 때 점성 유동과 탄성 변형을 동시에 갖는 식품들이 많다. 이와 같이 점성 유동과 탄성 변형을 동시에 나타내는 복잡한 성질을 점탄성(visco-elasticity)이라고 한다. 점탄성을 나타내는 식품으로 빵 반죽, 젤리, 껌(chewing gum) 등을 들 수 있다. 점탄성은 온도의 변화, 시간 등에도 관계가 있다. 예를 들어 엿가락을 구부릴 때 온도가 낮으면 끊어지지만 온도가 높으면 점탄성을 나타낸다. 또한 빨리 구부리면 끊어지나 서서히 구부리면 끊어지지 않는다.

사이코리올리지(psychorheology)

심리학자인 슐리반(Sullivan)은 인간의 역학적 감각과 온도감각에 대한 실험을 하였다. 실험자의 눈을 가린 후 온도가 다른 물을 손으로 만지게 하여 촉감에 의한 느낌을 표현하게 하였다. 그 결과 0℃의 물은 반쯤 녹은 눈과 같고, 10℃의 것은 수은과 같으며, 15℃의 것은 젤라틴, 25℃의 것은 물, 38℃의 것은 기름과 같이 느껴졌다고 하였다. 이 같은 실험에서 낮은 온도의 물은 손끝의 피부를 조이는 듯한 느낌을 주기 때문에 눈처럼 차고 수은처럼 무겁게 느껴지며, 높은 온도의 물은 따뜻하기 때문에 점성이 있는 기름과 같은 촉감을 느끼는 것으로 보인다. 이처럼 보통 사람들은 그의 심리적인 배경 때문에 액체의 점성감각과 온도감각을 혼동하기 쉽다. 사람의 역학적 감각을 실험심리학의 입장에서 연구하는 리올리지 분야를 사이코리올리지라고 하며, 식품의 리올리지와 소비자의 선택 사이의 관계에 적용할 수 있다.

chapter 7

식품 성분의 변화

1. 탄수화물의 변화

1) 설탕

(1) 설탕의 용융과 캐러멜

설탕 용액을 계속 가열하면 농축되고 비등점이 상승하다가 마지막에는 수분이 모두 증발된 상태가 되는데 이때 남아 있는 물질은 설탕이 용융된 것이다. 설탕의 융점은 160℃이며 설탕을 타지 않도록 두꺼운 냄비에 담고 낮은 온도로 계속 저으며 가열하면 일정 온도에 도달하여 갑자기 녹아 액체로 변한다. 이 액체를 그대로 두면 투명한 비결정체의 고체가 된다. 녹은 설탕을 계속 가열하면 캐러멜화하는데 캐러멜화는 설탕이 가열 중 분해되면서 생성된 분해산물들이 상호작용하여 색소를 만드는 것이며, 캐러멜은 갈색과 독특한 방향을 가지므로 가공식품에 첨가제로 사용된다.

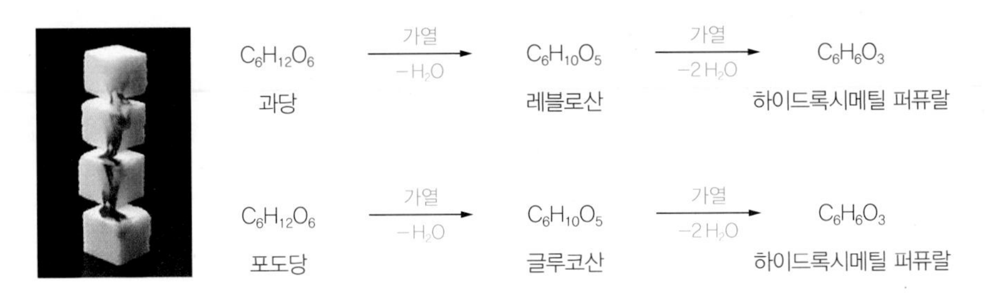

그림 7-1 설탕의 캐러멜화

(2) 결정화

과포화 당용액으로 시럽, 캔디 등을 제조할 때 결정이 형성되는 것을 볼 수 있다. 결정 형성(crystalization)은 용질의 성질, 용액의 농도, 저어주는 정도, 용액의 순도 등에 따라 차이가 있으며 전화당이나 시럽, 꿀, 유지 등의 재료를 첨가하면 결정 형성이 방해되기도 한다.

그림 7-2 설탕의 결정화

솜사탕

설탕을 녹인 용액을 원심기로 회전시키면서 작은 구멍으로 밀어 내면 바깥 공기에 닿아서 흰 결정이 되면서 섬유 모양이 된다. 이것을 소독저에 감아 솜 모양의 과자로 만든다.

(3) 산화와 환원

당류의 알데하이드 그룹(R-COH)이 산화되면 단맛이 없어지고 알데하이드는 산(HO-C=O)으로 변화한다.

포도당 (R-COH) + 산소 → 글루쿠론산 (glucuronic acid)

또한 환원당의 카보닐 그룹(-C=O)은 환원되어 당알코올을 형성하는데 이 당알코올들은 대개 단맛이 있다.

포도당 + 수소 → 솔비톨

과　당 + 수소 → 마니톨

맥아당 + 수소 → 말티톨

당알코올에 대한 내용은 8장에서 자세히 설명하기로 한다.

(4) 가수분해

이당류는 산에 의해 가수분해되는데 설탕이 가장 쉽게 분해되며 유당이나 맥아당은 서서히 분해된다. 반면 단당류는 산의 영향을 받지 않는다. 가수분해의 정도는 산의 종류와 농도, 가열시간, 가열속도에 따라 다르며 강산은 당류를 캐러멜 물질로 변화시킨다. 설탕은 또한 전화효소(invertase)에 의해 가수분해되어 전화당(invert sugar)이 되며 식품공업에서 캔디 제조시 효소를 사용하여 당의 결정화를 방지하기도 한다. 당류가 효모나 세균이 분비하는 효소에 의해 분해되어 CO_2, 알코올, 산을 생성되는 과정을 발효라고 한다.

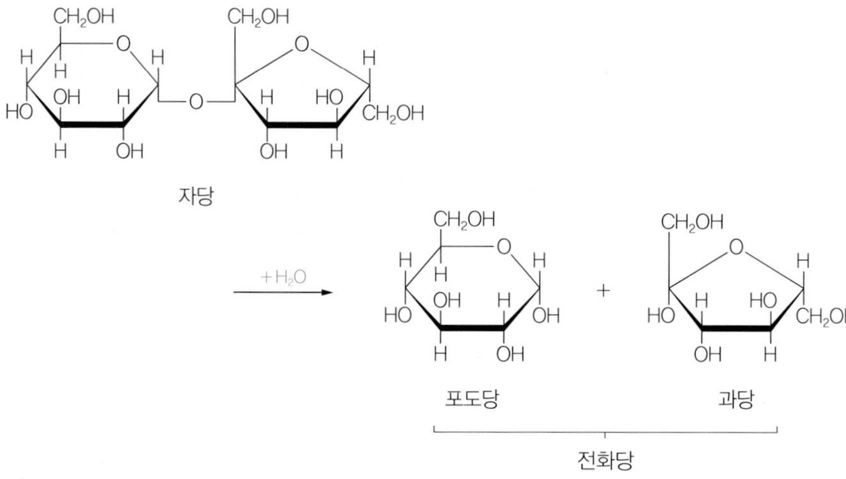

자당

$+H_2O$

포도당

과당

전화당

그림 7-3 전화당의 형성

전분을 분해하면 다양한 분자량을 가진 덱스트린이 형성되며 계속 진행되면 올리고당과 맥아당이 된 후 단당류인 포도당으로 분해된다. 전분을 분해하는 효소로는 α-아밀레이스(α-amylase), β-아밀레이스(β-amylase), 글루코아밀레이스(glucoamylase)가 있다.

표 7-1 전분 분해 효소

효소	작용	분포
α-아밀레이스 (액화효소)	아밀로스 내부의 α-1,4 결합을 무작위로 가수분해. 분지점인 α-1,6 결합을 분해하지 못하고 뛰어넘어 α-1,4 결합을 절단하므로 전분 용액의 급속한 점도 감소	타액, 췌장액, 발아 중인 종자 등
β-아밀레이스 (당화효소)	전분의 비환원성 말단에서부터 아밀로스 내부의 α-1,4 결합을 맥아당 단위로 가수분해. α-1,6 결합에 가까운 2~3개의 포도당을 남기고 작용이 정지되며 맥아당 단위로 가수분해하므로 단맛이 증가	감자류, 콩류, 엿기름, 타액 등
글루코아밀레이스	전분의 비환원성 말단에서부터 α-1,4와 α-1,6 결합에도 작용하며 포도당 단위로 분해. 전분을 완전히 포도당까지 분해	곰팡이류, 효모류, 간 조직 등

2) 전분

(1) 전분의 호화

전분에 물을 넣고 가열하면 전분 입자가 물을 흡수하여 팽윤되고 결정성 영역이 붕괴되면서 점도와 투명도가 증가하고 반투명의 콜로이드 상태가 되는데, 이러한 전분의 상태를 호화(gelatinization)라고 한다.

전분 입자를 물에 분산시키면 구조의 변화 없이 일정량의 물을 흡수하여 팽윤하고 이것을 건조시키면 원래 상태로 되돌아가는데 이는 전분 입자의 비결정 영역에만 물이 침투하고 치밀한 구조의 결정성 영역에는 수분이 침투하지 못하기 때문이다. 전분을 호화시키기 위해 팽윤된 전분을 60~65℃ 이상으로 온도를 높이면 입자의 구조가 원래 상태로 되돌아가지 못할 정도로 크게 팽윤하게 되고 70~75℃가 되면 전분 입자의 형태가 없어지고 85~95℃ 정도에서 최고의 점도를 나타낸다. 호화를 일으키는 것은 전분 분자의 수소결합이 열에 약해지기 때문이며 호화가 일어나게 되면 입자 내에 분자의 재배열이 일어나 결정체로서의 구조가 깨진다. 이렇게 배열 상태가 파괴된 호화전분을 α-전분이라고 하며 X-선 회절도에 의하여 구별된다.

표 7-2 전분의 호화에 영향을 주는 요인

조건	호화 양상
전분 종류	전분의 입자가 클수록 빠른 시간 내에 호화(입자가 큰 감자전분이 쌀이나 밀전분보다 빠른 호화)
가열온도	가열하는 온도가 높을수록 단시간에 호화되며 점도가 높음
pH	산에 의해 점도가 낮아지고 호화가 잘 안 됨(전분 입자의 분해) 알칼리에 의해 호화가 촉진됨(전분의 팽윤 촉진)
설탕	낮은 농도에서는 큰 차이 없으며 당 농도가 높을 때는 전분 입자와 경쟁적인 수화로 점도는 대단히 낮아지며 호화 온도는 상승
유지	전분의 수화를 지연시키고 점도의 증가 속도를 늦춤(아밀로스의 나선구조 내에 포접 화합물을 형성)
염류	염류는 수소결합에 영향을 주므로 대부분의 염류는 전분의 호화를 촉진시킨다(예외 : 황산염의 경우는 호화를 억제)

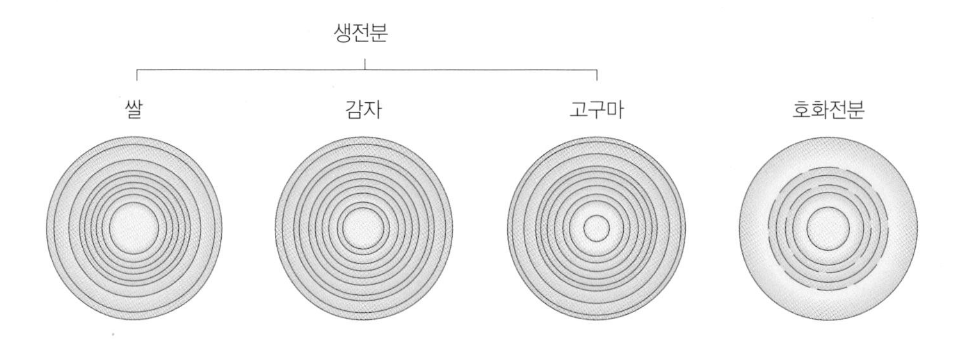

그림 7-4 생전분과 호화전분의 x-선 회절도

(2) 전분의 젤화

전분이 호화되면 풀(paste)처럼 유동성과 점성이 있고 이것을 식히면 유동성이 없는 젤(gel) 상태로 변하게 된다. 호화 과정에서 전분 입자로부터 빠져나온 아밀로스들이 수소결합으로 연결되어 3차원의 망상구조를 이루게 되고 그 구조 내부에 물이 갇히게 되어 부드러운 반고체 상태인 전분 젤이 형성되는 것이다. 전분 젤은 주로 아밀로스에 의해 형성되므로 아밀로펙틴만을 함유하고 있는 찰 전분의 경우 젤이 잘 형성되지 않는다. 또한 전분의 종류마다 젤의 강도, 투명도, 탄성 등에 차이가 있다. 녹두, 메밀, 도토리 전분 젤은 탄성이 뛰어나 형태를 잘 유지하는 질감 특성을 보이므로 묵으로 이용되어 왔다.

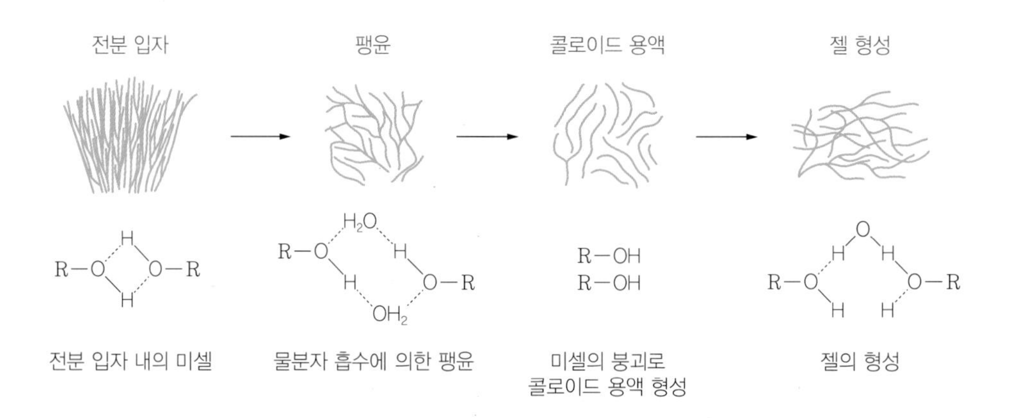

그림 7-5 전분 현탁액의 호화와 젤 형성 과정

(3) 전분의 노화

호화된 전분을 그대로 방치하면 인접한 전분 분자들이 수소결합을 하여 부분적으로 다시 결정구조를 형성하게 되는데 이를 노화(retrogradation)라고 한다. 노화가 되면 투명도가 저하되고, 젤의 망상구조도 늘어져 수분이 빠져나오며 효소에 의한 분해가 저하되어 전분식품의 품질저하를 가져온다. 탄력 있고 부드러운 빵이 굳어지고 찰지고 촉촉하던 밥이 부슬부슬한 상태로 변화하는 것은 바로 이들 식품의 전분이 노화되었기 때문이다.

표 7-3 전분의 노화에 영향을 주는 조건

조건	노화 양상
전분 종류	• 전분의 입자가 작을수록 빠른 시간 내에 호화 • 아밀로스 분자는 입체장해가 없으므로 노화되기 쉬움
온도	• 0~5℃의 냉장온도에서 노화가 가장 잘 일어남 • 60℃ 이상, -2℃ 이하에서는 분자 상호 간에 수소결합이 형성되기 어렵기 때문에 노화가 잘 일어나지 않음
pH	• 산성에서 노화 촉진, 알칼리성에서 노화 억제
설탕	• 첨가시 노화 방지
염류	• 무기염류는 노화 억제, 황산염은 노화 촉진
수분	• 전분액의 수분함량이 30~60%에서 노화가 잘 일어남. 수분이 10% 이하이거나 60% 이상이면 호화된 전분 중의 아밀로스 분자들의 회합이 억제되므로 노화가 잘 일어나지 않음

(4) 전분의 호정화

전분을 160~170℃의 건열로 가열하면 여러 단계의 전분을 거쳐 덱스트린으로 분해되는데 이러한 변화를 호정화(dextrinization)라고 한다. 생전분의 호화는 물리적 상태의 변화이나 호정화는 화학적 분해가 일어난 것으로 용해성이 높아지고, 효소작용도 받기 쉬우며 점성이 낮아진다. 건조한 열로 생성된 덱스트린을 피로덱스트린(pyrodextrin)이라 한다. 덱스트린이 생성되면 약간 씁쓸한 맛과 갈색이 된다. 구운 빵의 표면이나 볶은 가루에 일어나는 현상이다.

전분

건조
가열

덱스트린

그림 7-6 전분의 호정화

(5) 변성전분

식품에 사용되는 전분의 기능성은 전분의 물리·화학적 구조에 따라 달라진다. 천연전분을 식품가공에 이용하는 데는 한계가 있기 때문에 원하는 특성을 얻기 위하여 전분을 물리적, 화학적, 효소적으로 처리하여 변성전분(modified starch)을 만들어 식품산업에 다양하게 활용한다. 일반적으로 가수분해, 교차결합(cross linking), 치환 등의 방법을 사용하여 가열시 점성이 너무 높고 냉각시에는 빨리 젤이 형성되기 때문에 사용에 제한이 많은 전분을 적절히 개량하여 사용하는 것이다. 찰옥수수 전분은 아밀로펙틴만으로 구성되어 있어서 과일 파이에 농후제로 사용되는데, 부드럽고 걸쭉하면서도 굳어지지 않는 좋은 점이 있는 반면 질감이 끈적거린다는 바람직하지 못한 특성이 있다. 여기에 교차결합을 위한 화학

반고형 요거트

3분 카레

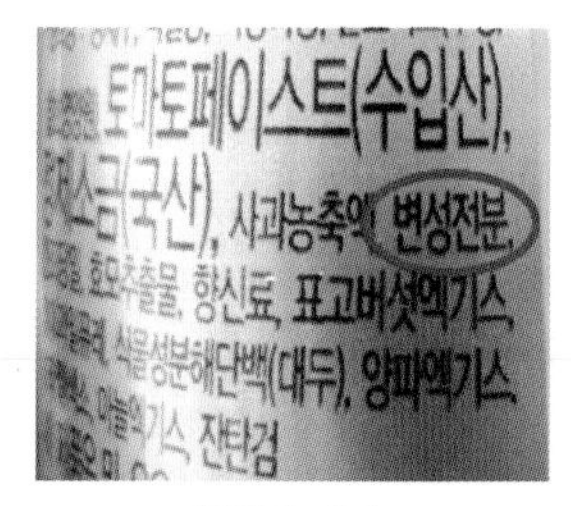

돈까스 소스

그림 7-7 가공식품에서 변성전분의 사용

적 처리를 하면 전분은 굳어지지 않는 특성을 그대로 지니면서도 끈적거리지는 않게 된다. 또한 가열, 냉동에 더욱 안정해지므로 냉동 과일 파이에는 이상적인 농후제가 된다.

2. 지질의 변화

1) 경화

액체 기름에 수소를 첨가하면 이중결합이 있는 위치에서 반응이 일어나 융점이 높아지고 반고체나 고체 상태의 지방이 되는데 이를 경화라 한다. 이를 이용하여 제조된 유지를 경화유라 하며, 옥수수유와 같은 식물성유로부터 제조된 고체의 쇼트닝이나 마가린을 예로 들 수 있다. 이때 모든 지방산이 수소와 반응을 하는 것은 아니며, 이중결합이 많은 지방산의 경우 더 빠른 속도로 수소 첨가 반응이 일어난다. 수소 첨가에 의해 포화지방산 함량이 높아지지만 반응 과정을 조절하여 불포화지방산 함량이 높은 경화유를 제조할 수 있다.

한편 경화 과정에서는 불포화지방산이 포화지방산으로 되는 것 이외에 이중결합의 위치가 변하거나 *cis*-지방산이 *trans*-지방산으로 변하는 것을 볼 수 있으며(그림 7-8), 이에 따라 물리 화학적 성질이 달라진다. 예를 들어 *trans*-지방산인 엘라이드산은 올레산보다 융점이 높다.

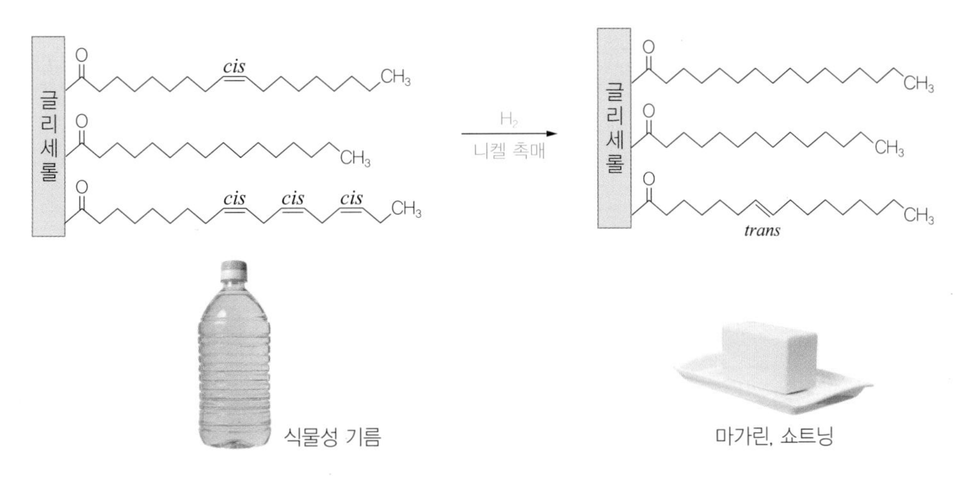

그림 7-8 유지의 경화 과정

튀김 음식에서 경화유의 사용

유지나 유지식품의 불포화지방산 함량이 높은 경우 산화가 빨리 진행된다. 반면 이중결합에 수소를 첨가하여 포화지방으로 만든 경화유의 경우 산화 속도가 늦어진다. 그러므로 지방 함량이 높은 음식의 산화 안정성을 높이기 위해 시중에서 판매되는 도넛이나 치킨 등의 튀김 음식 제조시 쇼트닝과 같은 경화유를 사용해 왔다. 그러나 경화 과정에서 형성되는 *trans*-지방이 인체에 해로울 수 있다는 사실이 알려지면서 *trans*-지방을 함유한 경화유 대신 식물성 기름을 사용하는 추세이다.

2) 유화

물과 기름은 서로 섞일 수 없다. 그러나 물과 결합하는 친수성기와 기름과 결합할 수 있는 친유성기를 동시에 갖고 있는 물질, 즉 유화제를 넣어주면 유화제가 기름 입자의 표면을 둘러싸서 작은 입자끼리의 결합을 방지할 뿐만 아니라 기름 입자와도 결합하고 물과도 결합하여 물과 기름은 서로 섞이게 된다. 이와 같이 서로 섞이지 않는 두 가지 액체물질을 혼합된 상태로 만드는 과정을 유화라 한다. 난황에 함유된 레시틴이나 난백의 단백질은 식품의 조리 과정에서 흔히 사용되는 유화제의 예이다.

유화액에는 우유, 생크림, 버터, 난황 등과 같이 지방구가 미세하여 자연적으로 유화상태를 이룬 식품도 있고, 유화제와 함께 기름과 물을 혼합하여 세차게 흔들거나 저어주어 인공적으로 유화액을 만들어 주는 경우도 있다. 이와 같이 유화 상태를 인위적으로 만들어 이용하는 식품에는 마요네즈나 기타 샐러드 드레싱, 소스, 크림수프 등이 있다.

유화액에는 그림 7-9에서 보는 바와 같이 물에 기름 입자가 분산되어 있는 수중유적

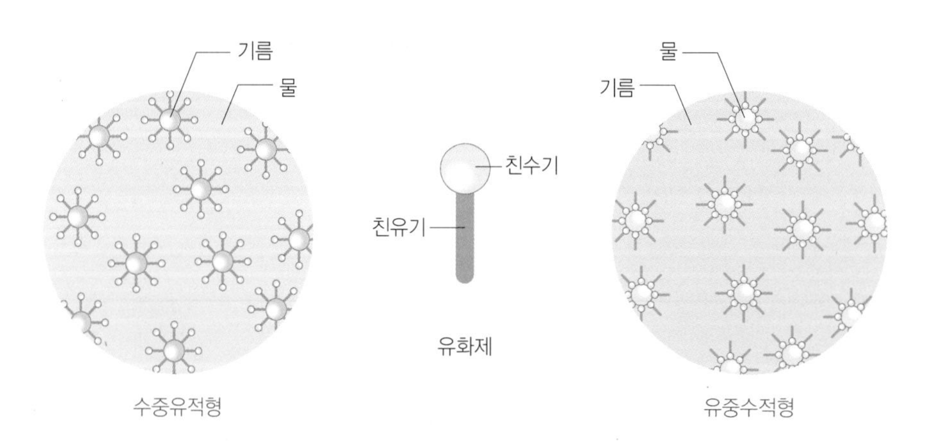

그림 7-9 유화액의 종류

형(oil in water, O/W형)과 이와는 반대로 기름에 물 입자가 분산되어 존재하는 유중수적형(water in oil, W/O형)이 있다. 버터와 마가린 등은 유중수적형, 마요네즈, 우유 등은 수중유적형의 대표적인 예이다.

3) 가열에 의한 변화

유지는 제과, 제빵, 볶음, 전, 튀김 등 조리 과정에서 매우 다양한 용도로 쓰인다. 특히 식물성 유지는 물에 비해 끓는 온도가 높아 단시간 내에 열을 전달하는 효율적인 열 전달매체로서 역할을 한다. 하지만 한편으로 가열하는 동안 유지의 품질 변화가 일어난다. 일상적인 조건에서 과자를 굽는 경우 가열에 의한 유지의 변화는 식품의 품질에 큰 영향을 미치지 않는 것으로 알려져 있다. 그러나 튀김 음식처럼 177~232℃의 고온에서 오랜 시간 가열하거나 여러 번 반복 사용하는 경우 가열 중합이나 가수분해 반응 등에 따른 물리·화학적 변화를 초래한다.

유지를 가열하면 불포화지방산 함량이 높은 경우 이중결합이 있는 부분에서 중합반응이 일어나고, 따라서 요오드가가 감소한다. 또한 중합에 의해 거품을 형성하거나 색이 짙어지고 점도가 증가한다. 이렇게 조리된 음식을 먹었을 때 소화율이 낮거나 독성을 나타낼 수도 있다.

또한 가열에 의한 유지의 가수분해 반응도 일어난다. 유지가 유리지방산과 글리세롤로 분해됨으로써 유리지방산 함량이 증가하며, 계속해서 분해되면 알데하이드, 케톤, 아크롤레인 등의 휘발성 물질이 생성되어 향미가 나빠진다. 특히 반복 사용한 기름으로 튀김을 하는 경우 연기가 나고 코를 찌르는 냄새가 날 수 있다. 이는 유지의 가열 분해 과정에서 유리된 글리세롤로부터 휘발성의 아크롤레인이 생성되었기 때문이다.

4) 유지의 산패

튀김 음식 등 유지를 많이 함유하고 있는 식품이나 기름을 오랫동안 실온에 두면 끈적끈적해지면서 좋지 않은 냄새가 난다. 이와 같이 유지식품을 저장·가공·조리하는 동안 비정상적인 불쾌한 맛과 냄새가 생겨 품질이 저하되는 현상을 산패라 하며, 이는 대표적인 식품 성분 변화의 하나이다.

지방을 함유한 식품이라면 그 함량이 적을지라도 산패가 일어나기 쉽다. 특히 과자류, 우유, 달걀, 치즈, 고체나 액체의 각종 유지, 샐러드드레싱, 견과류, 육류, 생선, 말린 채소류, 심지어는 냉동 채소류에서도 산패가 일어나 이취의 원인이 될 수 있다. 유지의 산패는 외부로부터 냄새 흡수, 미생물의 작용, 효소의 작용 또는 산소와의 반응 등 여러 가지 원인에 의해 일어나는 것으로 알려져 있다. 여기에서는 가수분해에 의한 산패와 산화에 의한 산패에 대해 설명하기로 한다.

(1) 가수분해에 의한 산패

가수분해에 의한 산패는 유지가 수분과 반응하여 화학적으로, 또는 라이페이스(lipase)와 같은 효소의 작용으로 중성지방이 유리지방산과 글리세롤로 가수분해되어 일어나는 경우이다. 가수분해에 의한 산패의 영향은 유지의 구성 성분에 따라 다르며, 유지나 지방질 식품의 품질을 저하시키는 물리적·화학적인 변화의 직접 또는 간접적인 원인이 된다.

단사슬지방산인 뷰티르산, 카프로산은 실온에서도 휘발성을 지닌다. 따라서 이들 지방산 함량이 높은 우유나 낙농제품에서는 가수분해에 의한 산패 결과 비정상적인 냄새나 맛을 줄 수 있다. 그러나 치즈를 만들 때 발효 과정에서 생성된 단사슬지방산은 이들 제품에 독특한 향미를 부여한다. 한편 장사슬지방산은 산화가 함께 일어나지 않는 한 이러한 향미 변화를 초래하지는 않는다. 라이페이스는 식물 조직에 널리 존재하여 지방 분해에 따른 변질을 초래하지만 가열에 의해 불활성화되므로 조리·가공 과정에서 효소를 불활성화시킬 만큼 높은 온도로 가열된 식품에서는 가수분해에 의한 산패는 일어나지 않는다.

(2) 산화에 의한 산패

산화적 산패는 유지식품의 변질에 있어 가장 큰 원인이 되며, 유지의 구성 성분이 공기 중의 산소를 흡수하여 일어나는 자동산화(autoxidation)와 리폭시제네이스(lipoxigenase) 작용에 의한 효소적 산화가 있다.

① 자동 산화

유지를 저장하는 동안 공기 중의 산소를 흡수하여 산패가 일어나는데 이를 자동산화라 한다. 유지식품과 공기의 접촉을 완전히 차단하는 것은 특별한 경우를 제외하고는 불가능하므로 자동산화는 일상에서 흔히 볼 수 있는 현상이다.

유지나 지방질 식품이 공기 중의 산소와 접촉하면 흡수된 산소와 유지를 구성하고 있는 불포화지방산 사이에서 반응이 일어나 과산화물을 형성한다. 과산화물은 분해되어 산, 알코올, 알데하이드, 케톤 등의 작은 분자로 분해되며 이들 생성물로 인해 산패취가 나게 된다. 산패가 계속 진행되면 유지의 점도가 증가하며, 이로 인해 유지의 체내 흡수가 어려워 영양적 가치가 감소된다. 산패 정도가 심한 경우 인체에 유해한 유독성의 카보닐 화합물이 형성될 수도 있으므로 산패취가 심하게 나는 유지식품의 섭취는 삼가야 한다.

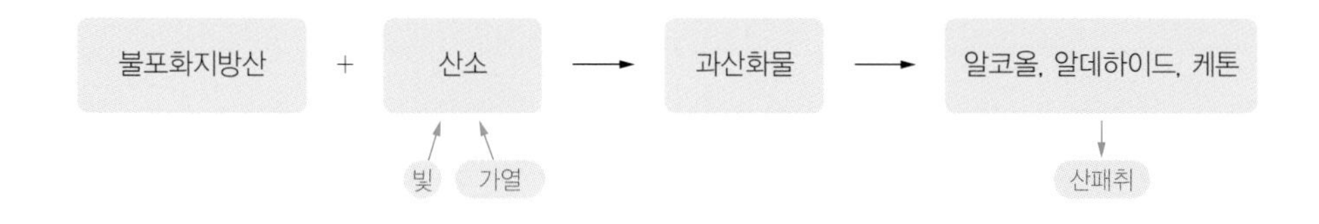

유지의 산소 흡수 속도는 유지를 구성하고 있는 지방산의 불포화도에 따라 달라진다. 올레산, 리놀레산, 리놀렌산의 자동산화 정도를 비교했을 때 1 : 12 : 25의 비율로 리놀렌산은 자동산화가 쉽게 일어난다. 이는 자동산화의 초기 반응에서 이중결합이 있는 옆의 탄소에 결합된 수소가 빠져나가기 때문이다. 아라키돈산, EPA, DHA 등의 다불포화지방산도 두 개의 이중결합 사이에 끼어 있는 활성 메틸렌기가 많아서 산화되기 쉽다. 또한 빛이나 가열은 산소와의 반응을 촉진한다. 그러므로 리놀렌산 등의 다불포화지방산 함량이 높은 들기름, 대두유 등 식물성 기름은 빛을 차단할 수 있는 용기에 담아 온도가 낮은 곳에 보관해야 한다.

구리, 철 등의 금속이온이 존재하는 경우 자동산화 초기의 자유라디칼 형성을 촉진하므로 다음 단계인 연쇄반응이 활발하게 일어나게 된다. 수분함량은 식품에 따라 다른 영향을 주는데 수분활성도(a_w) 0.3 이하에서는 단분자층을 형성하는 수분의 양보다도 적으므로 산패가 촉진된다. 예를 들어 시리얼은 수분함량이 낮아 바삭한 질감을 주지만 이로 인해 산패가 일어날 수 있다.

조리된 육류를 냉장 보관하였다가 재가열하는 경우 산화에 의한 산패가 일어나 불쾌한 가열 산패취(warmed over flavor)가 난다. 가열 산패취는 육류 가열시 철 함유 단백질인 마이오글로빈이나 헤모글로빈으로부터 철이 떨어져 나오고, 유리된 철이 지방의 산화반응을 촉진하여 일어난다. 인지질 함량이 높은 육류나 불포화지방산 함량이 높은 경우 가열 산패가 쉽게 일어난다. 소고기보다 불포화지방산 함량이 높은 돼지고기나 닭고기는 재가열시 산패반응이 빨리 일어나 불쾌한 냄새를 주며, 전자레인지를 이용하는 경우 이의 발생이 적다.

② 효소적 산화

리폭시제네이스는 대두, 완두, 오이, 토마토 등의 식물성 식품과 동물성 식품에 존재하고 있으며, 다음과 같이 불포화지방산으로부터 과산화물(하이드로퍼록사이드, hydroperoxide)을 생성하여 유지의 산패를 초래한다.

지방산 + O_2 —(리폭시제네이스)→ 지방산 과산화물

자동산화에서는 연쇄반응에 의해 과산화물을 형성하여 산패를 초래하지만 리폭시제네이스는 일반적인 효소반응에서처럼 기질 특이성을 지니며, 온도, pH 등의 영향을 받아 작용한다. 리폭시제네이스는 *cis*-*cis*-1,4-펜타디엔(pentadiene, $-CH{=}CH-CH_2-CH{=}CH-$) 구조를 갖는 리놀레산, 리놀렌산과 아라키돈산에 작용하여 과산화물 생성을 촉진한다.

③ 유지의 산패 방지

유지의 종류에 따라 차이는 있지만 일반적으로 초기에는 산화 속도가 매우 느리다. 하지만 일정 기간이 지나면 급격하게 산화 속도가 증가한다. 유지의 산패에 관여하는

주요 환경적 요인은 공기 중의 산소, 빛, 온도 등이다. 따라서 산패를 지연시키기 위해서는 먼저 공기 중의 산소를 차단하여야 한다. 액체 식용유의 경우 투명한 용기보다는 갈색병에 담아 마개를 꼭 닫은 다음 어둡고 서늘한 곳에 보관해야 한다. 식물성 기름에 들어 있는 천연 토코페롤이나 참기름에 들어 있는 세사몰, 대두유, 옥수수유 등을 제조할 때 부산물로 얻어지는 레시틴류는 항산화 작용을 지닌다. 버터나 마가린의 고체 지방은 잘 싸서 냉장 온도에 보관하는 것이 좋다. 시판 식용유나 유지식품에는 식품첨가물로 BHA(butylated hydroxyanisol), BHT(butylated hydroxytoluene), PG(propyl gallate), EP(ethyl protocatechuate) 등의 합성 항산화제를 첨가하여 산패를 억제한다.

유지의 보관

버터는 냉동실에 몇 개월 동안 보관할 수 있지만 마가린은 유화 상태가 깨져서 분리될 수 있으므로 냉장실에 보관해야 한다. 식용유도 오래 두고 사용하려면 냉장 온도에서 보관하는 것이 좋다. 특히 버진 올리브유나 참기름, 들기름과 같이 정제하지 않은 식용유의 경우 다불포화지방산이 산패되기 쉬우므로 일단 개봉한 후에는 냉장고에 두어야 하며, 6개월 이내에 사용하는 것이 좋다. 올리브유나 참기름을 냉장고에 보관한 경우 사진에서 보는 것처럼 부분적으로 뿌옇게 된 것을 볼 수 있다. 이는 일부 지방산이 낮은 온도에서 고체화되어 일어나는 현상으로 실온에 꺼내 두면 다시 녹아 액체 상태로 돌아간다.

3. 단백질의 변화 및 단백질 식품

1) 단백질의 변화

(1) 변성

단백질은 열, 동결, 초음파, 교반, 압력, 자외선, 방사선 등의 물리적인 작용과 중금속류, 유기 용매류, 유기 시약류 등의 화학적인 작용 및 효소에 의하여 변성된다. 천연 단백질은 수소결합, -S-S 결합, 이온결합, 소수성 결합 등에 의하여 폴리펩타이드 사슬이 서로 연결되어 특정한 분자 형태가 유지되고 있으나 그 형태를 유지하고 있는 결합들이 끊어지면 폴리펩타이드 사슬이 풀어져서 혼란스러운 상태로 된다. 이와 같이 단백질이 공간 구조에 변화를 받아 그 화학적, 물리적, 생물학적인 성질이 천연의 것과 다른 상태로 되는 현상을 변성(denaturation)이라 한다.

살아 있는 생물체에 내재된 단백질은 각 세포의 기능에 대하여 특별한 성질을 가지고 있으나 변성되면 그 특성을 잃게 되고 효소 단백질은 기능을 상실하게 된다. 일반적으로 단백질이 변성되면 용해도가 감소되는 반면 점도는 증가하여 응고된다.

① 열

단백질 식품의 조리·가공에서 흔히 일어나는 것이 가열에 의한 변성이다. 단백질을 가열하여 변성되면 응고하는데, 변성이 일어나는 온도는 단백질의 종류와 조건에 따라 다르나 보통 60~70℃이다.

단백질 가운데 열변성이 일어나기 가장 쉬운 것은 가용성 단백질인 알부민(albumin)과 글로불린(globulin)이다. 예컨대 오브알부민(ovalbumin)이 주성분인 달걀흰자를 58℃로 가열하면 조금 혼탁해지고(응고 시작), 62~65℃에 이르면 유동성이 없어지며, 70℃에서는 거의 완전하게 응고된다(그림 7-10). 더욱 단단하게 응고하려면 80℃ 이상의 온도가 필요하다. 단백질이 열에 의하여 변성되면 굳은 것처럼 보여도 소화가 잘 되는데, 이는 원형을 이루고 있던 폴리펩타이드 사슬이 열에 의해 풀어져서 겹쳐져 있던 부분도 소화 효소의 작용을 받기 쉽게 되기 때문이다. 그러나 지나친 가열은 풀어진 구조를 다시 응집하게 하여 오히려 단백질의 소화를 방해한다. 가령 달걀흰자의 소화율과 성장 속도를 비교하여 보면 완숙 달걀이 반숙 달걀이나 생달걀보다 소화가 잘 안 되어

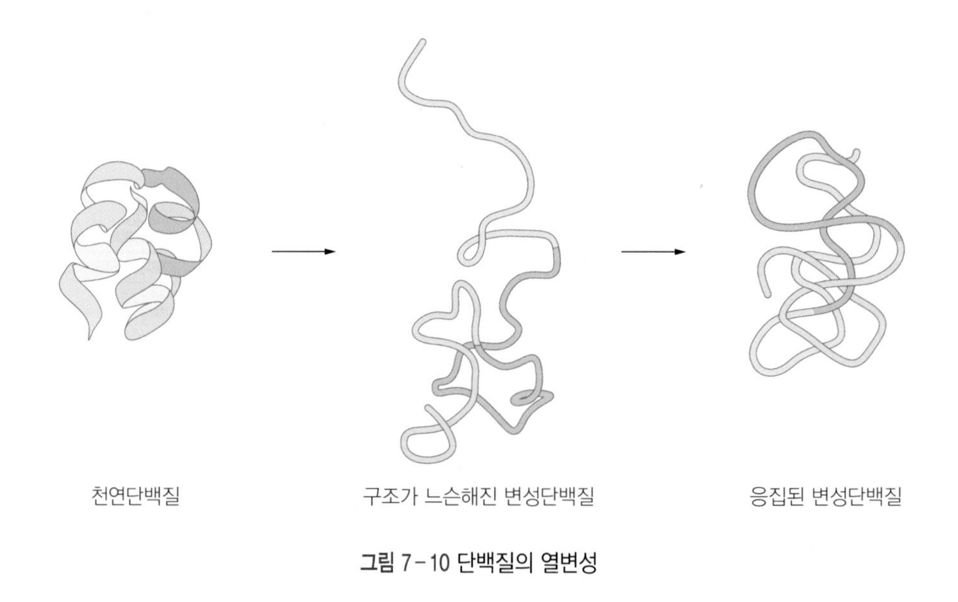

그림 7-10 단백질의 열변성

성장률이 좋지 않고 대변 중에 질소량이 많다.

열변성으로 응고된 단백질은 다시 용해되지 않는다. 그러나 결체 조직을 구성하는 불용성 단백질인 콜라젠처럼 가열로 인하여 변성되어 가용성 단백질인 젤라틴으로 되는 경우도 있다. 젤라틴은 뜨거운 물에 녹고 식히면 응고한다.

② 산·알칼리

단백질 용액에 산 혹은 알칼리를 첨가하여 pH를 변화시키면 단백질 분자의 (+), (−) 전하가 변하여 이온결합에 변화를 일으켜 단백질의 구조가 변하고 결국 단백질의 성질이 변한다. 일반적으로 등전점에서 단백질은 불안정하기 때문에 침전하기 쉽고 용해도, 삼투압, 점도, 표면장력 등은 최소가 되는 반면 기포성, 흡착성, 탁도는 최대가 된다.

우유에 산을 첨가하여 pH 4.6에 도달하면 카세인이 변성되어 침전하는데, 이와 같은 성질을 이용하여 요구르트, 치즈 등을 제조한다. 또한 생선의 육질을 단단하게 하기 위하여 레몬즙을 뿌리거나 수란을 만들 때 식초를 첨가하여 모양을 잡는 것도 단백질이 등전점에서 용해도가 감소되어 응고가 촉진되는 현상을 응용한 것이다.

③ 염

염의 농도에 따라 단백질의 용해도가 달라진다. 저농도의 중성염 용액에서는 단백질의 용해도가 증가하므로, 어묵을 만들 때 생선살에 적정량의 소금을 넣고 치대면 단백질이 염 용액에 녹아 점성이 높은 반죽을 형성한다. 반면 고농도의 중성염 용액에서는 단백질의 용해도가 감소하여 단백질이 침전한다. 두유에 간수($MgCl_2$, $CaSO_4$)를 첨가하여 두부를 제조하는 것은 이러한 성질을 이용한 것이다.

④ 효소

단백질은 효소작용에 의하여 변성된다. 우유 단백질의 약 80%를 차지하는 카세인은 구상의 카세인 미셀(micell)로 존재하며 칼슘, 인, 마그네슘, 구연산 등을 함유하고 있다. 미셀에서 α-카세인과 β-카세인은 칼슘이온(Ca^{2+})에 의해 응집하고 있으나 κ-카세인은 응집하지 않고 미셀표면에 존재하여 보존 콜로이드의 구실을 함으로써 미셀을 안정하게 유지한다(그림 7-11). 레닌(rennin)은 κ-카세인을 ρ-κ-casein과 당을 함유한 글리코마크로(gycomacro) 펩타이드로 분해하는데, 이 ρ-κ-casein이 Ca^{2+}과 결합하면 카세인 미셀은 불안정하여 응고·침전한다.

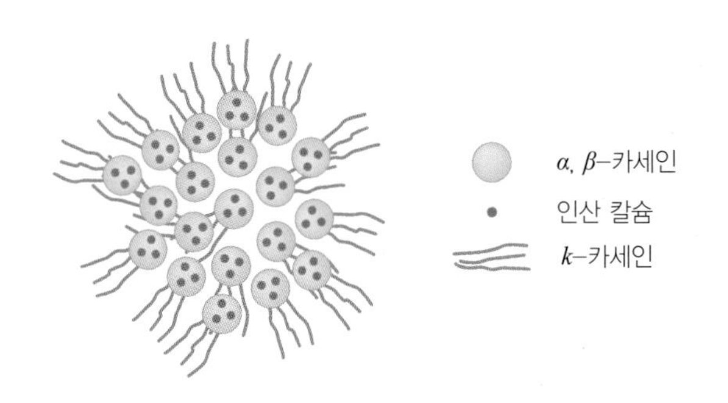

그림 7-11 카세인 미셀(micell)의 구조

⑤ 물리력

단백질은 거품(foam)을 형성하기도 하고 거품을 안정하게 유지하기도 한다. 단백질을 교반(whipping)하거나 공기를 주입하면 거품이 형성되는데, 기계적인 교반으로 인하여 표면장력이 감소하고 단백질의 3차 구조가 풀리면서 형성된 얇은 막이 공기를 둘러싸게 되어 거품을 형성한다(그림 7-12). 달걀흰자, 우유, 대두 단백질 등은 좋은 거품 형성제이며 아이스크림, 디저트류, 제과 토핑(topping) 등에 사용된다.

단백질에 강한 압력을 가하여 압출하면 단백질이 변성하고 분자 간 결합 및 조직이 변하는데, 이러한 성질을 이용하여 질감이 변형된 다양한 제품을 만들 수 있다. 이런 방법으로 제조한 식품에는 게맛살, 소시지, 어묵 등이 있다.

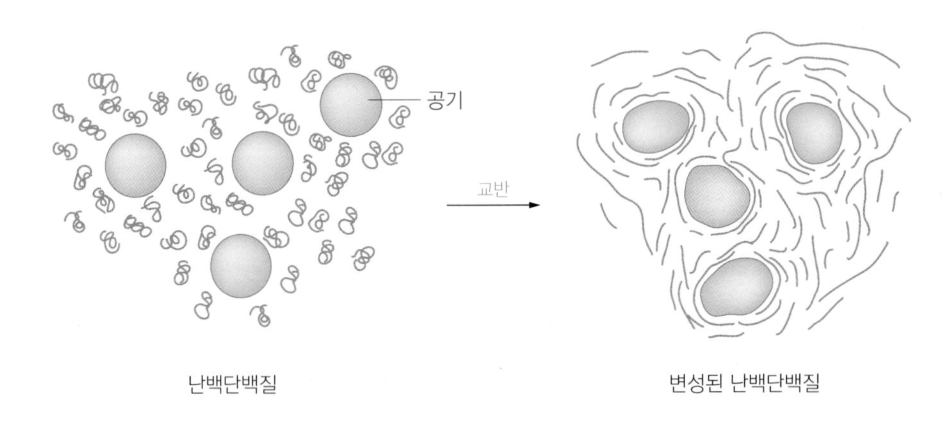

그림 7-12 난백단백질의 거품형성력

⑥ 건조

어육을 건조하면 육섬유를 형성하는 직쇄상의 폴리펩타이드 사슬과 사슬 사이에 보유되어 있던 수분이 제거되면서 인접한 폴리펩타이드 사슬들이 결합하여 견고한 구조가 형성된다. 일단 건조되면 어육에 다시 수분을 가하여도 외관, 조직감, 수분함량 등이 원래의 상태로 복원되지 않는다. 황태, 말린 오징어, 육포 등에서 이와 같은 현상을 확인할 수 있다.

(2) 분해

단백질은 광선에 노출되거나 효소의 작용을 받으면 분해될 수 있다. 식품 단백질의 산·알칼리 분해는 일반적인 식품의 조리·가공 과정에서 흔히 발생하는 현상이 아니지만, 강산 혹은 강알칼리 용액에서는 단백질이 분해될 수 있다.

① 광선

일부 아미노산이나 단백질이 빛에 노출되면 광분해가 일어난다. 트립토판(tryptophan)은 빛에 대단히 불안정하기 때문에 그 용액에 햇빛을 쪼이면 갈변 현상을 유발하고, 자외선을 쪼이면 광분해되어 알라닌(alanine), 아스파트산(aspartic acid), 하이드록시안트라닐산(hydroxyanthranilic acid)을 생성한다. 리보플라빈(riboflavin), 루미플라빈(lumiflavin)과 같은 형광물질이 공존할 때는 자외선이 아니고 햇빛으로도 트립토판, 시스테인(cysteine), 메싸이오닌(methionine), 타이로신(tyrosine) 등의 아미노산은 광분해된다. 이와 같은 광분해는 탄산가스나 질소가스 중에서 억제되며 싸이오요소(thiourea)와 아스코브산(ascorbic acid)으로도 광분해를 억제할 수 있다. 우유에는 리보플라빈(riboflavin)이 존재하므로 햇빛에 노출되면 카세인(casein) 중의 트립토판이 분해되어 영양가가 떨어진다. 달걀흰자의 알부민 용액에 자외선을 조사하면 점도는 변하지 않으나 표면장력이 감소한다. 이와 같은 현상들은 광선에 의하여 단백질의 변성이 유도될 수 있다는 것을 보여준다.

② 효소

단백질은 효소작용에 의하여 변성되거나 가수분해된다. 생물체는 자체가 가지고 있는 효소에 의하여 자체의 성분이 분해되는 자가 소화 현상을 보이기도 한다. 일반적으로 식품 단백질은 단백질 분해 효소(protease)의 작용으로 펩타이드 결합이 가수분해되어 아미노산이나 펩타이드를 생성한다. 단백질 분해 효소에는 펩신(pepsin), 트립신(trypsin), 키모트립신(chymotrypsin) 등 주로 소화 효소가 많다. 육류의 자가 소화가 알맞게 일어나면 가용성 단백질, 펩타이드, 아미노산 등 수용성 질소 화합물이 증가하면서 맛이 좋아지는데 이러한 변화를 숙성이라고 한다. 과실, 채소 등의 식물성 식품도 수확 후에는 자가 소화가 일어난다. 예컨대 식물성 단백질 분해 효소인 파파인(papain)은 미숙한 파파야의 과즙에 들어 있는데 60~80℃의 온도에서도 안정하기 때문에 육류의 연화제로 사용된다.

③ 산·알칼리

단백질은 강산 혹은 강알칼리 용액에서 분해될 수 있다. 단백질을 분해하여 간장을 만들기도 하는데, 이렇게 만든 것을 산분해 간장이라고 한다. 산분해 간장 혹은 아미노산 간장은 대두박을 염산으로 분해하여 얻은 아미노산 용액을 수산화나트륨이나 탄산나트륨으로 중화한 다음 소금과 기타 원료를 혼합하여 만든 것이다. 짧은 시간에 만들 수 있으나 양조간장보다 풍미는 떨어진다.

2) 단백질 식품

(1) 식품 단백질의 질적인 평가

모든 단백질은 아미노산으로 구성되지만, 단백질을 구성하는 아미노산의 종류와 양에 의해 식품 단백질의 영양적 가치가 달라진다. 요컨대 같은 양의 단백질을 섭취하더라도 단백질의 종류에 따라 성장기 동물의 체중 증가에 각기 다른 영향을 미치게 되며 일반적으로 동물성 단백질이 식물성 단백질보다 필수아미노산의 구성과 함량이 우수하다. 단백질의 질적 가치를 평가하는 방법에는 여러 가지가 있으나, 그 중에 생물가(biological value)와 단백가(protein score)가 많이 이용된다.

① 생물가

생물가는 식품에 함유된 단백질이 체내 단백질로 전환되는 정도를 측정하는 것으로 체내로 흡수된 질소가 체내에 보유되는 정도를 질소량을 측정하여 산정한다. 달걀·우유·육류 등 동물성 식품 단백질의 생물가가 높고 식물성 식품인 옥수수나 밀가루 단백질은 생물가가 낮다. 젤라틴은 동물성 단백질이지만 일부 필수아미노산이 결여되어 있어 생물가가 낮다.

$$생물가 = \frac{보유된\ 질소량}{흡수된\ 질소량} \times 100$$

흡수된 질소량 : 섭취된 질소량 - 변으로 배설된 질소량
보유된 질소량 : 흡수된 질소량 - 변으로 배출된 질소량

② 단백가

단백질의 질을 화학적 방법으로 평가하는 것으로 단백질의 필수아미노산 조성을 조사하여 이를 표준 아미노산 조성과 비교하여 평가하는 방법이다.

단백가는 식품 단백질이 가지고 있는 제1제한아미노산의 함량을 FAO(국제연합식량농업기구)에서 정한 해당 아미노산의 기준 함량으로 나눈 값으로 계산한다. 단백가와 유사한 평가 방법으로 화학가가 있는데 이는 식품 단백질의 제1제한아미노산의 함량을 기준 단백질의 해당 아미노산의 함량과 비교하여 평가하는 방법이다.

$$단백가 = \frac{식품\ 단백질\ 중\ 제1제한아미노산의\ 양}{표준\ 아미노산\ 조성\ 중\ 해당\ 아미노산의\ 양} \times 100$$

단백질은 필수아미노산이 부족할수록 영양가가 낮게 평가되므로 제한아미노산이 첨가된다면 그 단백질의 영양가는 높아질 수 있다. 이와 같이 어떤 단백질에 아미노산 또는 단백질을 보충함으로써 그 단백질의 영양가가 높아지는 것을 단백질의 보완 효과(complementary effects of proteins)라 한다. 라이신(lysine)이 부족한 쌀밥에 라이신이 풍부한 콩을 섞어 먹는 경우나 시리얼에 라이신이 풍부한 우유를 첨가하여 먹는 것을 예로 들 수 있다.

(2) 새로운 단백질 자원

식품의 생산과 공급이 풍요로워졌다고는 하나, 세계 각지에는 단백질의 섭취가 부족한 사람들이 여전히 많다. 식량문제를 해결하기 위하여 새로운 단백질 자원을 개발하고자 하는 시도가 이어졌으며 미생물, 식물, 어류에서 단백질을 추출하여 농축한 고단백 식이자원이 개발되었다.

① 미생물단백질

미생물단백질(single cell protein)은 효모, 세균, 곰팡이, 담자균, 미소해초류, 원생동물을 포함한 미생물 단백자원을 총칭한다. 이 용어는 1966년에 메사추세츠공과대학의 윌슨(C. Wilson)이 최초로 사용하였다. 미생물단백질은 탄소화합물을 영양원으로 하는 미생물을 공업적으로 대량 배양한 다음, 그 균체를 추출하여 살균, 건조한 물질이다. 주로 사료용으로 사용하지만 스피룰리나(spirullina)나 효모와 같이 식용으로 이용하는 것도 있다. 미생물단백질의 단백질 함량은 세균이 60~70%, 효모·조류·담자균이 50~60%이며, 어분과 대두농축단백질의 중간 정도로 평가된다.

표 7-4 각종 미생물단백질의 성분 (%)

품명	수분	조단백	조지방	조섬유	조회분
n-파라핀효모	7.8	53.5	7.1	3.3	9.0
메탄올효모	4.4	56.3	6.5	1.2	7.3
에탄올효모	3.5	55.2	6.2	0.2	8.4
메탄올세균	10.9	69.9	5.6	0.3	9.7
국 균	-	48.7	5.6	16.4	5.1
석유단백질	5.0	60.0	3.0	-	5.0
스피룰리나	3.7	64.0	7.3	0.6	4.7

자료 : 한국식품과학회, 식품과학기술대사전, 광일문화사, 2008

② 녹엽농축단백질

녹엽농축단백질(leaf protein concentrate, LPC)은 식물의 잎으로부터 추출한 단백질 원료이다. 주로 알파파와 같은 녹엽을 파쇄하여 농축한 다음 단백질을 추출하고, 80℃ 이상의 온도로 가열하여 응고, 분리한 후 건조하여 제조한다. 이 농축물에는 40~50% 정도의 단백질이 함유되어 있으며 잔토필(xanthophyll), 비타민, UGF(unidentified growth factor)의 함량이 높다. 그러나 가공비용이 많이 들어 아직 널리 이용되지 못하고 있다.

③ 농축어류단백질

급격한 인구증가로 인한 단백질 식품의 부족에 대처하기 위하여, FAO(국제식량농업기구)가 중심이 되어 값싸고 영양가치가 높은 단백질 식품으로서 농축어류단백질(fish protein concentrate, FPC)의 개발과 생산이 추진되었다. 주로 가격이 싼 다획성 어류를 증숙하여 마쇄한 다음 압착하여 제조하는데, 보존성이나 운반성을 고려하여 유지를 제거한 무미·무취의 분말 형태로 제조한다.

어류농축단백질은 주로 동물사료로 사용하고 있지만, 일부 지역에서는 이 단백질을 첨가한 빵류, 소시지 및 육류통조림 등을 제조하였고 그 밖에 영양 강화를 목적으로 여러 가지 식품에 첨가하기도 한다. 또한 청량음료에 첨가하기 적당한 수용성 농축어류단백질도 있다.

(3) 인조육의 원료

육류는 그 수요에 비하여 공급이 항상 부족한데, 최근에는 건강상의 이유와 환경문제로 인하여 식물성 식품에 대한 선호가 증가함에 따라 식물성 단백자원을 이용한 인조육이 제조되고 있다. 식물성 단백질은 질감, 색상, 향 등에서 동물성 단백질과 차이가 있으므로 조직의 변형(texturization)·조미·착향·착색 등의 공정을 거쳐 동물성 단백질과 유사한 제품을 제조한다. 인조육의 원료로는 글루텐, 분리 대두 단백, 두유 분말 등이 사용된다.

① 글루텐

글루텐은 보리, 밀 등의 곡류에 존재하는 불용성 단백질로, 빵의 골격을 이루는 단백질이며 다른 곡물에서는 글루텐이 형성되지 않는다. 밀가루에 소량의 물을 가해 반죽

글루텐과 질병

밀가루 음식을 먹으면 소화가 잘 안 되고 더부룩한 '글루텐 불내증(gluten intolerance)'이 있는 사람은 셀리악병(celiac disease, 새는 장 증후군)을 특히 조심해야 한다. 밀을 주식으로 하는 서구인 중 0.5~1%는 셀리악병으로 고통을 겪는다고 한다.

글루텐 불내증이 있으면 글루텐이 완전히 소화·분해·흡수되지 않는데, 장 속에 남은 글루텐 조각(글리아딘)이 장 점막을 뚫고 들어가 면역계를 자극하고 장 점막에 염증을 유발하여 셀리악병이 생길 수도 있다. 심하면 치매·다발성경화증·자폐증·우울증과 같은 각종 신경계 질환을 일으킬 수도 있다. 만약 글루텐 불내증이 있으면 빵·라면·국수와 같은 밀가루 음식을 먹지 않아야 하는데, 최근에는 글루텐을 제거한 '글루텐 프리' 제품이 생산되고 있다.

하여 덩어리를 만든 다음, 다량의 물속에서 주무르면 녹말이 물속에 빠져나와 제거되는데, 이때 덩어리로 남은 것이 글루텐이다. 글루텐은 글리아딘(gliadin)과 글루테닌(glutenin)으로 구성되며 밀가루의 가공·조리에 기본이 되는 성분이다. 육류의 섬유구조와 유사한 질감을 가진 인조육의 재료로 글루텐을 이용하는데 단단한 질감을 가진 저지방, 고단백의 대체육으로 사용되며 가격 면에서 매우 경제적이다.

② 대두농축단백질

대두농축단백질(soy protein concentrate)은 탈지대두에서 비단백성 가용성 물질을 제거하여 농축한 것으로 단백질 함량은 약 70%이다. 대두단백질의 아미노산 조성은 다른 곡류단백질에 비하여 라이신 함량이 높은 것이 특징이며, 곡류와 혼합하여 곡류단백질에 적은 라이신을 보충할 수 있다. 대두농축단백질을 원료로 만든 대두육은 육류와 매우 유사한 질감을 나타낸다.

(4) 식물성 식품 단백질

① 곡류

곡류의 구성 성분 중 단백질은 약 10% 내외로 비교적 많은 편이나 필수아미노산의 조성이 불완전하므로 동물성 단백질에 비해 질은 낮은 편이다. 곡류 단백질은 특히 라이신, 메싸이오닌, 트립토판 등의 필수아미노산이 부족하다. 쌀에 들어 있는 주단백질은 오리제닌(oryzenin)이며, 필수아미노산 중 라이신과 트립토판 함량이 적은 편으로 단백가가 78이다. 밀의 단백질 함량은 7~16% 정도로 밀가루 제품의 질에 매우 중요한 영향을 미치는데 밀단백질은 글리아딘(42%)과 글루테닌(42%)이 대부분이며 기타 알부민, 글로불린도 소량 함유한다. 글리아딘과 글루테닌, 이 두 단백질이 합해지면 특유한 점탄성이 있는 글루텐을 형성하는데 글루텐은 밀가루 반죽의 중요한 골격이 된다. 밀은 라이신, 트립토판, 트레오닌 등의 필수아미노산을 적게 함유하고 있어 단백가가 47로 낮은 편이다. 옥수수의 주단백질은 제인(zien)으로 필수아미노산 중 라이신과 트립토판이 매우 적어 옥수수를 주식으로 지속적으로 먹을 때 나이아신(niacun) 결핍증인 펠라그라(pellagra)가 발병할 수 있다. 반면, 메밀은 단백질을 12~15% 함유하고 있고, 라이신(5~7%)을 비롯한 아미노산 조성이 좋아서 건강식품으로 이용되고 있다. 감자에는 단백질이 약 1.5~2.5% 정도 함유되어 있으며 필수아미노산 조성은 비교적 우수한 편이나 메싸이오닌이 부족하다.

② 두류

단백질 함량은 약 40%이며 비교적 양질의 단백질을 가지고 있다. 주단백질은 글로불린인 글리시닌(glycinin)으로 전체 단백질의 84%를 차지한다. 아미노산 조성은 메싸이오닌, 시스틴 등의 함황아미노산은 적으나 곡류에 부족한 라이신을 많이 함유하고 있으므로 쌀이나 밀과 함께 섭취하면 부족한 아미노산을 보충할 수 있다. 두류에는 단백질 분해효소인 트립신의 작용을 억제하는 트립신 억제제(trypsin inhibitor)가 함유되어 콩 단백질은 소화하기 어려운 편인데, 이 물질은 가열하면 불활성화된다. 땅콩은 20~30%의 단백질이 포함되어 있어 영양가가 매우 풍부한 식품에 속한다.

(5) 동물성 식품 단백질

① 수조육류

육류의 단백질 함량은 20% 내외로 용해도에 따라 근원섬유단백질(섬유상단백질, myofibrillar protein), 근장단백질(구상단백질, sarcoplasmic protein)과 결합조직단백질(stroma protein)로 나뉘며 단백질의 종류와 특성은 표 7-5와 같다.

표 7-5 식육 단백질의 종류

종류	구성	성질
근장단백질 (약 30%)	마이오젠(myogen, 73%) 마이오글로빈(myoglobin, 2%) 헤모글로빈(hemoglobin) 각종 해당체 효소 등	• 근원섬유 간의 육장 내에 용해되어 있는 수용성 단백질이다. • 마이오젠은 55~65℃에서 응고되며 저농도의 염용액으로 추출된다.
근원섬유단백질 (약 60%)	마이오신(myosin, 55%) 액틴(actin, 20%) 트로포마이오신(tropomyosin) 액토마이오신(actomyosin) 등	• 마이오신은 굵은 필라멘트에 존재하고, 액틴과 트로포마이오신은 가는 필라멘트에 존재한다. • 액토마이오신은 마이오신과 액틴이 혼합되어 형성된 것으로 근육의 수축이완을 일으키며, 육제품의 보수성과 결착성에 관여한다.
결합조직단백질 (약 10%)	콜라젠(collagen, 47%) 엘라스틴(elastin, 3%) 레티쿨린(reticulin) 등	• 근육이나 지방조직을 둘러싸고 있는 얇은 막, 근육이나 내장기관 등의 위치를 고정하고 다른 조직과 결합하는 힘줄, 인대(ligament) 등이다. • 고기의 질긴 정도와 밀접한 관계를 가지고 있으며 동물의 나이가 많아짐에 따라 함량이 높아진다. • 콜라젠은 평행하게 배열되어 있는 백색이고 신축성이 적으며 장시간 물과 함께 가열하면 가용성인 젤라틴(gelatin)으로 분해되어 소화가 가능하다. • 엘라스틴은 고무와 같은 탄력이 있는 황색조직으로 망상구조를 하고 있으며 보통의 조리 온도에서는 분해되지 않는다.

② 우유 및 유제품

우유 단백질의 75~80%가 카세인이며 나머지 20~25%는 락트알부민(lactalbumin), 락토글로불린(lactoglobulin)과 소량의 다른 단백질로 구성된 유청 단백질(whey proteins)이다.

카세인은 α-, β-, γ-와 κ-카세인으로 구성되어 있으며, κ-카세인이 카세인 입자를 안정시켜 콜로이드 용액을 형성할 수 있게 한다. 콜로이드상의 인산칼슘은 카세인 분자들을 연결하여 작은 미셀을 형성함으로써 우유를 흰색으로 보이게 한다. 카세인은 분자구조 내에 인산을 함유하고 있어 인단백질로 분류된다. 신선한 우유의 산도(pH 6.6)에서는 인산칼슘의 인산기가 카세인과 연결되어 있어 칼슘 포스포카세이네이트(calcium phosphocaseinate)를 형성한다. 우유의 pH가 4.6 이하로 떨어지면 카세인은 응고하여 침전한다. 또한 카세인은 효소 레닌(rennin)에 의해 약하게 가수분해되어 칼슘과 결합하여 응고하지만, 열에는 안정하므로 100℃로 가열하여도 응고하지 않는다.

반면, 유청 단백질은 산에는 응고하지 않으나 열에 의해 응고되어 우유를 가열하면 표면에 얇은 피막이 형성되는 것을 볼 수 있다. 락토글로불린에는 면역글로불린이 5~6% 함유되어 있으며, 특히 초유에는 이 면역글로불린이 유청 단백질의 90%를 차지한다.

우유 단백질의 필수아미노산 조성은 메싸이오닌이 약간 부족하지만 매우 우수한 편이며, 특히 곡류에 부족한 라이신이 풍부하게 함유되어 있다.

③ 난류

달걀 단백질은 영향학적으로 우수하여 모든 일반 음식들 중에서 가장 높은 단백질 효율을 가진다. 난백의 단백질 함량은 9.8%이며, 난황은 단백질 함량이 15.3% 정도로 리포비텔린(lipovitellin)과 리포비텔리닌(lipovitellinin)의 함량이 많고 그 외 리베틴(livetin)과 포스비틴(phosvitin)도 함유되어 있다. 이들은 난황의 지질과 결합된 지단백질(lipoproteins)의 형태로 존재하는데 난황의 지단백질은 유화성이 우수하므로 마요네즈 제조시 유화제로 사용된다.

④ 어패류

어패류는 우수한 단백질 급원으로 어류는 16~25%, 연체류는 13~17%, 조개류는 7~10% 정도의 단백질을 함유한다. 아미노산 조성은 어패류의 종류에 따라 다르지만 대부분의 필수아미노산을 골고루 함유하고 있으며 쌀을 주식으로 하는 사람에게 부족하기 쉬운 라이신이 풍부하게 들어 있다.

생선의 근육단백질은 세포 내 단백질과 세포 외 단백질로 나뉜다(표 7-6). 세포 내 단백질은 다시 근원섬유단백질과 근형질단백질로 구분한다. 근원섬유단백질인 액틴과 마이오신은 생선의 사후경직 과정에서 액토마이오신으로 되어 근육의 수축을 유발한다. 근형질단백질은 근세포와 근원섬유 사이에 존재하며 마이오글로빈과 다양한 효소가 여기에 속한다. 세포 외 단백질은 결합조직단백질로 콜라젠과 엘라스틴이 있는데 육류와 비교하면 콜라젠의 함량이 적으며 엘라스틴은 더 적은 양으로 존재한다. 생선을 가열할 때 껍질이 수축하거나 살이 굽어지는 것은 콜라젠 단백질의 수축에 기인한다.

어육 근원섬유단백질은 염용성으로 소금을 1~2% 정도 첨가하면 용해되어 보수성이 향상되어 생선살이 단단해지고 탄력성이 증가하면서 투명해진다. 소금 농도가 2% 이상이 되면 단백질의 용출량이 급격히 증가하고 용출된 마이오신과 액틴이 액토마이오신을 형성한다. 이 액토마이오신이 서로 엉겨 입체적 망상구조의 젤을 형성한 것이 어묵이다.

표 7-6 어육 단백질의 분류

분류		함유량(%)	단백질의 종류	소재	용해도
세포 내 단백질	근형질단백질	20~50	다양한 효소 마이오글로빈	근세포 간 근원섬유 간	수용성
	근원섬유단백질	50~70	마이오신, 액틴 트로포마이오신 트로포닌	근원섬유	염용성
세포 외 단백질	근기질단백질	<10	콜라젠 엘라스틴	근격막, 혈관, 근세포막 등의 결합조직	불용성

4. 색소의 변화

1) 클로로필의 변화

식품 내의 클로로필 분자는 조직 내의 단백질, 지질 등과 결합되어 있어 안정한 편이나 조리·가공 과정 중 가열 등에 의해 식물체 조직이 손상될 경우 산, 알칼리, 효소, 금속 등의 영향을 받아 변색되기 쉽다(그림 7-13). 클로로필이 변화되어 생성되는 물질은 크게 두 가지로 구분할 수 있는데, 테트라피롤 중심에 마그네슘을 가지고 있는 경우와 제거된 경우이다. 마그네슘을 가지고 있는 경우는 녹색을 띠나 마그네슘이 제거되면 녹갈색으로 색변화가 일어난다. 단, 아연이나 구리가 충분히 존재하는 경우 녹색의 화합물을 형성하기도 한다. 클로로필의 변화 과정 중 피톨이 떨어지는 경우에는 지용성에서 수용성으로 용해성이 변화된다.

(1) 효소에 의한 변화

식물체 세포 내에 널리 분포하는 클로로필레이스(chlorophyllase)는 조직이 손상받으면 세포로부터 유리되어 클로로필의 피톨기를 분리시켜 짙은 녹색의 수용성 색소인 클로로필리드(chlorophyllide)를 형성한다. 이로 인해 녹색 채소를 삶은 물이 녹색을 띠게 되는 것이다. 클로로필레이스는 80℃ 이상에서 활성이 저해되고 100℃에서 활성을 완전히 잃게 되므로 데치기 과정을 통해 효소에 의한 변색을 방지할 수 있다. 단, 고온에서 다량의 물에 뚜껑을 열고 단시간에 데쳐야 추가적인 변색을 막을 수 있다. 냉장 온도에서는 클로로필레이스의 활성이 낮아지나 완전히 억제되지는 않으므로 녹색 채소의 저장 중에 색 변화가 일어난다.

(2) pH에 의한 변화

유리된 클로로필은 산에 매우 불안정하여 산성 용액에서 포르피린 고리에 결합되어 있던 마그네슘이 분리되고 수소로 치환되게 된다. 하지만 식품 내의 클로로필 분자는 조직 내의 단백질과 결합되어 있어 일반적으로 산에서 즉각적인 변색이 일어나지 않으나, 가열을 통해 단백질이 변성된 경우 산에 의한 영향을 받게 된다. 이 반응은 비가역적으로 진행되며 녹갈색의 지용성 물질인 페오피틴(pheophytin)이 생성된다. 페오피틴이 계속해서 산에 노출되면 피톨이 떨어지면서 갈색의 수용성 페오포비드(pheophorbide)가 생성된다. 따라서 녹색 채소를 데칠 때 채소 내의 유기산에 의한 색 변화를 막으려면 뚜껑을 열어 휘발성 유기산이 날아갈 수 있도록 하고 단시간에 조리하는 것이 좋다.

클로로필이 강산과 만나면 마그네슘과 피톨이 동시에 떨어지면서 바로 페오포비드를 형성하기도 한다. 또한 지속적으로 가열할 경우 페오피틴과 페오포비드의 카보메톡시기(carbomethoxy group, $-CO_2-CH_3$)가 떨어져 나가면서 각각 파이로페오피틴(pyropheophytin)과 파이로페오포비드(pyropheophorbide)를 형성한다. 이 중 파이로페오피틴은 채소류 통조림의 녹갈색을 나타내는 주요 색소 성분으로 클로로필이 페오피틴으로, 페오피틴이 파이로페오피틴으로 변화되는 과정은 순차적으로 진행되므로 식품 내 파이로페오피틴 함량이 가공 과정 중 가열처리 수준의 지표가 되기도 한다.

클로로필을 알칼리용액에서 가열하는 경우 클로로필레이스에 의한 변화와 같이 피톨이 떨어져 클로로필리드로 변화된 후 다시 메탄올기($-CH_3OH$)가 떨어져 클로로필린(chlorophylline)이 형성된다. 클로로필린은 클로로필리드와 같이 짙은 녹색의 수용성 물질이다. 포르피린 고리 중앙의 마그네슘은 알칼리에 비교적 안정하여 갈색으로 변화되지는 않는다. 따라서 녹색 채소 가열시 소다를 첨가하면 선명한 녹색을 얻을 수 있다. 단, 비타민 C와 섬유소가 파괴되어 영양적 품질과 질감 등에서 바람직하지 않은 결과를 초래하기도 한다.

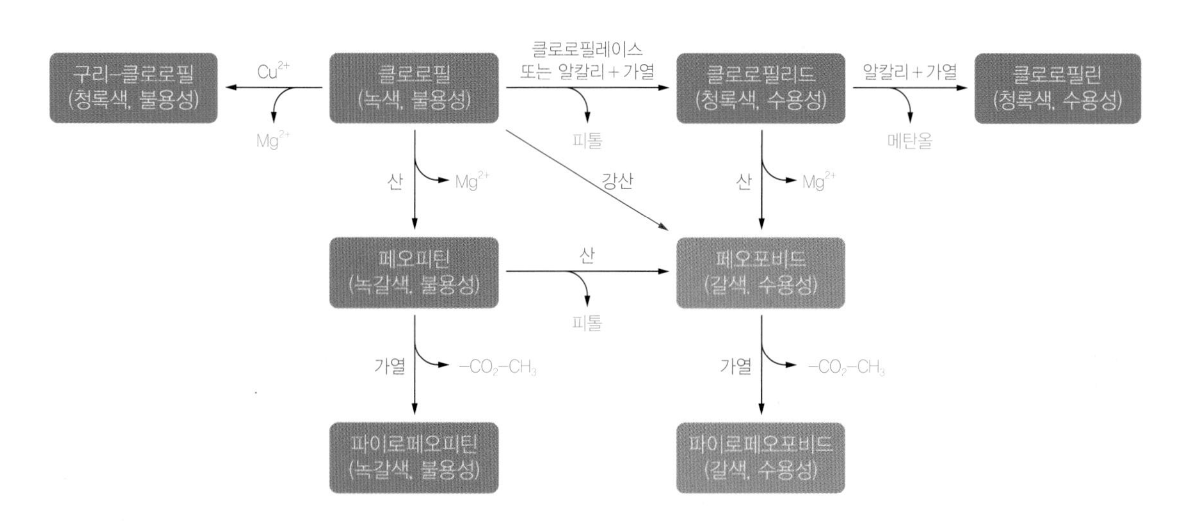

그림 7-13 클로로필의 변화

(3) 금속에 의한 변화

클로로필의 테트라피롤 핵 중심의 마그네슘은 구리(Cu), 철(Fe) 등 금속이온과 함께 가열시 금속이온으로 치환된다. 구리-클로로필 복합체는 짙은 녹색을 띠고 철-클로로필 복합체는 선명한 갈색을 나타내는데, 마그네슘의 경우와는 달리 산 용액에서 매우 안정하다. 또한 페오피틴, 페오포비드와 같이 이미 마그네슘이 수소로 치환된 경우에는 쉽게 금속이온 복합체를 형성하므로 이미 갈색으로 변한 녹색 채소라 해도 구리염을 첨가하면 선명한 녹색을 회복할 수 있다.

이러한 클로로필의 특성은 식품가공 산업에 활용되고 있으며 완두콩 통조림 제조시 녹색 유지를 위해 미량의 황산구리를 첨가하는 것이 그 예이다.

(4) 기타 변화

클로로필은 알코올이나 유기용매에 용해된 상태로 공기에 노출될 경우 산화되어 청록색의 10-하이드록시클로로필(10-hydroxychlorophylls)이나 10-메톡실락톤(10-methoxylactone)을 형성하는데, 이를 클로로필의 알로머화(allomerization)라 한다. 또한 클로로필은 정상적인 식물 세포 내에서는 카로티노이드나 지질 등에 둘러싸여 있어 광합성 중에도 분해되지 않는 반면 조직에서 분리되거나 세포가 손상을 받은 경우 광분해가 일어나는데, 빛과 산소가 함께 존재하는 경우 비가역적으로 탈색된다. 클로로필의 광분해시에는 테트라피롤 고리의 메틴기 연결 부위가 열린 후 보다 저분자 단위의 물질로 분해되는 것으로 알려져 있다.

2) 카로티노이드의 변화

카로티노이드는 지용성 색소이고 대체로 열, 산, 알칼리 등에 비교적 안정하여 조리과정 중 손실이 적은 편이나, 산소에 의해 산화되기 쉽고 이성질화가 일어나기도 한다(그림 7-14).

(1) 산소에 의한 변화

카로티노이드는 여러 개의 이중결합을 가지고 있어 산화로 인한 변색이 일어나기 쉽다. 카로티노이드의 산화에 대한 안정성은 외부 환경과 관련되는데, 조직 내에서는 쉽게 산화되지 않으나 조직이 손상된 경우에는 산화되기가 매우 쉽다. 또한 빛이나 리폭시제네이스(lipoxygenase) 등 산화효소에 의해 산화가 더욱 촉진된다.

(2) 카로티노이드의 이성질화

일반적으로 카로티노이드의 이중결합은 트랜스(*trans*)형으로 존재하나 조류(algae) 등 일부 식물에서는 시스(*cis*)형이 발견되기도 한다. 이성질화(isomerization)는 열, 산, 빛에 의해 촉진되고, 색 변화는 달라지지 않으나 프로비타민 A(provitamin A)로서의 활성이 달라지게 된다. 통조림 등 가공식품 제조 공정 중에도 이성질화가 일어나기 쉽다.

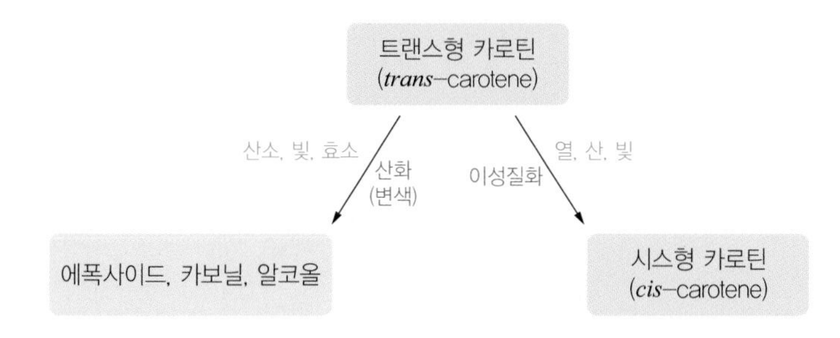

그림 7-14 카로티노이드의 변화

3) 플라보노이드의 변화

(1) 안토잔틴의 변화

안토잔틴(anthoxanthin)은 백색이나 담황색을 띠므로 색소로서 큰 의미가 없는 것처럼 보이나, 여러 가지 조리·가공 조건에 따라 색을 나타내기도 한다.

① pH에 따른 변화

안토잔틴은 산성 환경에서는 안정하여 무색이나 백색을 띠나, 알칼리에서는 칼콘(chalcone)을 형성하여 황색이나 갈색을 띠게 된다(그림 7-15). 빵이나 면을 제조할 때 소다(탄산수소나트륨)를 첨가하면 황색을 띠는 것도 이러한 원리 때문이다.

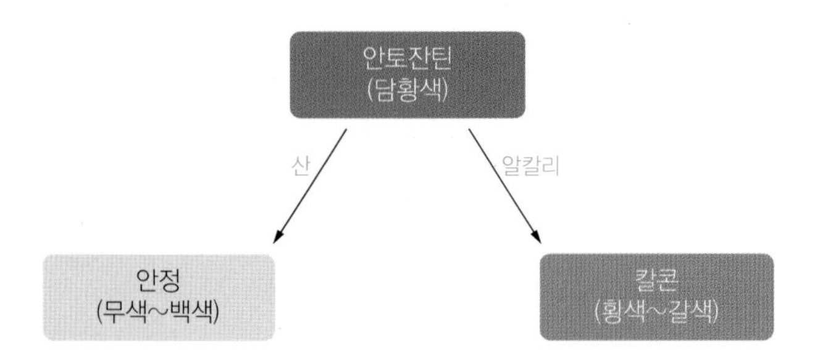

그림 7-15 안토잔틴의 변화

② 금속에 의한 변화

안토잔틴은 금속과 결합하여 착화합물을 형성하여 색을 나타낸다. 한 예로 안토잔틴 중 하나인 루틴은 철분과 결합하면 어두운 녹색이나 갈색으로 변하여 식품의 품질을 떨어뜨리나 주석과 결합하면 고운 황색을 나타낸다.

(2) 안토사이아닌의 변화

안토사이아닌(anthocyanin)은 구조적으로 불안정하여 pH, 금속, 효소 등에 의해 영향을 받는 특성이 있어 조리·가공 중에 변색되기가 쉽다. 안토사이아닌의 안정성은 비당 부분의 구조, 배당체 형성 여부, 결합된 당의 종류 등에 따라 달라진다.

① 구조와 pH에 따른 변화

일반적으로 비당 부분인 안토사이아니딘(anthocyanidin)의 메톡실기($-OCH_3$)가 많을수록 안정성이 높아지고 적색을 띠며, 하이드록실기(-OH)가 많을수록 안정성이 떨어지고 청색을 띤다(표 7-4 참고). 페투니딘(petunidin), 말비딘(malvidin) 등 메톡실기($-OCH_3$)를 가지는 비당 부분(aglycone)이 많이 포함된 경우 반응성이 높은 하이드록실기(-OH)의 반응이 구조적으로 저해되어 안정성이 높은 반면 펠라르고니딘(pelargonidin), 사이아니딘(cyanidin), 델피니딘(delphinidin) 등은 메톡실기를 포함하지 않아 안정성이 떨어진다. 펠라르고니딘계 색소는 딸기, 석류 등에 많이 함유되어 있고, 사이아니딘계 색소는 차조기, 오디 등에서 어두운 적색을 나타낸다. 또한 가지의 청자색을 나타내는 나수닌(nasunin)은 델피니딘계 색소로 이러한 식품들은 조리시 안정성이 떨어진다.

그림 7-16 pH에 따른 안토사이아닌의 변화

수용액의 pH에 따라서도 여러 가지 구조로 변화되는데, 산성 환경에서는 적색을 띠게 되고, 중성 환경에서는 구조에 따라 보라색을 띠거나 무색을 띠게 된다. 약알칼리 환경에서는 보라색의 형태로 존재하다가, pH가 높아지면서 점차 청색과 녹색을 띠게 된다(그림 7-17). 식초를 이용하여 채소 피클을 담글 때 안토사이아닌을 함유한 자색 양배추를 소량 넣으면 분홍빛을 띠는 것도 이러한 원리 때문이다.

그림 7-17 다양한 색소를 함유한 식품

② 효소에 의한 변화

배당체인 안토사이아닌은 글리코시데이스(glycosidase)에 의해 결합이 끊어지면 당과 비당 부분인 안토사이아니딘으로 분리되어 색의 강도가 약해진다. 안토사이아닌의 변색에 영향을 주는 또 다른 효소로 폴리페놀옥시데이스(polyphenol oxidase)가 있다.

폴리페놀옥시데이스는 안토사이아닌의 산화를 촉진하여 갈색으로 변색되게 한다.

③ 기타 변화

안토사이아니딘은 여러 개의 이중 결합을 가지므로 산소 분자의 영향을 받아 산화되기 쉽고, 빛에 의해서 이러한 변화가 촉진될 수 있다. 따라서 포도주스 등 안토사이아닌을 함유하는 제품을 제조할 때 질소 충전을 하고 빛을 차단하는 용기를 사용하면 저장 중 색변화를 줄일 수 있다. 한편 당 함량이 높은 환경에서 안토사이아닌이 보다 안정화되는 것으로 알려졌는데, 이는 낮아진 수분활성도 때문인 것으로 보인다. 또한 안토사이아니딘이 배당체(안토사이아닌)를 형성하면 안정성이 다소 높아지는 경향이 있다.

(3) 타닌의 변화

타닌(tannin)은 폴리페놀화합물로 공기와 접촉하면 산화효소(polyphenoloxidase)의 작용으로 쉽게 산화, 중합된다. 중합된 물질은 갈색의 불용성 물질을 형성하는데 이때 타닌이 가지는 떫은맛은 사라지게 된다. 타닌의 변화는 채소나 과일류의 갈변을 일으키고 품질을 저하시키기도 하나 차의 발효 과정 중에 카테킨류가 중합되어 생성되는 테아플라빈(theaflavin)과 테아루비긴(thearubigin)은 홍차 고유의 고운 적갈색을 나타내기도 한다.

그 밖에 타닌은 단백질과 결합하여 침전물을 만드는 특성을 가진다. 이로 인해 맥주 제조시 홉이나 보리의 타닌이 보리의 단백질과 침전을 일으켜 혼탁을 일으키기도 하나 이러한 특성을 활용하여 타닌을 청징제로 이용하기도 한다.

(4) 베타레인의 변화

베타레인(betalain)은 수분이 없는 경우 매우 안정하나 물과 함께 조리시 분해되기 쉽다. 이러한 반응은 pH에 따라 크게 달라지는데 약알칼리 환경에서 분해되기 쉽고, 산성에서도 가열을 할 경우 분해가 일어나기도 하나 속도는 느리고 pH 4.0~5.0에서 가장 안정하다. 베타레인의 분해는 산소와 빛에 의해 촉진되는데, 자유라디칼 반응에 의한 것이 아니므로 자유라디칼 반응을 억제하는 항산화제들을 이용해서 변색을 막기는 어렵다. 이러한 이유로 베타레인은 식품의 색소로 사용함에 있어 한계를 가진다.

표 7-7 식물성 식품의 색소 변화

색소	색깔	산	알칼리	기타 변화
클로로필	청록색 (불용성)	녹갈색 (불용성)	선명한 녹색 (수용성)	아연, 구리와 착화합물을 형성하여 안정한 녹색
카로티노이드	황색-적색	이성질화	안정	산화에 의한 변색
안토사이아닌	자색-청색	적색	청색	산화에 의한 변색, 금속이온과 착화합물 형성
안토잔틴	담황색	흰색에 가까운 황색	황색-갈색	루코안토사이아닌은 장시간 가열시 안토사이아닌을 형성하기도 함

이상에서 살펴 본 식물성 식품의 색소 변화를 종합하여 표 7-7에 나타내었다.

4) 마이오글로빈의 변화

마이오글로빈은 산소와의 접촉, 가열, 가공, 저장 등의 과정을 통해 구조와 색의 변화를 일으키게 된다(그림 7-18).

(1) 산소 및 산화에 의한 변화

육류의 색은 마이오글로빈의 산화나 헴에 결합된 물질 등 화학 구조에 따라 달라지게 된다. 원래 육류의 색을 나타내는 마이오글로빈은 헴의 포르피린 고리 중심에 환원철

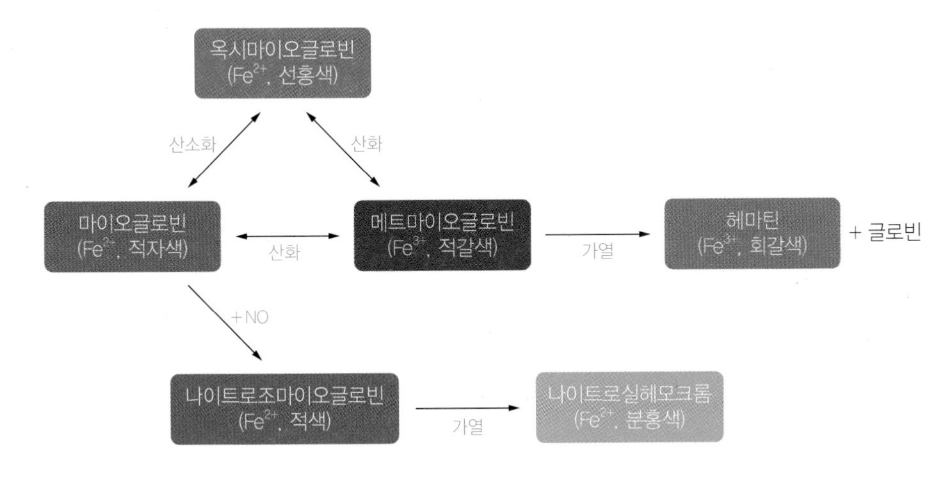

그림 7-18 마이오글로빈의 변화

(Fe^{2+})이 결합되어 있어 적자색을 띤다. 하지만 산소에 노출된 육류는 헴의 철에 산소 분자가 결합되면서 옥시마이오글로빈(oxymyoglobin, MbO_2)을 형성하여 선홍색을 띠게 되고, 이 색깔이 일반적으로 신선한 육색의 기준이 되고 있다. 산소에 노출된 상태에서 육류의 저장기간이 길어지면 환원철이 산화철(Fe^{3+})로 자동산화되면서 메트마이오글로빈(metmyoglobin, MMb)을 형성한다. 메트마이오글로빈은 산소와 결합할 수 없고 적갈색을 띠게 되나, 산소를 차단하면 마이오글로빈으로 환원될 수 있다.

한편 옥시마이오글로빈 형성 과정은 산소와 결합하는 과정으로 환원철이 산화철로 변화되는 산화 과정과 구분된다.

(2) 가열에 의한 변화

마이오글로빈은 가열시 단백질이 변성되어 글로빈이 분리되고 헤마틴(hematin)이 유리된다. 헤마틴은 헴에 산화철(Fe^{3+})이 결합된 형태로 회색을 띠게 되는데, 이로 인해 가열된 육류는 회색빛을 띠게 된다.

(3) 가공 중의 변화

훈연 육제품 가공시에는 색과 향을 증진시키고 보툴리누스균의 증식을 억제할 목적으로 질산염(nitrate)이나 아질산염(nitrite)이 첨가된다. 이 과정 중에 마이오글로빈은 불안정한 적색의 나이트로실마이오글로빈(nitrosylmyoglobin, NOMb)을 형성하고, 다시 가열 과정을 통해 나이트로실헤모크롬(nitrosylhemochrome)을 형성하여 안정한 분홍색을 띠게 된다. 이 색소는 가열에도 안정하여 고온에서도 육가공품의 색상은 변하지 않는다. 공업적으로는 질산칼륨(KNO_3), 아질산나트륨($NaNO_2$) 등의 형태로 첨가되고 육색 고정의 역할로 인해 이들을 발색제라고도 한다.

(4) 저장 중의 변화

육류나 육가공품을 표면이 노출되거나 오염된 상태로 장시간 방치하면 육색소가 미생물의 작용으로 콜레글로빈(choleglobin)이나 설프마이오글로빈(sulfmyoglobin)으로 변화되어 녹색을 띠게 된다.

5) 식품의 갈변

식품의 갈변이란 식품의 조리, 가공, 저장 중 일어나는 복합적인 갈색화 반응으로, 효소 관여 여부에 따라 효소적 갈변반응과 비효소적 갈변반응으로 구분된다.

(1) 효소적 갈변

효소적 갈변반응은 폴리페놀을 함유한 과일이나 채소의 조직이 파괴될 때 식품 중의 폴리페놀옥시데이스가 산소와 접촉하면서 기질인 폴리페놀을 산화시켜 갈색 물질인 멜라닌을 생성하는 반응이다. 대부분의 갈변반응은 식품의 신선도나 기호도 등에 좋지 않은 영향을 미치게 되나, 홍차의 고운 적색은 오히려 품질을 향상시키기도 한다.

사과나 배 등 과일의 껍질을 깎아두면 갈변하는 것이 이러한 효소적 반응의 결과이고, 이를 방지하기 위해서는 효소적 산화반응을 저해하는 다양한 방법을 이용할 수 있다(표 7-8). 페놀옥시데이스인 타이로시네이스에 의한 타이로신의 갈변도 효소적 갈변의 한 가지로 폴리페놀옥시데이스에 의한 갈변과 유사한 과정을 거치며 감자 갈변의 주요 원인이 된다. 이들 효소의 활성은 구리이온에 의해 촉진되고 염소이온에 의해 억제된다. 폴리페놀 산화효소는 클로로젠산, 카테킨류, 카테콜 등 폴리페놀류에 작용하는데 기질에 따라 작용 정도가 다르고, 식품 내 기질의 분포도 다르므로 갈변의 정도에는 차이가 있다.

표 7-8 효소적 갈변의 억제

원리	억제 방법	활용 예
효소 활성 저해	가열 처리로 효소 불활성화	채소, 과일 통조림 제조시 가열처리
	pH 조절	과일 껍질을 벗긴 후 산성 용액에 침지
	-10℃ 이하 처리	채소, 과일의 동결 저장
	효소 저해제(아황산가스, 염소이온 등) 이용	건조과일 제조시 아황산가스 이용, 과일 껍질을 벗긴 후 소금물에 침지
효소, 기질, 산소 제거	물에 담가 기질과 효소 침출, 산소 차단	감자, 고구마, 밤의 껍질을 벗긴 후 물에 침지
	불활성 가스 충전(산소 제거)	건조과일을 밀폐용기에 넣고 질소가스로 충전
산화 억제	금속이온 제거	철제 용기나 철제 칼 대신 스테인리스 사용
	환원성 물질(비타민 C, -SH 화합물 등) 첨가	과일 조리 또는 통조림 제조시 파인애플주스나 레몬즙 이용

홍차가 붉은 이유

녹차를 제조하기 위해 신선한 차를 한 번 찌면 내부의 효소들이 불활성화되어 갈변이 방지되나, 홍차는 가열 과정 없이 발효되므로 효소에 의해 갈변하게 된다. 발효되는 과정에 녹차 속 카테킨, 갈로카테킨이 산화·중합하여 홍차의 붉은 색소인 테아플라빈을 형성하게 되어 홍차의 붉은 빛이 나타나게 된다.

(2) 비효소적 갈변

비효소적 갈변반응은 효소의 작용 없이 식품 내 성분의 반응에 의해 갈변이 진행되는 것으로, 마이야르(Maillard) 반응, 캐러멜화(caramelization), 아스코브산(ascorbic acid)의 산화반응이 이에 속한다.

① 마이야르 반응

마이야르(Maillard) 반응은 카보닐기를 가진 환원당과 아미노기를 가진 질소화합물이 반응하여 갈색 물질인 멜라노이딘(melanoidin)을 형성하는 갈변반응으로 마이야르 반응, 아미노-카보닐 반응, 멜라노이딘 반응 등으로 부르기도 한다. 대부분의 식품에 카보닐 화합물과 아미노기 화합물이 함유되어 있어 식품의 조리·가공 중에 흔히 일어나며 대표적인 예로는 빵, 케이크, 된장, 간장 등이 있다. 마이야르 반응 과정 중에 아미노산의 반응 참여로 영양소의 손실이 일어나기도 하지만 식품의 색과 향미를 향상시키기도 한다.

반응 속도는 일반적으로 환원당 중에서도 단당류인 경우 갈변 속도가 빠르고, 비환원당은 마이야르 반응에 참여할 수 없으나 가열 등에 의해 환원당으로 분해된 후 반응에 참여하기도 한다. 완전 건조 상태에서는 반응이 일어나기 어렵고, 수분활성도 0.3~0.7 범위 내에서는 온도가 높아지면 반응 속도는 급속히 증가하게 된다. 또한 pH 3 이하에서는 갈변 속도가 느리고 약알카리 환경에서 최대 속도를 나타낸다. 그 밖에 이산화황, 아황산염 등 함황화합물이 존재하는 경우 이들이 카보닐기와 반응하여 마이야르 반응을 억제한다.

② 캐러멜화

캐러멜화(caramelization)는 당류가 160℃ 이상으로 가열될 때 산화, 탈수, 분해되고 그 생성물들이 다시 중합, 축합되어 갈색의 캐러멜 색소를 형성하는 반응이다. 마이야르 반응에서와 마찬가지로 반응 과정 생성물들이 식품의 독특한 색과 향미를 형성하게 되는데 이를 이용하기 위해 상업적으로 캐러멜을 제조하기도 한다. 캐러멜화는 고온에서 일어나는 반응이므로 자연 상태에서 진행되지는 않고 당 함량이 높은 식품의 가열 과정 중에 발생하는 경우가 많다. 산성 환경과 알칼리성 환경에서의 반응 과정이 다르게 나타난다.

③ 아스코브산의 산화에 의한 갈변

아스코브산(ascorbic acid)은 환원력이 강한 성질로 인해 항산화제 또는 효소적 갈변 반응의 방지제로 이용되기도 하나, 아스코브산이 비가역적으로 산화되면 환원력을 잃게 되고 산화 생성물들이 중합하거나 아미노 화합물과 반응하여 갈색 물질을 형성하게 된다. 아스코브산의 산화에 의한 갈변은 효소, 온도, 산소 유무 등에 상관없이 쉽게 일어나므로 감귤류 가공품에서 문제시된다. 또한 구리나 철은 아스코브산의 산화를 촉진하므로 구리나 철이 함유된 용기나 도구를 사용하지 않는 것이 좋다.

5. 향미의 변화

1) 효소에 의한 향미의 변화

식물체 속의 함황화합물들은 식물 조직이 파괴되면 효소의 작용으로 자극적인 냄새 성분으로 변화된다. 양파, 마늘, 부추, 파 등 백합과 식물들은 주로 알리이네이스(alliinase)에 의해(그림 7-19), 겨자, 고추냉이, 배추 등 겨자과 식물들은 주로 미로시네이스(myrosinase)에 의해(그림 7-20) 향미 성분을 형성한다. 알리이네이스에 의해 생성되는 알리신은 가열시 트라이설파이드(trisulfide), 다이설파이드(disulfide), 머캅탄(mercaptan) 등을 형성하며 매운맛을 잃게 되고, 머캅탄은 단맛을 나타내기도 한다.

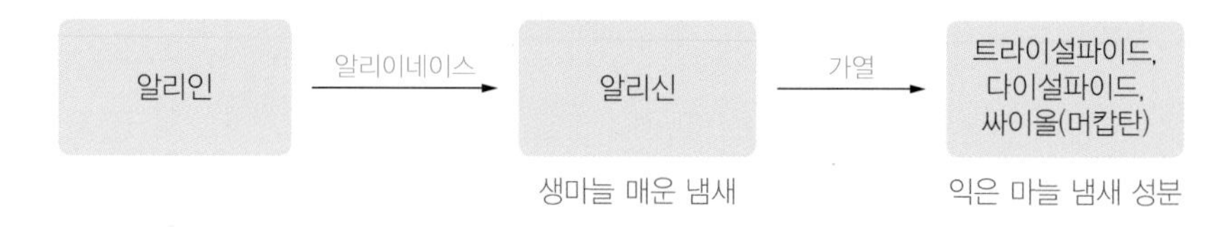

그림 7-19 백합과 식물의 냄새 성분 생성 과정

그림 7-20 겨자과 식물의 냄새 성분 생성 과정

2) 가열에 의한 향미의 변화

식품을 가열할 때 발생하는 냄새는 식품 속 성분이 휘발하여 냄새가 나타나는 경우도 있으나, 가열 중 성분들 간 화학반응을 통해 생성된 냄새 성분 때문인 경우도 있다. 가열에 의해 생성되는 냄새 성분의 대표적인 예로는 마이야르 반응이나 캐러멜 반응 등 비효소적 갈변 과정 중에 생성되는 퍼퓨랄(furfural) 등 각종 환상 화합물, 알데하이드(aldehyde), 케톤(ketone) 등이 있다. 그 밖에 지질 등 각종 물질의 열분해로 생성되는 휘발성 물질들도 식품의 가열 중 발생하는 냄새를 형성한다.

3) 변패에 의한 향미의 변화

식품의 변패시 생성되는 냄새 성분으로는 탄수화물의 분해에 의해 생성되는 휘발성 유기산, 육류나 어류의 단백질이나 아미노산이 분해되면서 생성되는 부패취 성분인 암모니아(ammonia), 메틸머캅탄(methyl mercaptan), 인돌(indole), 스카톨(skatole), 황화수소 등이 있다. 또한 유지의 자동산화나 리폭시제네이스(lipoxygenase)에 의한 산패시에는 알데하이드, 케톤 등의 카보닐 화합물이 생성되어 산패취를 형성한다.

chapter 8

식품 성분과 생체조절 기능

식이섭취가 질병과 밀접한 연관이 있다는 사실이 밝혀지면서 식품의 생리적 기능성이 주목받고 있다. 이제 사람들은 식품으로부터 맛과 영양가 이상의 생리적 기능성을 얻고자 한다. 특히 전 세계적으로 고령화가 가속되면서 건강 관련 산업이 생명공학시대를 움직이는 원동력이 되고 있고, 이러한 요구를 충족하기 위하여 식품에 다양한 생리활성 조절 기능을 부여한 건강기능식품이 개발되어 식품시장에서 급성장하고 있다.

1. 기능성 탄수화물

식품공학의 발전으로 탄수화물 특이성을 지닌 효소들이 발견되고 이들에 의한 새로운 탄수화물 소재들이 개발되어 활용되고 있다. 탄수화물의 특성을 갖는 물질 중 기능성을 나타내는 소재로는 올리고당, 당알코올, 식이섬유, 뮤코다당류 등이 있다.

표 8-1 기능성 탄수화물의 종류

종류	원료	기능
올리고당	설탕, 전분	저열량 감미료, 정장작용, 지질대사 개선, 무기질흡수 증진, 충치예방효과
당알코올	설탕, 전분	저열량감미료, 청량감, 보수성 제공
식이섬유	전분, 과일, 채소, 검류, 해조류 추출물	장운동 개선, 혈당 및 콜레스테롤 상승 억제
뮤코다당류	미생물	결합조직 형성, 세포외액의 용량조절, 전해질의 이동, 조직의 강도 및 유연성

1) 올리고당

올리고당은 포도당, 과당, 갈락토스가 3~10개 정도로 결합된 수용성 비소화성 당질로 결합양식에 의해 환원성 올리고당(말토스형), 비환원성 올리고당(트레할로스형)으로 분류된다. 올리고당은 식품산업에서 전분, 키틴, 이눌린 등 고분자 탄수화물에 효소를 작용시켜 생산한다. 올리고당은 소화효소에 의해 소화되지 않기 때문에 섭취 후 혈당을 올리지 않으며 대장에서는 비피더스균과 같은 유익한 균의 증식을 도와 정장작용을 하고 변비 예방에도 도움을 준다. 현재 대두올리고당, 프럭토올리고당, 아이소말토올리고당 등이 건강기능식품의 원료로 이용된다.

표 8-2 각종 올리고당의 종류 및 원료

올리고당	원료	기능
대두올리고당	두류, 면실, 사탕무의 종자와 뿌리	비피더스의 선택적 증식
프럭토올리고당	설탕	정장작용, 변통 개선
갈락토올리고당	유당	장내 균총 개선, 변통 개선, 칼슘과 마그네슘의 흡수촉진, 혈청 지질 개선
아이소말토올리고당	된장, 간장, 청주에 미량 함유 포도당이나 전분에 효소를 작용시켜 제조	장내 환경 개선(장내 부패균인 *Clostridium perfringens*의 증식 억제)
말토올리고당	전분에 효소를 작용시켜 제조	정장작용, 저충치성

스타키오스

라피노스

그림 8-1 올리고당의 구조

케이크시럽의
아이소말토올리고당

맛간장의
아이소말토올리고당

요구르트의
프럭토올리고당

그림 8-2 올리고당의 이용

2) 당알코올

당알코올은 식물체에 존재하는 당의 유도체이며 식품산업에서는 수소첨가반응이나 발효법에 의해 대량생산된다. 일반적으로 저칼로리 당류로 비만 예방이나 당뇨병 환자의 감미료 대체로 많이 사용되며 충치 예방 효과가 있다. 사탄당, 오탄당, 육탄당의 카보닐기(carbonyl group)가 알코올기로 환원된 것을 당알코올이라 하고, 당알코올은 화학적으로 환원하여 얻을 수도 있으며 일부는 식품이나 식물체에 존재하기도 한다. 당알코올은 수분조절 능력이 있고 식품의 안정성, 점도, 조직감, 저장성을 향상시켜 품질개선을 위해 사용되고 있다. 사탄당 유도체인 에리트리톨(erythritol)은 에리트로스의 환원체이며 해조류 등에도 존재한다. 오탄당인 리보스(α-D ribose)의 유도체로 리비톨(ribitol)이 있으며, 아도니톨(adonitol)이라고도 한다. 또한 자일로스(xylose)가 환원된 자일리톨(xylitol)은 설탕 대용으로 무설탕 식품에 다양하게 사용되고 있다. 육탄당의 유도체로 마니톨(manitol), 소비톨(sorbitol), 둘시톨(dulcitol)이 있는데 마니톨은 해조류, 갈조류에서 생산되며 단맛이 강하며 공업적으로 포도당에 수소를 첨가하여 제조하기도 한다. 소비톨은 과일이나 식물체에 존재하고 흡습성이 있으며 포도당의 전기분해 및 환원에 의해 얻는다. 둘시톨은 다양한 식물에서 얻을 수 있으며 단맛을 가진 갈락토스의 환원형이다.

표 8-3 당알코올의 열량

당알코올	열량(kcal/g)
에리트리톨	0.2
마니톨	1.6
자일리톨	2.4
소비톨	2.6
말티톨	3.0

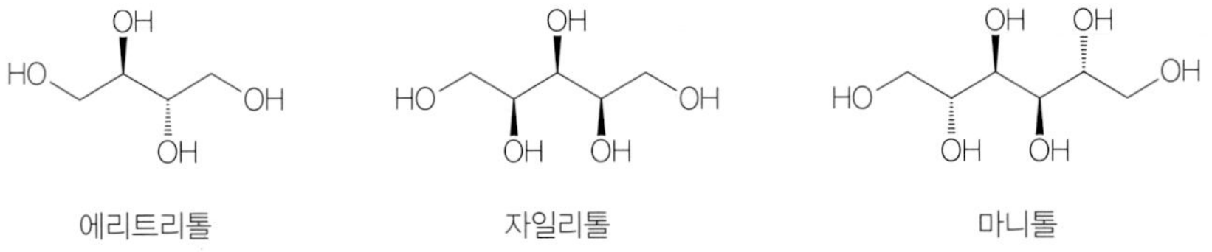

그림 8-3 당알코올의 구조

추잉검의 자일리톨　　　커피믹스의 에리트리톨　　　캔디의 소비톨

그림 8-4 가공식품 중 당알코올의 이용

3) 식이섬유

식이섬유는 유익한 생리적 특성을 지닌 난소화성 다당류로 용해성에 따라 불용성과 수용성으로 분류한다. 이들은 식후 포만감을 증진시켜주며 비만조절에도 사용된다. 수용성 식이섬유는 장에서 수분을 흡착하여 장액의 점도를 높이고 포도당과 지질의 흡수를 지연시키는 기능을 한다. 식물성 식품에는 불용성 식이섬유와 수용성 식이섬유들이 포함되어 있으며 불용성 식이섬유가 많은 식품은 복숭아, 토마토, 과일의 껍질, 콜리플라워, 비트 등이고 수용성 식이섬유가 많은 식품은 살구, 체리, 감귤류, 포도, 보리, 감자, 고구마 등이다.

표 8-4 식이섬유의 종류 및 기능

분류	식이섬유 종류	기능
수용성	β-글루칸(β-glucan)	• 면역증강 작용
	이눌린	• 대장에서 유산균에 의해 발효되어 장기능 개선 • 배변활동의 원활 • 콜레스테롤 저하 • 식후 혈당상승 억제에 도움
	검류	• 난소화성 다당류로 장내 미생물에 의해 분해 • 콜레스테롤 흡수의 방해 • 당과 전분의 소화 흡수 지연 • 배변활동의 원활
	펙틴	• 장에서 수분 흡착, 팽윤, 장내 미생물에 의해 분해
	난소화성 덱스트린	• 소화흡수의 지연으로 식후 혈당 억제
	글루코만난	• 콜레스테롤의 흡수를 저해 • 배변활동의 원활
불용성	셀룰로스	장의 운동 자극 혈청 콜레스테롤 저하
	헤미셀룰로스 일부	배변량 증가, 대장의 운동 자극

4) 뮤코다당류

뮤코다당류는 아미노당인 아세틸갈탁토사민(N-acetyll-galactosamine)과 아세틸글루코사민(N-acetylglucosamine)으로 구성된 고분자 다당류로 동물 점액성 물질과 결합조직에 함유되어 있다. 구성당의 종류에 따라 연골조직과 결체조직 등에 함유된 콘드로이틴황산, 동물의 피부, 연조직, 결체조직 등에 존재하는 히알루론산 등이 있다.

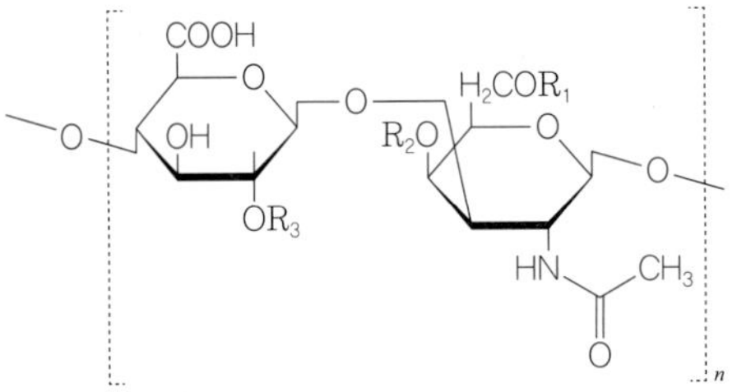

그림 8-5 콘드로이틴 황산

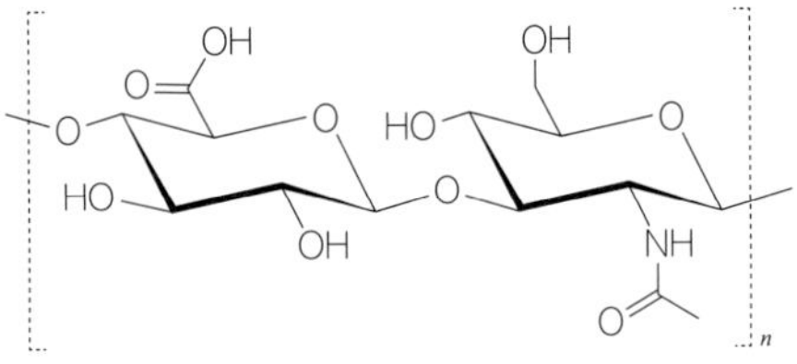

그림 8-6 히알루론산

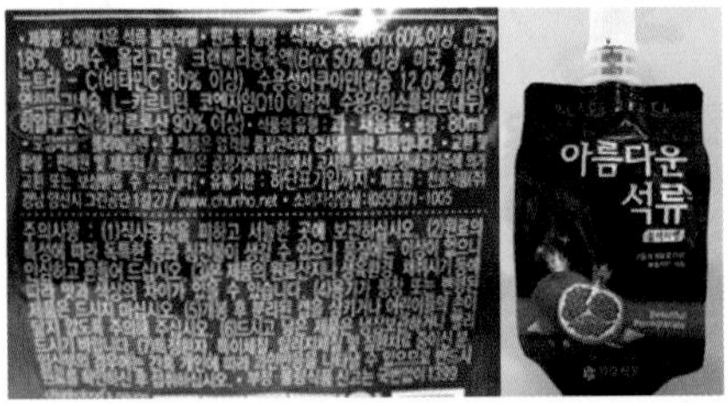

그림 8-7 석류주스 중의 히알루론산

2. 기능성 지질

어떤 식품을 섭취하였을 때 그 식품에 함유된 특정 성분으로 인해 인체의 정상적인 생리활동이나 대사 기능이 향상되거나 또는 질병의 증세가 개선되는 경우가 있다. 건강기능식품으로 인정된 지질 관련 물질은 다음 표 8-5와 같다.

표 8-5 기능성 지질 종류와 생체 조절 기능

기능성 지질	함유 식품	생체 조절 기능
오메가-3 지방산 (DHA, EPA)	연어 참치, 정어리	체지방 감소 고지혈증 개선 동맥경화 개선 항염증 천식 완화 류마티스형 관절염 완화 아토피성 습진 완화 항암 면역력 개선
감마리놀렌산 (γ-linolenic acid, GLA)	달맞이꽃 종자유, 까막까치밥 종자유, 보리지 종자유	
공액리놀레산 (Conjugated linoleic acid, CLA)	육류 유제품 양송이버섯	
레시틴 (Lecithin)	난황 대두	
식물스테롤/식물스테롤 에스터 (Phytosterol, PS)/(Phytosterol ester, PSE)	식물성 기름 견과류, 두류	
알콕시글리세롤 (Alkoxy glycerol)	상어간유	

1) 오메가-3 지방산

불포화지방산 중에서 메틸기를 지닌 말단으로부터 3번째 탄소에 처음 이중결합이 위치하는 지방산을 오메가-3 지방산이라 한다. 건강기능성을 지닌 대표적인 오메가-3지방산에는 탄소 수 20개, 이중결합이 5개인 EPA와 탄소 수 22개, 이중결합 6개인 DHA가 있다. EPA와 DHA는 어류의 기름에 다량 함유되어 있으며 연어, 고등어, 참치, 정어리와 같은 등푸른생선에 많이 들어 있다. 해조류에도 오메가-3 지방산이 들어 있어 *Crypthecodinium cohnii*와 *Schizochytrium* 등의 미세조류에는 DHA가, 갈조류인 다시마에는 EPA가 함유되어 있다.

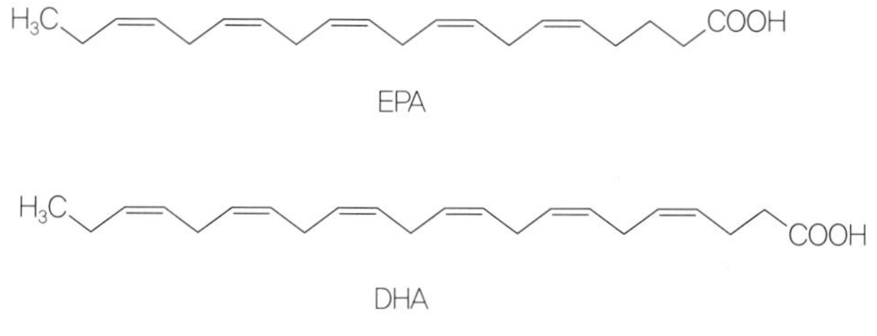

H_3C COOH

EPA

H_3C COOH

DHA

그림 8-8 오메가-3 지방산의 구조

오메가-3 지방산은 혈전 형성을 억제하고 중성지방과 콜레스테롤 농도를 낮춤으로써 관상동맥 및 심혈관계 질환을 예방하는 데 도움을 준다.

2) 감마리놀렌산

감마리놀렌산(γ-linolenic acid, GLA)은 달맞이꽃 종자유, 까막까치밥(blackcurrant) 종자유, 보리지(borage) 종자유 등 식물성 기름에 많이 함유되어 있는 오메가-6계 지방산이다. 아메리칸 원주민들은 부었을 때 달맞이꽃 종자유를 사용하였는데, 이것이 17세기 유럽에 전해지면서 민간요법으로 널리 퍼지게 되었다. 감마리놀렌산은 염증, 천식, 류마티스형 관절염, 아토피성 습진, 동맥경화증 등을 완화시키는 것으로 보고되고 있다.

사람은 옥수수유나 대두유 같은 식물성유로부터 오메가-6계 지방산인 리놀레산을 섭취한다. 리놀레산은 그림 8-9와 같이 체내에서 탈포화효소(desaturase)의 작용으로 이중결합을 3개 지닌 감마리놀렌산으로, 이는 다시 다이호모감마리놀렌산을 거쳐 아라키돈산으로 전환된다. 이들은 체내에서 항염증, 항혈소판 응집 등 여러 가지 생리활성 작용을 하는 프로스타글란딘(prostaglandins)의 전구체 역할을 한다. 그러나 효소활성이 낮아 이의 합성이 원활하게 이루어지지 않는 경우도 있다.

3) 공액리놀레산

공액리놀레산(conjugated linoleic acid, CLA)은 오메가-6계 필수지방산으로 2개의 이중결합을 갖고 있는 리놀레산과 분자식은 같으나 구조식이 다른 이성체이다. 자연계의 식품에서 주로 발견되는 공액리놀레산은 그림 8-10에서와 같이 카복실기 말단으로부터 탄소 수를 세었을 때 *cis*-9, *trans*-11 공액리놀레산 형태로 존재하며, 일부는 *trans*-10, *cis*-12 공액리놀레산 형태로 들어 있다. 리놀레산의 경우 이중결합-단일결합-단일결합-이중결합 순으로 탄소가 나열되는 데 비해 공액리놀레산에서는 두 개의 이중결합 사이에 단일결합이 끼어 있다.

공액리놀레산은 쥐에서 항암작용을 지니는 것으로 보고되면서 알려지기 시작했으며, 이외에도 심혈관계 질환의 위험을 낮추어 주며 염증을 완화시켜 준다. 또한 체지방은

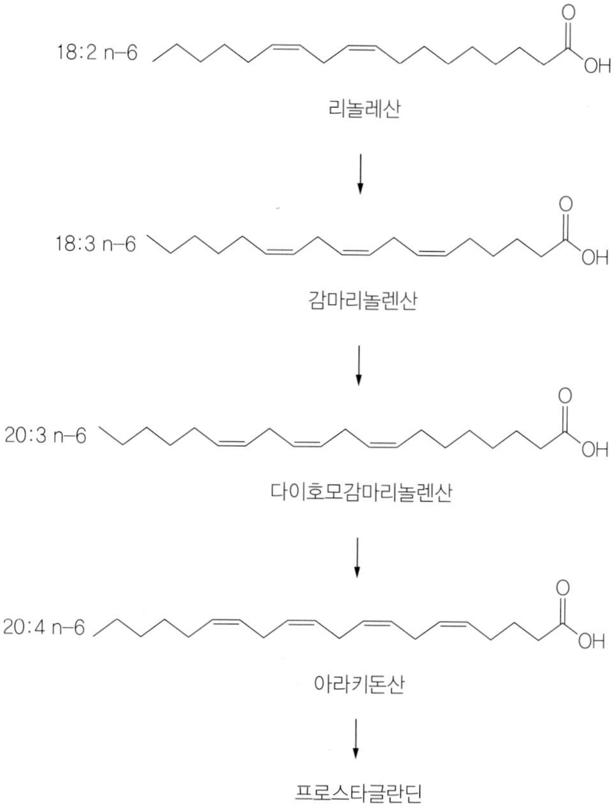

18:2 n-6 OH

리놀레산

↓

18:3 n-6 OH

감마리놀렌산

↓

20:3 n-6 OH

다이호모감마리놀렌산

↓

20:4 n-6 OH

아라키돈산

↓

프로스타글란딘

그림 8-9 감마리놀렌산의 구조

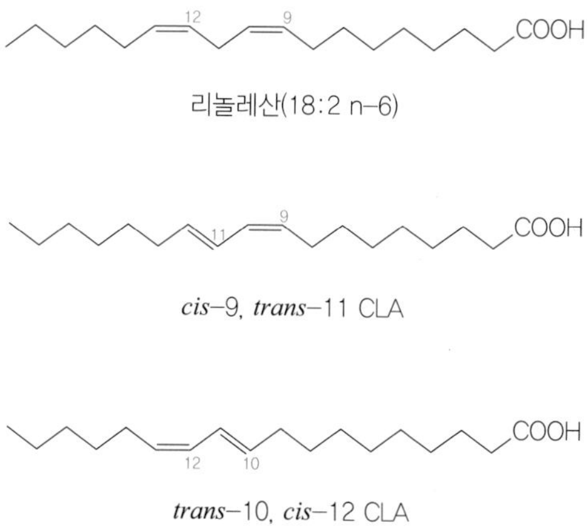

12 9 COOH

리놀레산(18:2 n-6)

11 9 COOH

cis-9, *trans*-11 CLA

12 10 COOH

trans-10, *cis*-12 CLA

그림 8-10 공액리놀레산의 구조

감소시키고 근육량을 늘려주어 체중 관리에도 효과가 있는 것으로 보고되고 있다. 공액 리놀레산은 소, 양 등 반추동물의 육류나 유제품에 들어 있으며, 사료를 준 경우보다 방목한 육류의 경우 함량이 높다. 식물성 식품으로는 양송이버섯에 들어 있다.

4) 레시틴

복합지질인 레시틴은 콜린과 포스파티드산의 인산기가 결합하여 포스파티딜콜린(phosphatidylcholin)이라고도 불린다. 레시틴은 세포막, 특히 뇌 세포막에 존재하며, 뇌의 활동을 원활하게 하여 치매나 뇌질환 개선에 역할을 하는 것으로 알려지고 있다. 또한 레시틴은 분자 구조 내에 소수성이 강한 지방산기와 친수성이 강한 인산, 콜린 부분을 갖고 있어 물과 기름이 섞이도록 해준다. 이와 같이 레시틴은 유화제로 작용하여 콜레스테롤을 용해시켜 심혈관질환을 예방하는 데 도움을 준다. 여러 동물실험 연구에서 레시틴이 LDL 콜레스테롤을 낮추고 HDL 콜레스테롤 농도를 높이는 것으로 보고되고 있다. 레시틴은 난황과 대두, 동물의 간과 뇌 등에 많이 들어 있다.

5) 식물스테롤 및 식물스테롤 에스터

식물스테롤(phytosterol, PS)이란 식물성 기름, 곡류, 견과류, 두류, 과일과 채소 등 식물성 식품에 널리 존재하는 스테로이드 물질이다. 자연계에는 200여 가지에 달하는 식물스테롤이 발견되며, 그림 8-12와 같이 탄소 곁가지의 형태, 이중결합의 존재 유무만이 다를 뿐 콜레스테롤과 유사한 구조를 지닌다. 그 구조는 콜레스테롤과 비슷하지만

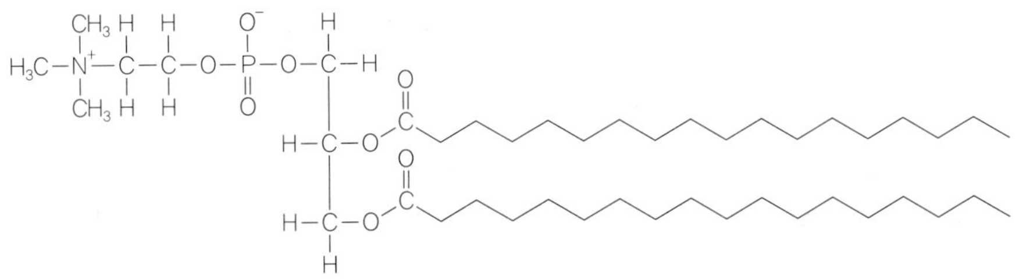

그림 8-11 레시틴의 구조

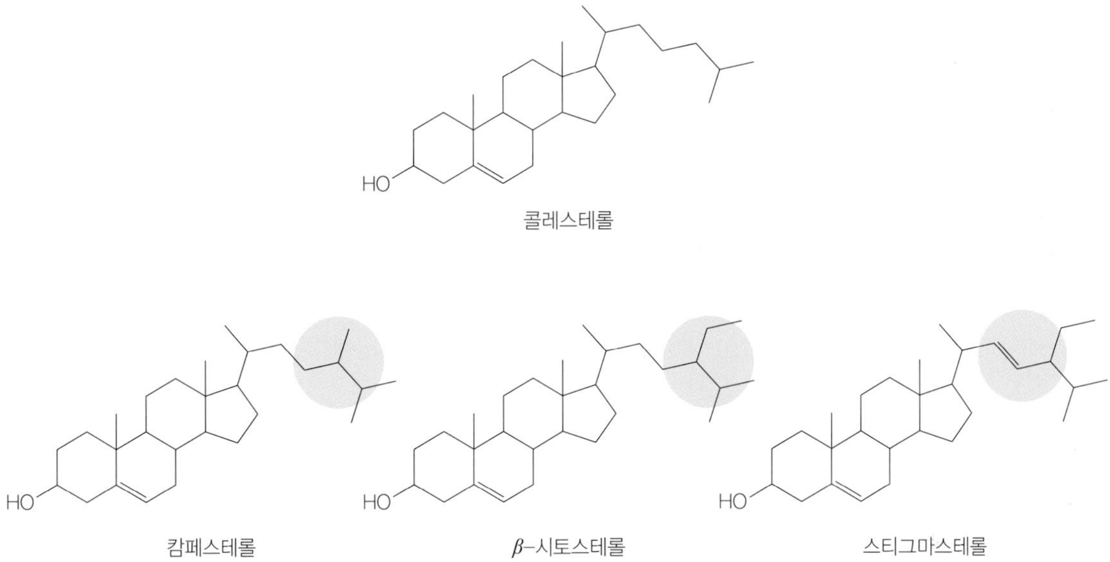

HO

콜레스테롤

HO

캄페스테롤

HO

β-시토스테롤

HO

스티그마스테롤

그림 8-12 식물스테롤의 구조

식물스테롤은 체내에서 약 2% 정도만이 흡수된다. 여러 가지 식물스테롤 중 우리의 식사에는 시토스테롤(sitosterol)과 캄페스테롤(campesterol)이 가장 많이 들어 있다.

콜레스테롤이 장내에서 흡수를 위해 담즙과 미셀을 형성할 때 식물스테롤은 콜레스테롤과 경쟁적으로 결합한다. 즉 식물스테롤은 콜레스테롤의 흡수를 방해하고, 따라서 LDL 콜레스테롤 농도를 낮춘다. 최근에는 유방암이나 전립선암에 대한 항암작용을 하는 것으로 보고되고 있다. 특히 시토스테롤은 항동맥경화, 항염증, 면역 증강 기능을 한다.

6) 알콕시글리세롤

알킬글리세롤(akylglycerol)이라고도 부르며, 일본의 쓰지모토와 토야마에 의하여 처음 발견되었다. 알콕시글리세롤(alkoxyglycerol)의 구조는 중성지방과 유사하나 그림 8-13과 같이 글리세라이드 분자의 1번 탄소에 지방산이 에테르 결합을 이루고 있다. 상어 간유에는 알콕시글리세롤로 키밀 알코올(chimyl alcohol), 바틸 알코올(batyl alcohol), 세라킬 알코올(selachyl alcohol) 등이 들어 있으며, 사람의 경우에는 골수와 모유에 들어 있다.

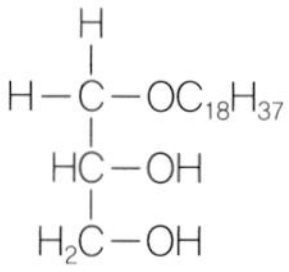

바틸 알코올

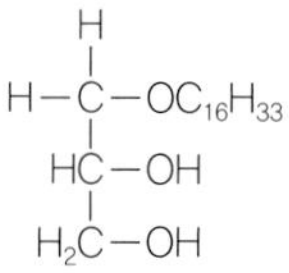

키밀 알코올

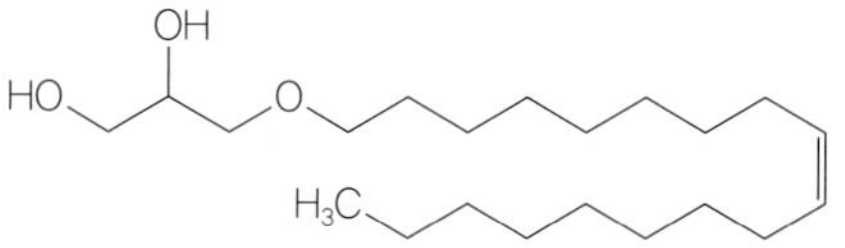

세라킬 알코올
1–*O*–octadec–9–enylglycerol

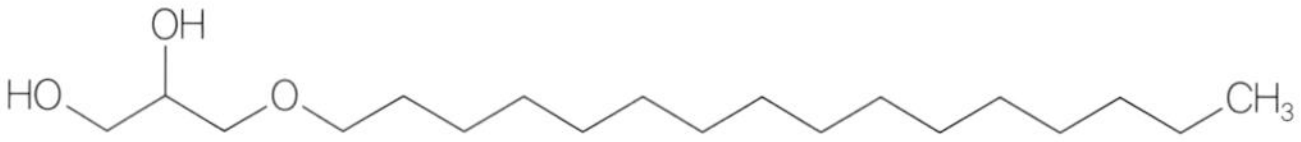

키밀 알코올
1–*O*–hexadecylglycerol

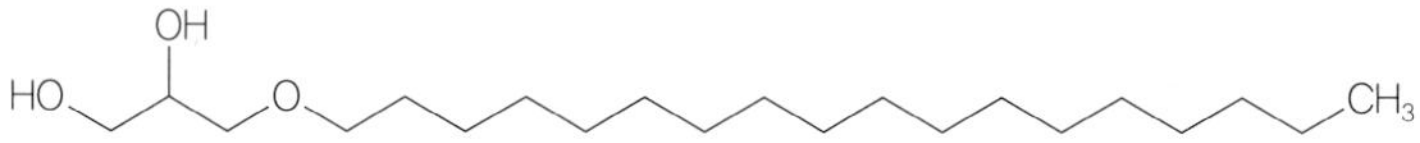

바틸 알코올
1–*O*–octadecylglycerol

그림 8－13 알콕시글리세롤의 구조

알콕시글리세롤은 암세포를 죽임으로써 항암 효과를 지니며, 방사선 조사에 따른 부작용을 감소시킬 뿐 아니라 면역 기능 개선에도 효과가 있는 것으로 알려지고 있다. 알콕시글리세롤은 대식세포를 활성화하여 면역력을 향상시키거나 또는 프로테인카이네이스(proteinkinase) 작용을 억제하여 암세포의 성장을 억제한다.

3. 기능성 단백질

1) 기능성 아미노산과 유도체

아미노산은 체단백질 분해를 억제하고 합성을 항진시켜 근육을 강화한다. 근육은 잉여 칼로리와 노폐물을 태워 없애는 난로 역할을 하기 때문에 근육이 발달할수록 피로를 이기고 활력이 생긴다. 운동 전후에 아미노산을 섭취하면 운동으로 인한 근육의 손상과 근육통을 줄일 수 있는 것으로 확인되었다. 게다가 신체 성장, 대사조절, 피로회복, 피부개선 등 개별 아미노산의 생리활성에 대한 과학적 자료들이 제시되면서 각종 아미노산이 새로운 기능성 식품소재로 각광받고 있다. 이로써 음료를 시작으로 기능성 아미노산을 함유한 다양한 제품이 출시되고 있고 관련 시장규모도 매년 급증하고 있다.

(1) 타우린

타우린(taurine)은 카복실기 대신에 황을 함유하는 아미노산으로 소의 담즙에서 처음 발견되었다. 신생아와 미숙아의 경우 타우린의 합성 경로가 발달되지 않아 합성량이 제한되므로 외부로부터 공급되어야 한다. 게다가 모유에는 타우린이 함유되어 있으나 우유에는 타우린이 거의 함유되어 있지 않으므로 조제분유에는 타우린을 첨가해 주어야 한다.

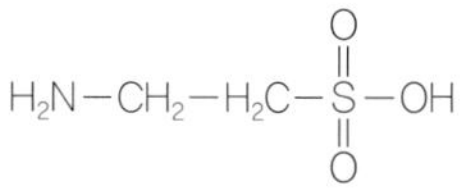

$$H_2N-CH_2-H_2C-\overset{\overset{O}{\|}}{\underset{\underset{O}{\|}}{S}}-OH$$

그림 8-14 타우린의 구조

담즙산은 타우린이나 글리신과 결합하여 담즙산염을 형성함으로써 섭취된 지방의 유화와 흡수를 도와주는 역할을 한다. 특히 신생아나 고양이의 경우 타우린만이 이 담즙산염 형성에 사용된다. 또한 타우린은 성숙한 망막에 존재하는 아미노산의 40~50%를 차지하며 임신 중반기 태아의 뇌 조직에 가장 많이 함유된 유리 아미노산이다. 그 외, 타우린의 다양한 생물학적 기능이 새로이 보고되면서 영양학 및 약리학적 측면에서 그 중요성이 재조명되고 있다.

타우린은 단백질 합성에 사용되지 않을 뿐 아니라 체내에서 다른 물질로 전환되지 않으며, 사용되지 않고 남은 타우린은 대부분 소변으로 배설된다. 타우린의 주된 생산원료는 어패류이고 소의 담즙에서도 추출한다. 최근 타우린은 영·유아식과 각종 기능성 음료 및 의약품에 첨가된다.

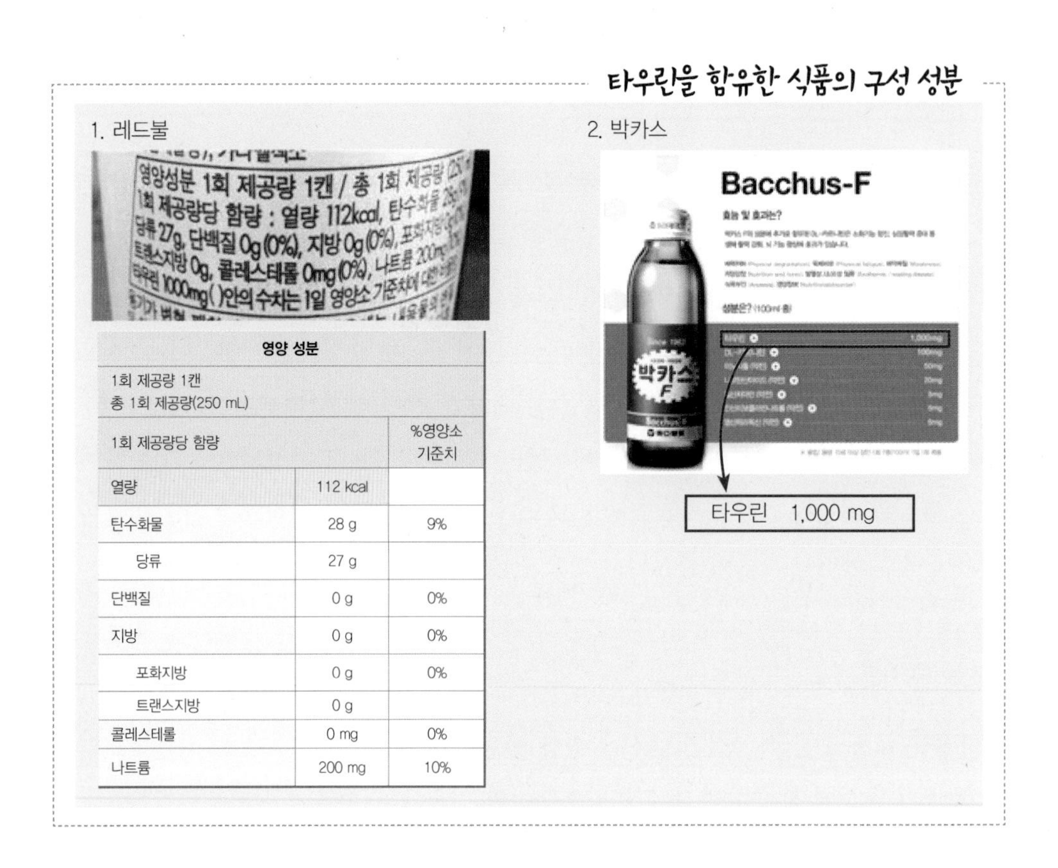

영양 성분		
1회 제공량 1캔 총 1회 제공량(250 mL)		
1회 제공량당 함량		%영양소 기준치
열량	112 kcal	
탄수화물	28 g	9%
당류	27 g	
단백질	0 g	0%
지방	0 g	0%
포화지방	0 g	0%
트랜스지방	0 g	
콜레스테롤	0 mg	0%
나트륨	200 mg	10%

고양이와 타우린

포유류는 대부분 타우린을 체내에서 합성할 수 있지만 고양이는 타우린을 합성할 수 없으므로 식품으로 섭취해야 한다. 고양이가 생선을 좋아하는 이유도 생선에 풍부한 타우린 때문이다. 따라서 고양이의 사료에는 타우린을 보충해주어야 한다.

(2) 멜라토닌

멜라토닌(melatonin)은 조류에서부터 인간에 이르기까지 모든 생명체에서 발견되는 호르몬으로 생체리듬을 조절한다. 이것은 트립토판으로부터 합성되어 뇌의 송과선(pineal gland)에서 분비되는 호르몬으로 명암의 자극에 따라 분비량이 조절된다. 1993년부터 수면장애 조절이나 비행시차증후군(Jet Lag)을 감소시키기 위한 목적으로 멜라토닌 보충제의 사용이 허가되었다.

망막에 도달하는 빛의 양이 많으면 멜라토닌의 분비가 줄어들고 어두워지면 멜라토닌의 분비가 늘어난다. 송과선의 멜라토닌 생산은 놀라울 정도로 24시간 주기성을 보여주며 이 24시간 주기성은 혈액에서 순환하는 멜라토닌의 함량에 의해 조절되기도 한다.

멜라토닌은 쌀, 보리, 옥수수, 귀리 등의 식물에서도 합성되며 3 mg의 멜라토닌은 바나나 120개, 쌀밥 30그릇에 함유된 멜라토닌의 양에 해당한다.

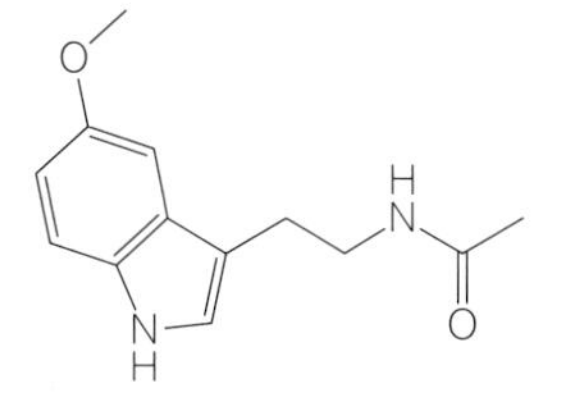

그림 8-15 멜라토닌의 구조

(3) 아스파탐

아스파탐(aspartame)은 식품에 존재하는 아스파트산과 페닐알라닌이라는 두 가지 아미노산으로 구성된 인공감미료이다. 이 감미료는 백색의 결정성 분말로 설탕에 비해 약 200배의 단맛을 내며 물에 잘 녹는다. 설탕과 비슷한 단맛이 나고 다른 인공감미료와 달리 쓴맛이 없다. 체내에서는 일반 단백질처럼 분해·소화·흡수되고, 1 g당 열량은 4 kcal이지만 설탕의 200분의 1만 사용하면 되기 때문에 저칼로리 감미료로 많이 쓰인다. 아스파탐은 온도 80℃ 이상에서는 분해되지만 용해도가 높아 청량음료에 사용된다.

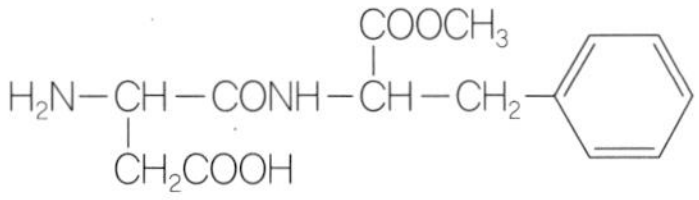

$COOCH_3$

$H_2N-CH-CONH-CH-CH_2-$

CH_2COOH

그림 8-16 아스파탐의 구조

한때 두통과 같은 신경계 부작용 때문에 안전성에 대한 논란이 있었으나 1981년 미국 식품의약청(Food and Drug Administration)의 승인을 받았고, 1983년 일본에서도 식품첨가물 지정을 받아 세계 120여 개국에서 식품·음료·제약 등 여러 분야의 첨가물로 사용되고 있다.

2) 기능성 펩타이드

다양한 형태의 펩타이드가 자연계에 존재하고 단백질 분해 과정에서 생성되기도 한다. 생체에는 강한 생리활성을 갖는 유리 펩타이드들이 존재하는데, 그 예로서 펩타이드성 호르몬, 신경전달물질, 세포성장인자, 항균물질, 효소제해물질 등이 있다. 이와는 별도로 식품의 소화·조리·가공 과정에서 단백질이 가수분해되어 펩타이드가 생성되기도 한다. 1970년대 이래 식품으로부터 항고혈압성, 항진통성, 칼슘흡수촉진, 생체방어 및 면역부활, 혈소판응집저해 등의 다양한 활성을 가진 펩타이드들이 발견되면서 식품 단백질이 잠재적인 생리활성물질의 공급원으로 인식되었고 신규 생리활성 펩타이드를 찾기 위한 연구가 활발하게 진행되고 있다.

펩타이드는 경구투여에서 활성을 유지해야 기능성 식품소재로서의 가치가 있는데 대부분의 식품 단백질은 위장관을 통과하는 과정에서 3차 구조가 변성되고 분해된다. 따라서 펩타이드가 체내에서 활성을 보이기 위해서는 장관을 통과하는 과정에서 고유한 구조를 유지할 수 있어야 하고, 장관에서 흡수가 용이해야 하며, 흡수 후에도 생리적 기능을 유지할 수 있어야 한다.

펩타이드는 단백질과는 다른 물리·화학적 성질을 가진다. 펩타이드는 상온에서 보관해도 활성이 유지될 수 있을 정도로 안정하고, 분자량이 작고, 용해도가 높아 음료에 이용 가능하고, 고농도 용액에서도 낮은 점도를 보이며 유화능, 젤형성능, 수분 및 지방 흡수능이 우수하다. 현재 우유, 달걀, 대두, 축육류, 수산물, 옥수수, 밀가루 등의 다양한 식품원료로부터 생리활성을 보이는 펩타이드가 개발되어 상품화되었다.

전통식품과 펩타이드

간장, 된장, 젓갈 등의 발효식품에는 생리활성을 보이는 펩타이드가 많이 함유되어 있다. 이는 미생물이 식품원료를 발효시키는 과정에서 단백질이 분해되어 다양한 종류의 펩타이드가 생성되기 때문이다. 그러므로 발효식품은 기능성 펩타이드의 저장소라고 할 수 있다.

3) 기능성 단백질

(1) 락토페린

락토페린(lactoferrin)은 철과 결합하는 단백질인 트랜스페린(transferrin)의 일종으로 주로 모유나 우유, 혈액, 침, 눈물, 점액 분비물 등에 존재한다. 락토페린은 무색이지만 철이온과 결합하면 붉은색으로 변한다. 철과 결합하는 락토페린의 성질은 이 단백질이 생체에서 여러 가지 기능을 발휘하는 데 중요한 특성이 되고 있다. 락토페린 1분자는 2개의 철이온과 결합하는데, 락토페린의 결합력은 트랜스페린보다 약 260배 정도 더 강하며 락토페린의 이러한 성질은 철의 수송보다는 철을 포획(capture)하는 것에 이 단백질의 본질적인 기능이 있다는 것을 보여준다.

철이 결합되지 않은 유리 상태의 락토페린은 미생물의 생육에 필수적인 철을 탈취하여 미생물의 성장을 억제하고 사멸시키는 특징을 가진다. 실제로 락토페린이 바실러스(*Bacillus*), 대장균(*Escherichia coli*), 살모넬라(*Salmonella*) 등의 균을 1시간 이내에 99.99% 사멸시켜 항생물질에 뒤지지 않는 살균작용을 보였다는 연구결과도 있다. 반면 락토페린은 락토바실러스(*Lactobacillus*)나 비피더스(*Bifidus*)와 같은 인체에 유용한 세균에 대해서는 항균작용을 나타내지 않는다고 보고되었다.

락토페린은 주로 포유동물의 젖에 함유되어 있고 그 농도는 종에 따라 다양하다. 우유에는 1 L당 0.1~0.2 g, 사람의 모유에는 2~4 g, 출산직후의 초유에는 6~8 g이나 함유되어 있다. 수유기간 중 세균감염이 발생하면 락토페린의 농도가 30배 이상 급증함으로써 면역계의 미숙으로 저항력이 약한 유아의 감염 방어능을 높이는 기능을 한다. 그 밖에 눈물샘, 침샘, 전립선 등의 분비액에서도 소량 만들어진다.

락토페린은 기존의 항생물질보다 살균효과는 약하지만 부작용이 거의 없다는 장점이 있다. 최근에는 락토페린을 의약품으로 개발하기도 하고 항균목적으로 식품 및 사료에 첨가하기도 한다. 또한 유아용 분유의 모유화 및 비피더스균 증식 촉진작용을 목적으로 락토페린을 첨가한 요구르트나 분유 등의 식품도 개발하고 있다.

(2) 콜라젠

콜라젠은 18종의 아미노산으로 구성된 섬유상 단백질로서 세포와 세포 사이를 연결하는 역할을 한다. 사람의 몸에서 장기를 감싸는 막, 연골, 치아, 머리카락, 근육, 뼈와 피부 등에 주로 존재하는데 인체를 구성하는 총 단백질의 25%가 콜라젠이며 특히 피부 진피층의 70%가 콜라젠이다. 사람은 나이가 들면서 콜라젠 합성이 줄어들어 외관상으로 피부가 탄력을 잃고 주름이 생기기 시작하며 내부적으로는 뼈, 근육, 장기 등 신체의 골조를 이루는 부분이 약화되어 몸의 유연성이 떨어진다.

골밀도와 연골, 피부 개선에 대한 효능을 강조하는 다양한 콜라젠 제품이 개발되어 시중에 판매되고 있으나, 바르거나 먹는 용도로 개발된 콜라젠 제품의 유효성에 대한 논란이 제기되고 있다. 이와 같은 논란이 계속되는 중에도 콜라겐 시장은 날로 확산되고 있고 국내외에서 제약회사와 대기업들이 다양한 제품을 선보이고 있다.

4. 기타 기능성 물질

1) 식물생리활성물질

식물생리활성물질(phytochemicals)은 식물의 대사 과정에서 만들어지는 화학물질을 총칭한다. 식물은 질병, 미생물, 해충, 그리고 해로운 환경으로부터 종을 보호하기 위하여 다양한 종류의 방어물질을 생성한다. 식물이 생산하는 생리활성물질의 종류는 약 8,000가지가 넘는 것으로 알려져 있으며 다양한 생리활성을 보인다. 이를 사람이 적정량 섭취하게 되면 우리 몸의 생체 방어능력이나 면역기능을 향상시킬 수 있을 것으로 기대하여 식물생리활성물질을 '파이토뉴트리언트(phytonutrient)'라고도 부른다. 이러한 관점에서 동양에서는 오래전부터 식물을 약재로 사용하여 왔다.

(1) 구조적 특징 및 종류

식물생리활성물질은 화학구조에 따라 폴리페놀류(polyphenols), 터핀류(terpenes), 바닐로이드류(vanilloids), 그리고 황화합물류(sulfur containing compounds)로 분류할 수 있다. 그러나 식물생리활성물질은 종류가 다양하고 식물의 종류와 부위에 따라 함량도 다르므로 체계적으로 분류하고 정리하기가 어렵다.

폴리페놀류는 한 개 이상의 벤젠 링과 하나 이상의 수산기로 구성되어 있으며 플라보노이드류와 페놀산류로 구분한다. 이제까지 폴리페놀의 생리활성에 대해서는 항산화 및 항염증을 중심으로 연구되어 왔으며 청색, 적청색, 보라색을 띠는 베리류와 포도류 등은 폴리페놀의 좋은 급원이다. 플라보노이드(flavonoid)는 C6-C3-C6를 기본골격으로 하는 폴리페놀류를 총칭하는데 과일, 채소, 씨앗, 근채류, 견과류, 녹차와 와인뿐만 아니라 초콜릿에까지 광범위하게 존재하는 천연물질이다.

터핀류는 식물계에 널리 분포하는 정유 성분이고 구조상 변이가 잘된다. 터핀류에 속하는 물질에는 식물성 색소인 카로티노이드와 클로로필, 호흡에 필요한 유비퀴논

(ubiquinone), 그리고 세포막 구성에 필요한 스테롤(sterol) 등이 있다. 파이토스테롤은 너트류와 정제하지 않은 압착유에 많이 함유되어 있고, 사포닌은 인삼, 도라지, 감초에 풍부하며, 라이코펜은 토마토에 많이 함유되어 있다.

바닐로이드류는 감각 뉴런에 위치한 바닐로이드 수용기를 활성화하여 매운맛을 내게 하는 주요 성분이며 바닐린과 캡사이신이 여기에 속한다.

유기황화합물은 배추, 브로콜리, 케일, 겨자, 무청 등의 십자화과 식물에 주로 함유되어 있으며 마늘과 양파의 자극적인 냄새의 주성분이기도 하다.

(2) 생리활성

주요 역학연구들이 특정 식품의 섭취량과 만성질환 발병률 사이의 역상관관계를 보고하면서 파이토케미칼의 생리기능성이 주목받기 시작하였다. 특히 과일과 채소류, 견과류, 적포도주, 녹차, 곡류 등의 식물성 식품의 섭취가 높은 집단에서 만성질환 발병률이 현저하게 낮은 것으로 조사되었다. 만성질환은 대부분 산화적 손상기전에서 시작하므로 파이토케미칼의 항산화기능이 만성질환의 위험성을 감소하는 데 중요한 역할을 한다는 것이다. 폴리페놀이 잘 알려져 있으며 플라보노이드의 섭취와 일부 암의 발생위험 감소 간에 상관관계가 있는 것으로 보고되고 있다. 게다가 아이소플라본은 여성호르몬인 에스트로젠과 구조가 유사하고 에스트로젠 수용체에 결합하여 에스트로젠 유사기능을 할 수 있으므로 파이토에스트로젠(phytoestrogen)으로도 알려져 있다. 전통적으로 두부와 발효콩류의 섭취가 풍부한 집단에서 유방암과 자궁암의 발생이 낮다는 연구결과가 이를 뒷받침한다. 그러나 상반된 연구결과도 있으므로 이에 대한 더 많은 연구가 필요하다.

프렌치 패러독스 (French Paradox)

와인 소비가 많은 프랑스인들은 비교적 흡연율이 높고 버터, 치즈, 육류 등 동물성 지방질 섭취가 많은데도 심장질환에 의한 사망률이 낮다. 이와 같은 생활현상을 가리켜 '프렌치 패러독스'라고 한다. 이는 프랑스인이 즐겨 마시는 적포도주에 다량 함유되어 있는 안토사이아닌의 생리적 효과로 해석된다.

(3) 안전성

식물성 식품으로 섭취하는 파이토케미칼은 인체에 무해한 수준인 것으로 알려져 있으나 식품이 아닌 보조제의 형태로 섭취한 경우에는 몇몇 유해현상을 발견할 수 있다. 여러 연구 결과에서 플라보노이드가 풍부한 식품을 섭취하는 것은 여러 만성질환의 위험을 낮추는 데 효과가 있는 것으로 보고되었으며, 이러한 건강상의 효과가 파이토케미칼을 분리하여 제조한 보조제 또는 추출물을 통해 얻을 수 있는지는 아직 밝혀지지 않았다.

2) 프로바이오틱스

인체의 장(腸)에는 100조 개에 해당하는 약 1 kg의 세균이 서식하고 있으며 인체의 건강에 지대한 영향을 미치고 있다. 즉 인체에 유익한 균과 유해한 균이 장내에 혼재하여 서로간의 균형에 따라 건강 상태가 결정된다. 메치니코프가 유산균을 건강증진식품으로 제안한 이래 요구르트는 장내의 유익균을 증진하기 위한 직접적인 생균의 섭취 방법으로 광범위하게 이용되고 있다. 유산균과 같이 생균으로 적정량 섭취하였을 때 건강기능 효과를 주는 미생물을 '프로바이오틱스(probiotics)'라 하며 주로 *Lactobacillus*와 *Bifidobacterium*이 여기에 속한다. 프로바이오틱스 균들은 주로 소장과 대장에서 활동하며 유해한 균의 증식과 작용을 억제한다.

(1) 장내 균총의 중요성

다양한 미생물의 무리를 균총(菌總, microflora)이라 하는데, 인체의 소화기에는 약 500종의 미생물이 균총을 형성하여 살아가고 있으며 그 중 10~20종이 우세한 균총을 이루는 것으로 알려졌다. 장내 균총은 잠재적 병원균(유해균)과 건강증진균(유익균)으로 분류되는데, *Bifidobacterium*과 *Lactobacillus*는 젖산과 초산, 그외 다양한 유기산을 생성하고 유해한 물질을 거의 생산하지 않기 때문에 인체에 유익한 균주에 해당한다.

장내 균총은 출생과 함께 형성이 시작되며 나이에 따라 변화하는 것으로 알려져 있다(그림 8-17). 건강한 유아의 경우 비피더스균이 95% 이상을 차지하고 있으나, 이유기를 지나면서 프로바이오틱스 균들의 비중이 15% 이하로 떨어져 균총이 다양화되고 약

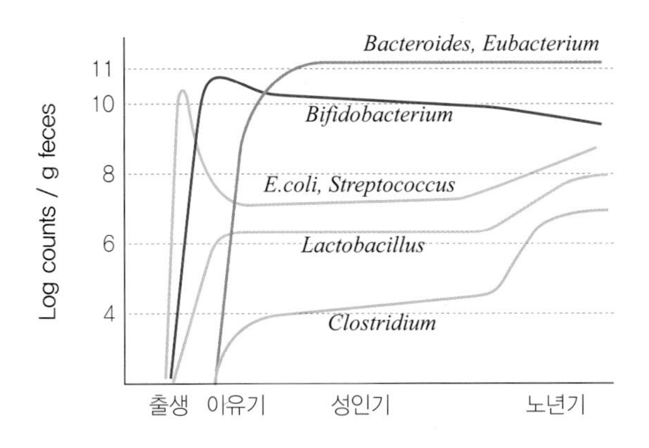

그림 8-17 연령에 따른 장내 균총의 변화

자료 : MitsuoKa, 1992

7세부터 성인의 균총과 비슷하게 된다. 더구나 여러 가지의 유해균들이 생성하는 암모니아, 아민, 인돌, 2차 담즙산 등의 유해물질로 인하여 건강상의 문제점들이 발생하고 노화가 진행된다.

(2) 프로바이오틱스의 효능

① 쾌변 유도 및 설사 개선

성인은 매일 약 1.5 kg의 음식물을 섭취하고 정상적인 경우 200 g 정도의 분변을 배설한다. 유산균이 생산하는 유기산은 장의 연동운동을 자극하여 쾌변을 유도하는 기능이 있다고 알려져 있으며, 유산균과 함께 올리고당이나 식이섬유를 함께 섭취하면 쾌변의 유도에 상승효과가 나타날 수 있다.

외부로부터 유입된 병원성 세균, 과음, 약물복용, 대사장애, 스트레스 등은 장의 상태를 과민하게 만들어 설사를 유발할 수 있다. 설사가 발생하면 정상적인 세균총의 균형이 무너지고 대장균, 포도상 구균, 연쇄상 구균 등의 유해세균들이 이상 증식하여 장의 상피세포를 자극하고 염증을 유발하기 쉽다. 이때 유산균을 섭취하면 정상 균총으로 빨리 회복되어 설사증상이 개선될 수 있다.

② 장내 염증 개선

염증성 장염은 장내 균총에 대한 인체의 비정상적인 반응이나 과다 면역반응으로 인하여 발생하는데, 프로바이오틱스의 섭취(2×10^{10} CFU/day)가 염증성 장염 증상의 완화 및 개선에 도움이 된다.

③ 대장암 발생 억제

우리나라는 암 사망률이 매우 높은데, 특히 대장암의 발생이 빠른 속도로 증가하고 있다. 이는 식생활 중 육류 섭취 비중이 높아지는 것과 관련이 있으며 육류를 많이 섭취하는 사람은 대장암 발병률이 높고 분변에 돌연변이 물질의 농도가 높은 것으로 조사되었다.

유산균은 일반적으로 항암성을 보유하고 있으나 그 활성은 균주의 종류에 따라 다르다. 유산균의 항암성은 면역 증강 물질의 보유, 발암성 물질의 흡착 및 무독화, 인체의 발암 효소작용의 억제 등에 기인하는 것으로 보고되었다.

④ 알레르기와 면역조절 기능

장내 미생물이 아토피성 습진, 천식 및 기타 식품 알레르기의 예방과 치료에 중요한 역할을 한다고 보고되었다. 이와 관련하여 알레르기 환자의 장내 균총이 비정상적으로 변형된 경우가 많이 관찰되었다.

(3) 섭취 방법

장 건강을 위해 장내 균총의 균형을 프로바이오틱스가 많은 쪽으로 조절하는 것이 중요하다. 프로바이오틱스 유산균은 생균으로 섭취하는 것이 바람직하며 연구자들은 하루 10억 마리 이상의 섭취를 권장하고 있다. 대부분의 유산균이 안전하므로 장기간 섭취하여도 부작용이 없다. pH 4 이하에서는 유산균이 사멸하는데 식후에는 위액이 약 pH 5 정도로 상승하므로 유산균의 생존 확률이 높아진다. 프로바이오틱스를 증식하기 위해 식이섬유소와 비피더스 증식인자로 알려진 올리고당 등의 프리바이오틱스(prebiotics)를 섭취하는 방법도 있다.

프리바이오틱스(prebiotics)

장내 유익한 박테리아의 생장을 돕는 난소화성 성분으로써 프로바이오틱스의 영양원이 되어 장내환경을 개선하는 데 도움을 주는 물질을 말한다. 프리바이오틱스는 올리고당과 같이 탄수화물로 이루어져 있는 경우가 많고, 대부분이 식이섬유의 형태로 존재한다.

더 알아보기

건강기능식품 고시형 원료

분류	번호	기능성 원료	기능성 내용
영양소	1	단백질	(가) 근육, 결합조직 등 신체조직의 구성 성분 (나) 효소, 호르몬, 항체의 구성에 필요 (다) 체내 필수 영양성분이나 활성물질의 운반과 저장에 필요 (라) 체액, 산-염기의 균형 유지에 필요 (마) 에너지, 포도당, 지질의 합성에 필요
	2	필수지방산	필수지방산의 보충
	3	식이섬유	식이섬유 보충
	4	베타카로틴	(가) 어두운 곳에서 시각 적응을 위해 필요 (나) 피부와 점막을 형성하고 기능을 유지하는 데 필요 (다) 상피세포의 성장과 발달에 필요
	5	비타민 A	(가) 어두운 곳에서 시각 적응을 위해 필요 (나) 피부와 점막을 형성하고 기능을 유지하는 데 필요 (다) 상피세포의 성장과 발달에 필요
	6	비타민 D	(가) 칼슘과 인이 흡수되고 이용하는 데 필요 (나) 뼈의 형성과 유지에 필요
	7	비타민 E	유해산소로부터 세포를 보호하는 데 필요
	8	비타민 B_1	탄수화물과 에너지 대사에 필요
	9	비타민 B_2	체내 에너지 생성에 필요
	10	비타민 B_6	(가) 단백질 및 아미노산 이용에 필요 (나) 혈액의 호모시스테인 수준을 정상으로 유지하는 데 필요
	11	비타민 B_{12}	정상적인 엽산 대사에 필요
	12	비타민 C	(가) 결합조직 형성과 기능 유지에 필요 (나) 철의 흡수에 필요 (다) 유해산소로부터 세포를 보호하는 데 필요
	13	비오틴	지방, 탄수화물, 단백질 대사와 에너지 생성에 필요
	14	나이아신	체내 에너지 생성에 필요
	15	엽산	(가) 세포와 혈액 생성에 필요 (나) 태아 신경관의 정상 발달에 필요 (다) 혈액의 호모시스테인 수준을 정상으로 유지하는 데 필요
	16	판토텐산	지방, 탄수화물, 단백질 대사와 에너지 생성에 필요

(계속)

분류	번호	기능성 원료	기능성 내용
영양소	17	칼슘	(가) 뼈와 치아 형성에 필요 (나) 신경과 근육 기능 유지의 필요 (다) 정상적인 혈액응고에 필요 (라) 청년기 이전에 적절한 운동과 건강한 식습관을 유지하면서 충분한 칼슘을 섭취하면 향후 골다공증 발생의 위험을 감소시킬 수 있음
	18	철	(가) 체내 산소 운반과 혈액 생성에 필요 (나) 에너지 생성에 필요
	19	아연	(가) 정상적인 면역기능에 필요 (나) 정상적인 세포분열에 필요
	20	구리	(가) 철의 운반과 이용에 필요 (나) 유해산소로부터 세포를 보호하는 데 필요
	21	망간	(가) 뼈 형성에 필요 (나) 에너지 이용에 필요 (다) 유해산소로부터 세포를 보호하는 데 필요
	22	요오드	(가) 갑상선 호르몬의 합성에 필요 (나) 에너지 생성에 필요 (다) 신경 발달에 필요
	23	셀레늄	유해산소로부터 세포를 보호하는 데 필요
	24	몰리브덴	산화·환원효소의 활성에 필요
	25	크롬	없음
	26	마그네슘	(가) 에너지 이용에 필요 (나) 신경과 근육기능 유지에 필요
	27	비타민 K	(가) 정상적인 혈액응고에 필요 (나) 뼈의 구성에 필요
	28	칼륨	체내의 물과 전해질 균형에 필요
터핀류	29	인삼	면역력 증진, 피로개선에 도움
	30	엽록소 함유식물	피부 건강에 도움, 항산화에 도움
	31	홍삼	면역력 증진·피로회복·혈소판 응집 억제를 통한 혈액 흐름에 도움, 기억력 개선·항산화에 도움
	32	클로렐라	피부 건강·항산화·면역력 증진에 도움
	33	스피루리나	피부 건강·항산화·혈중 콜레스테롤 개선에 도움

(계속)

분류	번호	기능성 원료	기능성 내용
페놀류	34	녹차 추출물	항산화 작용에 도움
	35	알로에 전잎	배변활동에 도움
	36	프로폴리스 추출물	항산화 작용, 구강에서의 항균 작용에 도움
	37	대두 이소플라본	뼈 건강에 도움
	38	구아바잎 추출물	식후 혈당 상승 억제에 도움
	39	은행잎 추출물	기억력 개선·혈행 개선에 도움
	40	밀크씨슬 추출물	간 건강에 도움
	41	달맞이꽃 종자 추출물	식후 혈당 상승 억제에 도움
	42	코엔자임 Q10	항산화, 높은 혈압 감소에 도움
	43	바나나잎 추출물	식후 혈당 상승 억제에 도움
지방산 및 지질류	44	감마리놀렌산 함유 유지	콜레스테롤 개선, 혈행 개선에 도움
	45	레시틴	콜레스테롤 개선에 도움
	46	식물스테롤/식물스테롤 에스테르	콜레스테롤 개선에 도움
	47	스쿠알렌	항산화 작용에 도움
	48	알콕시글리세롤 함유 상어간유	면역력 증진에 도움
	49	옥타코사놀 함유 유지	지구력 증진에 도움
	50	오메가-3 지방산 함유 유지	혈중 중성지질 개선, 혈행 개선에 도움
	51	매실 추출물	피로 개선에 도움
	52	공액리놀레산	과체중인 경우 체지방 감소에 도움
	53	가르시니아캄보지아 추출물	탄수화물에서 지방으로 합성을 억제하여 체지방 감소에 도움
	54	루테인	황반색소 밀도를 유지하여 눈 건강에 도움
	55	헤마토쿠스 추출물	눈의 피로도 개선에 도움
	56	쏘팔메토 열매 추출물	전립선 건강에 도움
	57	포스파티딜세린	인지력 개선에 도움

(계속)

분류	번호	기능성 원료	기능성 내용
당 및 탄수화물	58	글루코사민	관절 및 연골 건강에 도움
	59	식이섬유-목이버섯	배변활동에 도움
	60	식이섬유-대두 식이섬유	콜레스테롤 개선, 식후 혈당 상승 억제, 배변활동에 도움
	61	식이섬유-귀리	콜레스테롤 개선, 식후 혈당 상승 억제에 도움
	62	식이섬유-글루코만난	콜레스테롤 개선, 배변활동에 도움을 줌
	63	식이섬유-구아검	콜레스테롤 개선, 식후 혈당 상승 억제, 장내 유익균 증식, 배변활동 원활
	64	N-아세틸글루코사민	관절 및 연골 건강·피부 건강에 도움
	65	식이섬유-난소화성 말토덱스트린	식후 혈당 상승 억제, 중성지질 개선, 배변활동 원활에 도움
	66	프락토올리고당	유익균 증식, 유해균 억제, 배변활동 원화, 칼슘 흡수에 도움
	67	키토산/키토올리고당	콜레스테롤 개선
	68	뮤토다당단백	관절 및 연골 건강에 도움
	69	식이섬유-밀 식이섬유	식후 혈당 상승 억제, 배변활동에 도움
	70	식이섬유-보리 식이섬유	배변활동에 도움
	71	식이섬유-아라비아검	배변활동에 도움
	72	식이섬유-옥수수겨	콜레스테롤 개선, 식후 혈당 상승 억제에 도움
	73	식이섬유-이눌린	콜레스테롤 개선, 식후 혈당 상승 억제, 배변활동에 도움
	74	식이섬유-차전자피	콜레스테롤 개선, 배변활동에 도움
	75	식이섬유-폴리덱스트로스	배변활동에 도움
	76	식이섬유-호로파종자	식후 혈당 상승 억제에 도움
	77	알로에겔	피부 건강, 장 건강, 면역력 증진에 도움
	78	영지버섯 자실체 추출물	혈행 개선

(계속)

분류	번호	기능성 원료	기능성 내용
발효 미생물류	79	홍국	콜레스테롤 개선에 도움
	80	프로바이오틱스	유익한 유산균 증식, 유해균 억제 또는 배변활동에 도움
아미노산 및 단백질류	81	대두단백	콜레스테롤 개선에 도움
	82	테아닌	스트레스로 인간 긴장 완화에 도움
기타류	83	디메틸설폰(methyl sulfonyl methane, MSM)	관절 및 연골 건강에 도움
	84	녹차추출물	항산화 작용, 체지방 감소에 도움

참고문헌

공재열. 2007. 올리고당의 신지식. 예림미디어.

권훈정 · 김정원 · 유화춘 · 정현정. 2011. 식품위생학. 교문사.

김미라 · 김미정. 2010. 식품위생안전성학. 교문사.

김우정 · 차보숙 · 이수용. 2011. 식품가공저장학. 효일.

김정목 · 정동옥 · 장형수 · 장기. 2003. 식품가공저장학. 신광문화사.

김주현 · 김영희 · 신승미 · 윤재영 · 최정희. 2012. 식품학. 양서원.

김형수. 1990. 식품학개론. 수학사.

노완섭 · 허석현. 1999. 건강보조식품과 기능성식품. 효일.

문수재 · 손경희. 2005. 세계의 식생활문화. 신광출판사.

박태선. 2001. 타우린의 생리활성과 영양학적 의의. 한국영양학회지, 34(5): 597-607.

손동화. 1997. 건강기능성 식품펩타이드 및 그 응용. 식품과학과 산업, 30(1): 22-39.

안명수 · 현영희 · 이양순 · 김희주 · 우나리야. 2011. 식품학. 신광출판사.

윤계순 · 이명희 · 민성희 · 정혜정 · 김지향 · 박옥진. 2008. 새로쓴 식품학 및 조리원리. 수학사.

윤선 · 곽호경 · 김유경 · 김혜경 · 박명수 · 염경진 · 오혜숙 · 이민준 · 이재환 · 지근억. 2006. 기능성 식품학. 라이프사이언스.

이경애 · 김미정 · 윤혜현 · 송효남. 2007. 식품가공저장학. 교문사.

이서래. 2010. 최신 식품화학. 신광출판사.

이서래. 2008. 식품안전성. 자유아카데미.

이수원. 1998. 식품생리활성 펩타이드와 장관 흡수 기구. 한국축산식품학회.

이숙영 · 정해정 · 이영은 · 김미리 · 김미라 · 송효남. 2009. 식품화학. 파워북.

이형주 · 문태화 · 노봉수 · 장판식 · 백형희. 2014. 식품화학. 수학사.

장학길 · 유병승. 2008. 식품가공저장학. 라이프사이언스.

조신호 · 조경련 · 강명수 · 송미란 · 주난영. 2008. 식품학. 교문사.

한국대학 식품영양관련학과 교수. 2012. 식품학. 문운당.

한국영양학회. 2011. 파이토뉴트리언트 영양학. 라이프사이언스.

한국타우린연구회. 2003. 타우린. 우석출판사.

한귀정·손아름·이선미·정지강·김소희·박건영. 2009. 제(除)간수 천일염 및 구운 소금 절임 배추 김치의 품질 및 *in Vitro* 항암기능성증진효과. 한국식품영양과학회지, 38(8): 996-1002.

한명규. 2003. 식품가공저장학. 형설출판사.

한명규. 2000. 최신식품학. 형설출판사.

황인경·김정원·변진원·한진숙·김수희. 2013. 기초가 탄탄한 식품학. 수학사.

Belitz HD, Grosch W, Schieberle P. 2009. *Food Chemistry*, 4th ed. Springer.

Brown A. 2008. *Understanding food principles & preparation*. Wadsworth, Cengage Learning.

Damodaran S, Parkin K, Fennema OR. 2007. *Fennema's food chemistry,* 4th ed. CRC Press.

Margaret McWilliams. 1993. *Foods Experimental Perspectives*. Macmillan Publishing Company. New Jersey.

Murano P. 2002. *Understanding food science and technology*. Wadsworth Publishing.

Huxtable RJ. 1992. Physiological actions of taurine. *Physiol Rev* 72(1): 101-63.

Clare EN, Alcocer MJC, Morgan MRA. 1992. Biochemical interactios of of food-derived peptides. *Trends Fodds Sci Technol* 3: 64-68.

Magnuson BA, Burdock GA, Doull J et al. 2007. "Aspartame: a safety evaluation based on current use levels, regulations, and toxicological and epidemiological studies". *Critical Reviews in Toxicology* 37(8): 629-727.

Schlimme E, Meisel H. 1995. Bioactive peptides derived from milk proteins. Structural, physiological and analytical aspects. *Nahrung* 39(1): 1-20.

Webb SM, Puig-Domingo M. 1995. Role of melatonin in health and disease. *Clin Endocrinol* (Oxf) 42(3): 221-34.

Erdman JW Jr, Balentine D, Arab L, Beecher G, Dwyer JT, Folts J, Harnly J, Hollman P, Keen CL, Mazza G, Messina M, Scalbert A, Vita J, Williamson G, Burrowes J. 2007. Flavonoids and heart health: proceedings of the ILSI North America Flavonoids Workshop, May 31-June 1, 2005. Washington, DC. *J Nutr.* Mar; 137(3 Suppl 1): 718S-737S.

Hertog MG, Feskens EJ, Hollman PC, Katan MB, Kromhout D. 1993. Dietary antioxidant flavonoids and risk of coronary heart disease: the Zutphen Elderly Study. *Lancet* 342(8878): 1007-11.

Raskin I, Ribnicky DM, Komarnytsky S, Ilic N, Poulev A, Borisjuk N, Brinker A, Moreno DA, Ripoll C, Yakoby N, O'Neal JM, Cornwell T, Pastor I, Fridlender B. 2002. Plants and human health in the twenty-first century. *Trends Biotechnol* 20(12): 522-31.

Liu RH. 2004. Potential synergy of phytochemicals in cancer prevention: mechanism of action. *J Nutr* 134(12 Suppl): 3479S-3485S.

Treutter D. 2005. Significance of flavonoids in plant resistance and enhancement of their biosynthesis. *Plant Biol* (Stuttg) 7(6):5 81-91.

Yochum L, Kushi LH, Meyer K, Folsom AR. 1999. Dietary flavonoid intake and risk of cardiovascular disease in postmenopausal women. *Am J Epidemiol* 149(10): 943-9.

Pérez-Jiménez J, Fezeu L, Touvier M, Arnault N, Manach C, Hercberg S, Galan P, Scalbert A. 2011. Dietary intake of 337 polyphenols in French adults. *Am J Clin Nutr* 93(6): 1220-8.

Ballongue J. 2005. Bifidobacteria and probiotic effects. pp.67-123 In *Lactic Acid Bacteria* 3rd ed. by Salminen S. von Wright A., Ouwenhand A. New York, Marcel Dekker, Inc.

Bibek Ray. 2001. Health benefits of beneficial bacteria. pp.211-214. in *Fundamental Food Microbiology*, CRC Press.

Brady LJ, Gallaher DD, Busta FF. 2000. The role of probiotic cultures in the prevention of colon cancer. *J Nutr* 130(2S Suppl): 410S-414S.

Mitsuoka T. 1992. Intestinal flora and aging. *Nutr Rev* 50(12): 438-46.

Ouwehand AC, Salminen S, Isolauri E. 2002. Probiotics: an overview of beneficial effects. *Antonie Van Leeuwenhoek* 82(1-4): 279-89.

Simon GL, Gorbach SL. 1984. Intestinal flora in health and disease. *Gastroenterology* 86(1): 174-93.

Margaret McWilliams. 1993. *Foods Experimental Perspectives*. Macmillan Publishing Company. New Jersey.

Harrison MT, McFarland S, Harden R-McG, and Wayne E. 1965. Nature and availability of iodine in fish. *Amer.J. Clin. Nutr.* 17: 73-77.

Belitz HD, Grosch W, Schieberle P. 2009. *Food Chemistry*, 4th ed. Springer.

Brown A. 2008. *Understanding food principles & preparation*. Wadsworth, Cengage Learning.

D'Mello JPF. 2003. *Food safety: Contaminants and toxins.* CABI Publishing.

Damodaran S, Parkin K, Fennema OR. 2007. *Fennema's food chemistry*, 4th ed. CRC Press.

Delgado-Vargas F, Paredes-Lpez O. 2003. *Natural colorants for food and nutraceutical uses*. CRC Press.

Geert F. Houben GF, van den Berg H, Kuijpers MHM, Lam BW, van Loveren H, Seinen W, Penninks A. 1992. Effects of the color additive caramel color III and 2-acetyl-4(5)-tetrahydroxybutylimidazole (THI) on the immune system of rats. *Toxicology and Applied Pharmacology* 113: 43-54.

Ha JO, Park KY. 1998. Comparison of mineral contents andexternal structure of various salts. *J Korean Soc Food Sci Nutr* 27: 413-418.

Ho CT, Mussinan CJ, Shahidi F, Tratras Contis E. 2010. *Recent advances in food and flavor chemistry*. RSC Publishing.

Moretton C, Grétier G, Nigay H, Rocca JL. 2011. Quantification of 4-methylimidazole in class III and IV caramel colors: Validation of a new method based on heart-cutting two-dimensional liquid chromatography (LC-LC). *J Agric Food Chem* 59(8): 3544-3550.

Murano P. 2002. *Understanding food science and technology*. Wadsworth Publishing.

Omaye ST. 2004. *Food and nutritional toxicology*. CRC Press.

Park JW, Kim SJ, Kim SH, Kim BH, Kang SG. 2000. Determination of mineral and heavy metal contents of various salts. *Korean J Food Sci Technol* 32: 1442-1445.

Socaciu C. 2008. *Food colorants: Chemical and functional properties*. CRC Press.

Peter SM. 2003. *Understanding food science and technology*, Wadsworth.

Belits HD, Grosch W, Schieberite P. 2004. *Food chemistry*, Springer.

Charley H, Weaver C. 1998. *Foods: A Scientific appreach*, Merrill Prentice Hall.

참고 웹사이트

식품의약품안전처(kfda.go.kr)

식품나라(www.foodnara.go.kr)

위키피디아(en.wikipedia.org)

사진 출처

※ 사진 자료의 표기는 CCL(Creative Commons License)과 GFDL(GNU Free Documentation License) 조건에 따랐습니다.

예시	
(CC-BY-SA-2.0) (GFDL)	BY : 저작자 표시 SA : 동일조건변경허락(https://creativecommons.org/compatiblelicenses) CC-BY-SA-2.0 : CC 저작자표시-동일조건변경허락 2.0 일반 라이선스 (http://creativecommons.org/licenses/by-sa/2.0) GFDL : GNU 자유문서사용허가서(http://www.gnu.org/copyleft/fdl.html)

그림	내용	라이선스	저작자 / 자료
그림 4-6	까막까치밥 (블랙커런트)	(CC-BY-SA-3.0/GFDL)	저작자 By Aconcagua (자작) 자료 http://commons.wikimedia.org/wiki/File%3ASchwarze_Johannisbeeren_Makro.jpg
	자색옥수수	(CC-BY-2.0)	저작자 by Jenny Mealing (Flickr) 자료 http://commons.wikimedia.org/wiki/File%3APeruvian_corn.jpg
그림 4-9	베타레인을 함유한 비트의 뿌리와 잎	(CC-BY-SA-2.0)	저작자 move approved by: User:Siebrand 자료 http://commons.wikimedia.org/w/index.php?title=File:Beets.jpg&direction=prev&oldid=64700812&uselang=ko#filehistory
그림 4-14	코치닐 선인장과 코치닐 벌레	(CC-BY-SA-3.0/GFDL)	저작자 By Oscar Carrizosa 자료 http://commons.wikimedia.org/wiki/File%3ACochinel_Zapotec_nests.jpg
그림 4-16	심황근경	(CC-BY-SA-3.0/GFDL)	저작자 By Simon A. Eugster (자작) 자료 http://commons.wikimedia.org/wiki/File%3ACurcuma_longa_roots.jpg
p.126	심황분말	(CC-BY-SA-3.0/GFDL)	저작자 By Sanjay Acharya (en-wikipedia) 자료 http://commons.wikimedia.org/wiki/File%3ATurmeric-powder.jpg
	여러 가지 커리	(CC-BY-SA-2.0)	저작자 By kspoddar 자료 http://commons.wikimedia.org/wiki/File%3AIndiandishes.jpg
p.128	겨자	(CC-BY-SA-3.0/GFDL)	저작자 By Rainer Zenz, edited by Fir0002 (English: Own work Deutsch: Originalbilder) 자료 http://commons.wikimedia.org/wiki/File%3ASenf-Variationen_edit2.jpg
	홀스래디시 뿌리	(CC-BY-SA-3.0/GFDL)	저작자 By Anna reg (자작) 자료 http://commons.wikimedia.org/wiki/File%3AKren_Verkauf.jpg

	와사비뿌리	(CC-BY-2.0)	저작자 자료	By EverJean from Nishiki-ichiba, Kyoto (Flickr) http://commons.wikimedia.org/wiki/File%3AWasabi_by_EverJean_in_Nishiki-ichiba%2C_Kyoto.jpg
그림 7-1	설탕의 캐러멜화	(CC-BY-SA-2.0)	저작자 자료	By APN MJM (자작) http://commons.wikimedia.org/wiki/File%3ASugar_Cubes_Stacked_and_Burned.jpg
그림 7-2	설탕의 결정화	(CC-BY-SA-3.0)	저작자 자료	By Evan-Amos http://commons.wikimedia.org/wiki/File%3ARock-Candy-Closeup.jpg
p.161	솜사탕	(CC-BY-SA-2.0)	저작자 자료	By Matt @ PEK from Taipei, Taiwan(Cotton candy Uploaded by russavia) http://commons.wikimedia.org/wiki/File%3ACotton_candy_(4042296263).jpg

찾아보기

ㅈ

윤계순 우석대학교 식품영양학과 교수

이명희 배재대학교 가정교육과 교수

박희옥 가천대학교 식품영양학과 교수

민성희 세명대학교 한방식품영양학부 부교수

김유경 경북대학교 가정교육과 교수

최미경 계명대학교 식품영양학과 부교수

알기 쉬운 **식품학 개론**

2024년 2월 25일 초판 7쇄 발행
2014년 8월 30일 초판 1쇄 발행

지은이 윤계순 · 이명희 · 박희옥 · 민성희 · 김유경 · 최미경
발행인 이 영 호
발행처 **수 학 사**
10881 경기도 파주시 회동길 56 기한재 1층
출판등록 1953년 7월 23일 제2020-000143호
전화번호 031) 946-4642(代) 팩스 031) 944-1457
http://www.soohaksa.co.kr
디자인 북큐브

정가 25,000원

ISBN 978-89-7140-387-7 93590